精选肉制品配方338例

翟怀凤　编

中国纺织出版社

内 容 提 要

本书详细介绍了338例肉制品的原料配方、制作方法及产品特点等，书中收录的配方均经过精挑细选，且具有一定的代表性，内容全面，操作简便，实用性强，对丰富肉制品种类、改善产品风味具有一定的指导意义。

本书适合肉制品企业生产、研发人员，餐饮业相关人员，城乡广大肉制品制作商户以及家庭美食爱好者等阅读、参考。

图书在版编目（CIP）数据

精选肉制品配方338例/翟怀凤编．—北京：中国纺织出版社，2015.7（2016.6重印）

ISBN 978-7-5180-1709-6

Ⅰ．①精…　Ⅱ．①翟…　Ⅲ．①肉制品—食品加工—配方　Ⅳ．①TS251.5

中国版本图书馆CIP数据核字（2015）第120994号

责任编辑：范雨昕　　责任校对：余静雯
责任设计：何　建　　责任印制：何　建

中国纺织出版社出版发行
地址：北京市朝阳区百子湾东里A407号楼　邮政编码：100124
销售电话：010—67004422　传真：010—87155801
http：//www.c-textilep.com
E-mail：faxing@c-textilep.com
中国纺织出版社天猫旗舰店
官方微博 http：//weibo.com/2119887771
三河市宏盛印务有限公司印刷　各地新华书店经销
2015年7月第1版　2016年6月第2次印刷
开本：710×1000　1/16　印张：16.5
字数：295千字　定价：49.80元

前　言

畜禽肉是人类获取动物蛋白质的主要来源，是人们必需的主要副食品之一。

我国肉类制品主要分为两大类，一类是中国传统风味的中式肉制品，有500多个名、特、优产品，其中一些产品，如金华火腿、广式腊肠、南京板鸭、德州扒鸡、道口烧鸡等传统名特产品，早已蜚声国内外；另一类是西式肉制品，它在中国只有150年的历史，有香肠类、火腿类、培根类、肉糕类、肉冻类等。

我国肉制品的产量近年来虽有很大的发展，但总体来说我国肉类的人均消费量，特别是熟肉制品的消费量还是很低的，尤其是经济较为落后的中小城市和广大农村地区。因此肉类生产和肉制品生产仍然有较大的增长空间。

我国是世界上最大的肉类生产国，但肉制品的生产加工能力远比不上西方发达国家。其产品大多都是些初加工产品，而精深加工肉制品很少，这主要是由于我国的肉制品在生产加工中存在一些难题，制约着我国肉制品业的发展。

随着我国人民生活水平的提高和经济条件的改善，在消费水平和消费观念上有了新的变化，消费者出于自身健康的考虑对肉类制品提出了更高的要求，追求高营养、无公害、无污染、无有害物质残留、包装物易回收利用的绿色环保食品；追求低动物性脂肪、高蛋白、低热能、低热量和来源合理、营养丰富的健康食品。

为了适应市场发展的需要，我国正在通过开发新食品和改善膳食结构来预防和辅助治疗某些疾病，尤其是在保持食品基本功能的同时，研究与开发具有明显生理调节功能的食品。同时，随着对肉制品加工技术研究的不断深入，对肉制品的新工艺、新产品、新设备的研究越来越多，加工程度由初加工向深加工方向发展。

为了满足市场需求，我们在中国纺织出版社的组织下编写了这本《精选肉制品配方338例》，书中收集了338种肉制品的制备实例，详细介绍了产品的配方、制作方法及特点，旨在为肉制品加工工业的发展尽点微薄之力。

本书的配方以千克或克为计量单位，在实际应用中，读者可根据自身需要按比例放大或缩小。

本书由翟怀凤主编，参加编写的还有李东光、李嘉、李桂芝、吴宪民、吴慧芳、蒋永波、邢胜利等，由于编者水平有限，错误在所难免，请读者批评指正。

编者

2014年8月

目　录

一、烤肉类

（一）烤猪肉

实例1　烤肉

原料：猪肉100千克。

注射液配方：盐2.8千克，白砂糖1.5千克，味精0.1千克，葡萄糖1千克，白胡椒粉0.05千克，蛋白粉2千克，速溶五香粉0.2千克，亚硝酸钠50克，磷酸盐0.7千克，乳酸钠2千克，异抗坏血酸钠0.1千克，乙基麦芽酚0.017千克，诱惑红0.001千克，卡拉胶0.8千克，冰水48千克。

外涂料：分为三种，芝麻和辣椒粉混合料芝麻和辣椒粉混合比例为4:1，或者蜂蜜、麦芽糖混合物蜂蜜、麦芽糖混合比例为1:0.5或者植物油。

制法：

（1）预处理：选择检验合格的猪肉，进行精分割，去掉大块动物性脂肪、淤血、伤肉，修割完后进行整形处理。

（2）配料：将配制好的辅料（除猪肉外）加入冰块和水的混合物，混料；要求配制好的料水温度控制在2~6℃，将配制好的料液过一遍胶体磨，料水乳化后待注射。

（3）注射滚揉腌制：将分割好的猪肉，用注射机进行注射，调整注射机采用两遍注射达到注射效果，将注射好的原料肉，进行滚揉腌制14小时。

（4）修割整形、涂料、挂竿：将滚揉好的原料肉进行2次分割，整形；将准备好的涂料即芝麻辣椒混合料、蜂蜜麦芽糖、植物油中的一种进行涂料；涂料后进行穿绳挂竿，待入炉。

（5）烟熏、蒸煮步骤和条件如下：

①外涂料为芝麻和辣椒粉：

第一步，干燥温度保持在70~75℃，时间控制在60~65分钟；

第二步，蒸煮温度保持在80~90℃，时间控制在70~75分钟；

第三步，干燥温度保持在60~65℃，时间控制在10~15分钟。

②外涂料为蜂蜜、麦芽糖：

第一步，干燥温度保持在70~75℃，时间控制在30~35分钟；

第二步，蒸煮温度保持在86~89℃，时间控制在50~55分钟；

第三步，烘烤温度保持在90℃，时间控制在45~50分钟。

（6）散热、冷却：出炉后的产品及时入散热间进行散热，要求散热间温度≤15℃；产品散热至中心温度≤25℃时方可下架，下架后继续冷却至15℃以下方可进行下一步操作。

（7）包装：采用真空连包机包装，根据不同市场的需求进行分割整形包装。

（8）杀菌：包装后的产品应及时杀菌，要求杀菌温度为90~95℃，杀菌时间为30~40分钟，杀菌后立即在冷水中冷却40~50分钟，中心温度达到25℃以下。

特点：

（1）本品以猪肉为原料，同时有选择性地搭配多种调味料，整个生产工艺简单，易于操作，能很好地应用于大批量生产。

（2）该方法生产的产品可以是多种口味，口感柔嫩，香味浓郁，营养丰富，老少皆宜。

（3）该产品采用冻藏的方法大大延长了其保质期，更便于购买。消费者购买后只需油炸或烧烤至熟即可食用，方便、安全、卫生。

实例2　梅花烤肉

原料：猪里脊肉50~100千克，冰水20~30千克，盐1~3千克，白糖0.5~2.0千克，味精0.02~0.1千克，卡拉胶0.2~1.0千克，葡萄糖0.1~1.0千克，变性淀粉1.0~5.0千克，白胡椒粉0.1~0.5千克，五香粉0.1~0.5千克，分离蛋白1~2千克，牛肉精膏0.2~1.0千克，红曲红0.001~0.01千克，D-异抗坏血酸钠0.02~0.1千克。

制法：

（1）预处理：将猪里脊肉洗净后，去筋膜、动物性脂肪、脆骨、淤血、伤肉及杂质。

（2）配料注射：将辅料和冰水搅拌均匀，料液配制完成后经过胶体磨磨制，要求料水磨制后的温度在2~6℃，用手动注射机调好压力进行注射，注射率为30%~50%，注射后的肉温保持在0~8℃。

（3）滚揉腌制：将注射后的猪里脊肉放入滚揉机内抽真空，真空度小于-0.08MPa，滚揉总时间5~15小时，工作15分钟，停15分钟；滚揉后再静置腌制9~12小时，并保持肉温在0~8℃。

（4）穿线：将线穿在经滚揉腌制后的猪里脊肉筋膜处。

（5）将穿线后的猪里脊肉进行干燥、蒸煮。

（6）将干燥、蒸煮后的猪里脊肉进行散热。

（7）包装、杀菌。

（8）贴标入库。

上述干燥、蒸煮步骤和条件如下：

第一步，一次干燥温度保持在50～60℃，时间控制在20～30分钟。

第二步，二次干燥温度保持在60～80℃，时间控制在20～30分钟。

第三步，三次干燥温度保持在70～80℃，时间控制在10～20分钟。

第四步，蒸煮温度保持在80～90℃，时间控制在60～80分钟，使产品温度达到76℃。

第五步，排气时间控制在5分钟左右。

第六步，干燥温度保持在65～75℃，时间控制在10～20分钟。

上述杀菌的条件是：杀菌温度为80～90℃、杀菌时间为20～30分钟，并冷却50分钟，中心温度达到25℃以下即可。

特点：本品将原料肉经过预处理后，再依次通过注射、滚揉腌制、穿线、干燥、蒸煮及杀菌制成梅花烤肉，制作工艺简单、易行，产品鲜香嫩脆，切面平整致密，色泽诱人，且食用消费方便，将深受现代消费市场尤其是年轻人的欢迎。

实例3　烧烤肉青

原料：猪肉100千克。

注射用调料水配方：水12～15千克，白砂糖2～3千克，食用盐1.3～1.4千克，葡萄糖1～1.5千克，三聚磷酸钠0.3～0.5千克，五香粉0.35～0.4千克，味精0.35～0.4千克。

制法：

（1）选取原料肉：要求原料肉块型完整，表面带雪花状动物性脂肪，无淤血、猪毛等杂质。

（2）注射：按配方，将注射料水混合均匀，料水温度控制在0～4℃，注射压力达到3～4MPa，按注射率要求进行注射，注射后原料肉中心温度≤8℃，若一次注射后注射率达不到，需要重新注射。

（3）滚揉腌制：注射后，及时装入滚揉机中，在0～4℃环境下进行真空滚揉（真空要求≤-0.085MPa），滚揉时间为5小时，运行20分钟，停10分钟，原料出机温度≤8℃。

特点： 本品具有营养丰富，味道鲜美等特点。

实例4 压模烤肉

原料： 猪肉10千克。

注射用调料水配方：水1.7千克，三聚磷酸钠0.03千克，食盐0.2千克，葡萄糖0.1千克，D－异抗坏血酸钠0.002千克，亚硝酸钠0.0003千克。

染色液配方：猪瘦肉10千克，盐0.1千克，亚硝酸钠0.001千克，冰斩10千克、卡拉胶0.2千克，分解蛋白1千克，饴糖2.4千克，诱惑红0.0001千克，老抽酱油0.5千克和冰水74.9千克。

制法：

（1）解冻分割：采用冷冻10千克原料肉，经解冻至中心温度－4～0℃后剔除骨头、淤血和大的筋膜，去除杂质。

（2）注射：对原料肉使用按上述配方中配制好的料水注射，注射率20%。

（3）滚揉：将注射好的原料肉放进滚揉机里进行滚揉，运行总时间9小时，运行10分钟，停20分钟。滚揉结束后静腌12小时。

（4）染色液的配制：取猪瘦肉、盐、亚硝酸钠、静腌12小时。再将腌好的猪瘦肉和冰斩拌成泥状，然后再加入卡拉胶、蛋白、饴糖、诱惑红、老抽酱油和冰水。斩拌结束后过胶体磨效果更好。

（5）压模：先在模具上铺一层纤维素薄膜，然后将滚揉后腌制好的肉装模，压紧排去气泡，盖上模盖。

（6）蒸煮：干燥65℃、15分钟，82℃蒸煮至中心温度78℃出炉，冷却至中心温度25℃后去模具，去除肉表面上的纤维素薄膜。

（7）染色：将去模具的产品放入染色液里蘸一下再放置在架车上准备烘烤。

（8）烘烤：将蘸过染色液的产品放入烤炉里烘烤，先在65℃下干燥15分钟，然后在105℃下干燥30分钟。

（9）散热包装：将产品从炉子里取出，散热至中心温度20℃以下真空包装。

（10）杀菌冷却：将包装好的产品放水浴锅里杀菌，冷却至中心温度20℃以下，贴标入库。

特点：

（1）本品解决了烤制时不易上色、染色不均匀、产品在存放的过程中容易褪色的问题。

（2）本品提升了压模火腿的感观形象，增加企业的销售收入。

（3）本品在染色液中加入猪碎肉的作用是瘦肉中含有的盐溶性蛋白在斩拌的过程中被提取出来，附着于烤肉表面后，在烤制的过程中发生美拉德反应，得到很好的烤制颜色；添加大豆分离蛋白和卡拉胶能增加溶液的稠度，使蘸附的时候颜色均匀不掉落；添加诱惑红和老抽酱油可使烤肉的颜色更加好看，并且在低温储存的时候不褪色。

实例5 烤金猪

原料： 净乳猪1只，酱油75克，精盐100克，绵白糖250克，蒜蓉25克，玫瑰酒100克，麦芽糖50克，白醋50克，海鲜酱100克，葱丝100克，荷叶饼250克，五香粉适量。

制法：

（1）将乳猪洗净，从背上切口挖出内脏和猪脑。不要将猪皮弄得太破，以免烤出来时爆皮影响美观。

（2）将酱油、精盐、150克绵白糖、蒜蓉、玫瑰酒、五香粉调和，均匀涂在猪膛内，再上铁叉。

（3）用沸水在乳猪皮上淋三四次，再将麦芽糖、白醋涂在猪皮上。入烤炉用文火将乳猪烘干，晾20分钟后，再用猛火烤约10分钟，到皮呈大红色时肉熟，即可食用。

（4）可将乳猪切片，涂海鲜酱，加葱丝卷荷叶饼享用。

特点： 产品鲜香嫩脆，切面平整致密，色泽诱人。

实例6 叉烤肉（1）

原料： 新鲜里脊肉20千克，白糖3千克，酱油4千克，花椒50克，八角50克，味精100克，鲜姜500克，白酒400克，桂皮50克，亚硝酸盐0.1克。

制法： 把新鲜里脊肉去掉动物性脂肪和黏膜结缔组织，经冷冻成麻冻（似冻非冻状态）后，切成长10～15厘米、宽4～5厘米、厚2.5～3毫米的肉条，放在瓷器内依次加入白糖、酱油、花椒、八角、味精、鲜姜、白酒、桂皮和亚硝酸盐，搅拌均匀，腌制4小时，放在特制木炭火炉上，吊起来烤，即成条状叉烤肉。

特点： 本品呈深红褐色，油润光泽，麻软干燥，风味独特，味道鲜美，肉质细嫩，入味松化，耐咀嚼，咸中有甜，甜中有香，肉丝绵软，富有弹性，携带方便，真空状态温度在15℃以下干燥通风，保质期大约半年。

实例7 叉烧肉（2）

原料： 精选猪肉40千克，松肉粉0.2千克，水2千克，添加酱料1千克，红曲0.02千克，蜜汁3千克。

叉烧肉的添加酱料配方：糖2份，味精2份，盐3份，柱侯酱1份，海鲜酱1份，麻酱2份，花生酱1份，鸡精2份，沙姜粉0.2份，五香粉0.2份，蚝油0.2份，腐乳0.6份。

蜜汁配方：水2份，糖15份，柠檬酸0.02份。

制法：

(1) 选料：精选健康，肥瘦比适当，卫生状况良好的新鲜优质猪肉为原料。

(2) 配料：将叉烧肉的配制添加酱料按比例调配，并将蜜汁调配成可挂勺的粥状待用。

(3) 拌料：将肉切成长100~150毫米、宽30毫米，加入松肉粉及水调拌均匀腌制半小时，加入调配好的叉烧肉的配制添加酱料拌匀，冷藏腌制入味放置2~6小时。

(4) 炭烤：取出腌制好的肉条，用红曲上色后用竹签穿串，用木炭大火均匀烘烤半小时，再依次用中火、小火均匀烘烤10分钟。

(5) 挂汁：出炉后在烤串表层挂上蜜汁即为成品。

特点：本品色泽为浅棕色，肉丝明显，片形完整，厚度均匀，口感香嫩，具有叉烧肉的特有风味。

实例8　叉烧肉（3）

原料：五花猪肉卷74千克，盐1.08千克，87℃的开水60千克，姜0.7千克，酱油13.2千克，大葱2.8千克，白糖3.4千克，味精0.28千克，糖稀0.96千克，蜂蜜0.72千克，日本清酒（15度）3千克，味淋3千克，浸汁5千克。

浸汁配方：酱油5千克，白糖2千克，水5千克。

制法：

(1) 原料准备：按上述配比准备原料，其中大葱切成段，姜制成姜末。

(2) 煮肉：先将87℃的开水放入锅中，然后放入五花猪肉卷，再将盐、姜、酱油、大葱、白糖、味精、糖稀、蜂蜜、日本清酒以及味淋放入锅中，盖上锅盖，点火煮90分钟，关火后再焖10分钟，打开锅盖取出五花猪肉卷，锅内的煮肉汁盛出备用。

(3) 沾汁：将浸汁和猪肉汁按1:1的质量比混合，混合后均匀地洒在煮好的五花猪肉卷上，保证五花猪肉卷表面完全沾上汁即可。

(4) 装袋速冻：将沾汁后的五花猪肉卷装袋，每袋1个，装袋后放在-35~-30℃的冷冻室内速冻40分钟。

(5) 保存：速冻后即得到产品，产品的保存温度为-18℃以下。

特点：本品采用五花猪肉卷作为基础食材，加入糖稀、日本清酒、味淋以及蜂蜜等辅料，使加工出的叉烧肉无论从口感、味道、外形以及营养上都极大满足食客的食用需求，大大体现出营养丰富，口感佳、味道好，外形美观和食用方便的优点。

实例9　冻干叉烧肉

原料：新鲜猪肉100克，白砂糖7.5克，酱油4克，白酒1克，精盐2克，花椒0.1克，八角0.1克，桂皮0.1克，红曲0.1克。

制法：

（1）选料：选择健康、膘瘦比适当、卫生生状况良好的新鲜猪肉为原料，要求原料本身弹性好，持水力大，无淤血、血碎骨及其他恶性杂质。

（2）烧煮：将切成长150毫米、宽30毫米的肉条加入各种调味料进行烧煮。

（3）冻干：将烧煮好的叉烧肉在－25℃以下冻结2小时，而后进行干燥温度控制在45℃以下时间为7小时。

（4）包装：将冷冻干燥好的叉烧肉进行称重、密封、包装、储藏。

特点：本品色泽为自然酱色，肉丝明显，片形完整，厚度均匀，口感香嫩，具有叉烧肉的特有风味。

（二）烤牛肉

实例10　烤牛肉

原料：牛肉（里脊肉或牛肋间肉）500克，松子粉4克。

佐料酱配方：酱油20克，梨汁20克，白糖10克，切好的葱15克，蒜末7克，芝麻7克，香油7克，胡椒粉少量。

制法：

（1）把里脊肉或肋间肉割成0.5厘米大小的薄片，并横竖划出刀纹。

（2）制作佐料汁。

（3）把佐料汁层层放进肉中，并拌匀。

（4）把放置30分钟左右的肉放在烤热的烤架上烤匀。最好在强火中烤匀。

（5）将烤好的肉盛在碗中再撒少许松子粉。

特点：该产品外观鲜亮、咸淡适中、营养丰富；配方合理、制作容易、易于推广；产品易于保存。

实例11　烤鲜牛肉

原料：鲜牛肉45千克，食盐0.55千克，食用油7.5千克，水20千克，黄酒0.125千克，辣椒粉1千克，花椒粉0.2千克，食用糖3千克，味精0.15千克，天然香料0.125千克，生姜末（粉）1千克，芝麻1千克。

制法：

（1）精选鲜牛肉，剔除筋、皮、油后切成12厘米×12厘米大小的块。

（2）将切好后的牛肉块按牛肉质量的1%加入食盐，无须其他配料，腌制1~2小时，腌制时料需拌匀。

（3）将腌制好的牛肉块，放入蒸锅中蒸制，蒸制时间为蒸汽上汽后40~60分钟，牛肉块必须蒸至熟透。

（4）蒸好后，自然冷却，将牛肉块切成6~8毫米厚的片状，并进一步切成4~6厘米长的小长条。

（5）切好后，置于烧热后的食用油中炸至金黄色出锅。

（6）取食用油倒入锅内烧热，加入生姜末（粉）1千克，炸干生姜水分后，加入花椒粉，略炸后，放入辣椒粉，并加入清水，烧开，将炸好的牛肉放入锅内，并加入黄酒、食盐、糖，用大火煮透，改用中火熬煎，再用文火收汁，收汁时间为1~2小时，至水分全部收干。

（7）水分全部收干，仅剩油汁后，加入炒好的芝麻、味精、天然香料，拌匀后出锅。

（8）将出锅后的牛肉放入容器内，并进行消毒灭菌，趁热灌装。

（9）将消毒灭菌后的牛肉真空包装，即得成品烤鲜牛肉。

特点：本品具有选料考究，制作精细，风味独特，色泽美观，食用方便，卫生等特点，是居家，旅游，馈赠的理想佳肴。

实例12 清香型烤牛肉

原料：精选牛肉100千克，辅料5千克，大骨汤料5千克，青花椒油2.5千克，食盐12千克，白糖10千克，味精1.2千克，胡椒2.5千克，黄酒2千克，白酒5千克，保质香料液5千克。

所述保质香料液配方：花椒1千克，小茴香4千克，山柰3千克，桂皮0.5千克，青蒿0.5千克，丁香1千克，干姜10千克，石菖蒲1千克，八角2千克，草果1千克，大风药1千克。

大骨汤料配方：牛筒子骨10千克，清水50千克，葱头1千克，生姜1千克，食盐2千克。

青花椒油配方：色拉油20千克，青花椒粉5千克。

制法：

（1）精选切片：精选黄牛后腿肉，剔去肉中的筋膜和膘油；顺着肉块的纹路切成厚度为 1 ~ 1.5 厘米的肉条。

（2）预备腌制辅料：将保质香料液各组分分别粉碎、混匀，然后加 150 千克清水浸泡 30 分钟，再用武火煮至沸腾，然后用文火煎煮 30 分钟，过滤收取煎煮液；然后再将滤渣重新加入 120 千克清水煎煮，沸腾后用文火煎煮 25 分钟，过滤收取煎煮液；然后再将滤渣重新加入 90 千克清水煎煮，沸腾后用文火煎煮 20 分钟，过滤收取煎煮液；然后合并 3 次的煎煮液，静置 12 小时，最后将煎煮液浓缩至 60 千克，即得到保质香料液；按照配方取食盐、白糖、味精、胡椒、黄酒、白酒、保质香料液充分混合拌匀即得辅料。

（3）预备大骨汤料：取牛筒子骨，锤断后在大火上烧烤直到散发出香味，然后放入装有清水的大锅中用旺火烧沸，并除去泡沫，然后放入葱头、生姜、食盐，用微火熬煮 200 ~ 250 分钟，过滤取液即得大骨汤料。

（4）腌制：按配方将辅料及大骨汤料在 10 ~ 20℃ 下混合拌匀，然后放入切好的肉条中，再放入真空滚揉机中滚揉 40 分钟，滚揉均匀，然后放入腌制库腌制；腌制库温度控制在 0 ~ 8℃，腌制时间为 15 ~ 16 小时。

（5）烘烤：然后将腌制好的肉条均匀、无重叠地铺在网状不锈钢盘内，放入温度为 100 ~ 130℃ 的烘烤柜内，烘烤 1.5 ~ 2 小时，直至肉条表面变色无水分。

（6）取型：按照肉条的肌肉纹理取型，切成长 10 厘米，宽 4 ~ 5 厘米，厚 0.5 ~ 0.8 厘米的肉片；取型后，将新切面进行二次烘烤，温度为 100 ~ 125℃，烤至肉条表面变色无水分。

（7）蒸煮：将蒸煮水煮沸后，将烤制取型后的肉片放入蒸盘里，用消毒干燥的白布将肉盖住，熏蒸 30 分钟。

（8）调味：将蒸煮后的肉片按照重量比加入 2.5% 的青花椒油，搅拌均匀，得到清香型原味烤牛肉；所述的青花椒油是按配比将色拉油放入炒锅中烧至冒烟无气泡，静置冷却至 110 ~ 120℃，再放入青花椒粉，不断搅拌至花椒油达 100℃，静置冷却后过滤去渣即得。

（9）包装灭菌：将调味后的烤牛肉进行称量，然后装入灭菌后的食用包装袋，抽真空封口，再进行 121℃ 恒温恒压 25 分钟灭菌，然后冷却装箱入库即做成清香型烤牛肉成品。

特点：本品的特点是采用了天然中草药用特殊方法熬制的保质香料液，而没有采用化学防腐剂，使得产品能够在保证保质期的前提下不含化学药物残留；同时采用了大骨汤料腌制，使得烤牛肉不仅含有骨香，而且有补钙的功效；在调味时采用了青花椒油保留了土家族的民族风味。

实例13　孜然风味烤肉

原料： 牛肉1000克，孜然粉10～30克，盐6～10克，味精6～10克，蜂蜜10～16克，辣椒油10～16克，食用油10～16克，洋葱10～16克，椒盐10～16克，十三香6～10克，茴香粉5～10克。

制法：

（1）将牛肉切成丁，按规定的配比量投入洋葱、孜然粉、盐、味精、蜂蜜、辣椒油、食用油，还可再投入椒盐、十三香等调味用配料，拌和后腌制6～48小时（最好放在冷藏室中腌制）。

（2）将腌好后的牛肉串入细竹条中（每串串五六块肉丁），放入冰箱中冷冻备用。

（3）烧烤时，将牛肉串放在烧烤炉中（可用一般木炭烤炉、电烤炉、汽烤炉或酒精烤炉）一边翻烤一边再撒上孜然粉和（或）茴香粉，翻转几次烤熟透后即可起炉食用。

（4）在加工制作前，肉块可预先采用发泡粉预处理（也可不作预处理，要视肉的种类或肉质情况而定）。

特点： 本品所用调味料搭配得当，味道浓郁诱人，吃起来自然可口、酥脆爽滑，营养价值高，尤其在色香味方面更胜一筹。在口感方面，本品因有蜂蜜调味又经过冷冻处理，烤肉吃起来感觉汁多爽口，脆嫩不塞牙，即使是老年人或牙齿不好的人咀嚼起来也不费事。

实例14　花香纳豆酱烤牛肉

原料： 牛腱子肉1200克，食盐10克，白砂糖12克，酱油20克，辣椒油3克，黄酒40克，甜面酱60克，豆瓣酱20克，烤纳豆粉5克，鲜花酱20克，花椒5克，红辣椒4克，生姜12克，八角4克，鸡精5克，茴香2克。

鲜花酱配方：丁香花2克，云雾果2克，鸡蛋花1克，纳豆3克，牛油果2克，白萝卜5克，白糖10克，白葡萄酒1克，蜂蜜5克。

制法：

（1）鲜花酱的制备方法：取丁香花、云雾果、鸡蛋花、纳豆、牛油果、白萝卜混匀后，打浆，向所得浆料中加入白糖、白葡萄酒、蜂蜜，搅拌4分钟，静置4小时后，于90℃下熬煮4小时，取出，冷却，即得。

（2）烤纳豆粉的制备方法：将碎纳豆用热水烫过，以去除黏性，然后将纳豆于红葡萄酒中浸泡8小时，取出洗净后，先晾干，放入烤箱中于150℃下烤制12分钟后，磨粉，即得烤纳豆粉备用。

（3）将牛腱子肉洗净后放入水中煮40分钟，撇去浮沫，将煮后的肉块捞出冷却备用，所述的水中还含有占水质量6%的食盐、2%的维生素E片剂；再将预煮后的肉块按配比与其余原料混匀，加入适量水中熬煮45分钟，熬煮完全后，取出沥干水分；将沥干水分的肉块经刷油、烘烤后，真空包装，即得成品。

特点：本品经过先酱制，后烤制，香味浓郁独特，美味可口，其制作工艺简单，所需原料容易备齐，非常适合普通家庭。真空包装携带和食用方便。

实例15　烤牛排

原料：牛排300克，酱油20克，白糖10克，胡椒粉5克，葱、蒜各10克，香油适量，芝麻少许。

制法：

（1）把牛排切成5~6厘米大小的块，抽出动物性脂肪、去皮，将附在排骨上的肉拉平。

（2）把收拾好的每块排骨用调料腌入味，再放在烧热的铁板上烤，边烤边刷油，烤至熟，盛盘，再撒上芝麻，葱花即可。

特点：此菜可以适当腌制，这样更容易入味，烤出来的牛排味道更浓郁。

实例16　烤牛舌

原料：牛舌500克，粗盐适量，精盐600克，胡椒5克，苹果醋10克，橄榄油10克，芥末酱3克，胡椒少许，小红萝卜3个，柠檬1个，鸡蛋1个，迷迭香4枝，百里香7枝。

制法：

（1）将牛舌洗净，加入胡椒粉，用手涂匀。

（2）向容器中加入蛋白，用打蛋器打上泡，加入粗盐、2枝迷迭香、5枝百里香混合拌匀。

（3）在烤盘上铺上铝箔纸，再铺上一层粗盐，放上牛舌和2枝迷迭香、2枝百里香，再铺一层粗盐，将牛舌包上，放进烤箱以200℃的温度烤50~60分钟。

（4）将小红萝卜切成装饰用，将柠檬切成小块。

（5）将烤好的牛舌放置15分钟后，切割开外层的盐包，取出牛舌，切成片状，装盘即可，食用时可挤少许柠檬汁。

特点：本品制作工艺简单，香味浓郁独特，美味可口。

实例17　牛肉叉烧

原料：牛肉10千克。

注射液配方：盐2.24千克，糖0.5千克，异抗坏血酸钠0.07千克，亚硝酸钠0.005千克，蛋白粉3.5千克，卡拉胶1.12千克，味精0.83千克，磷酸盐0.05千克，红曲红0.0085千克，乳酸链球菌素0.005千克，香料水56千克，冰片1.3千克。

香料水配方：八角0.084千克，花椒0.028千克，小茴香0.056千克，桂皮0.084千克，香叶0.028千克，丁香0.014千克，水56千克。

制法：

（1）解冻、分割：取牛肉中心温度为-2~0℃，修净牛肉表面多余的动物性脂肪，使0<动物性脂肪含量≤3%，切成质量200~300克的块状，块形完整，无棱角，不松散。经过处理后的肉应无毛、骨、较大的筋腱、粗组织膜、伤肉、淤血、淋巴及杂质等。修整后的肉温≤8℃。

（2）注射：

①熬香料水：注射所用香料水应提前一天进行熬制。具体方法为：向夹层锅中注入自来水，待水烧开后，将香料包放入水中，烧开沸腾1.5小时后，将卤水连同香料包倒入桶车，置于0~4℃下腌制库冷却、备用。

②配制注射液、注射：将冷却至0~4℃的香料水加入搅拌机，启动机器，与红曲红、亚硝酸钠、盐、糖、味精依次混合，搅拌，待红曲红与亚硝酸钠完全溶解后，加入冰片，搅拌，然后加入其他注射液原料，继续搅拌至完全溶解，然后将料水打入注射机，将注射液注射至牛肉中，在料液制作和使用过程中，料液温度控制在2~6℃，注射率达到占牛肉总质量的70%，注射后肉温≤8℃。

（3）滚揉腌制：将注射好的产品放入滚揉机进行滚揉，0~4℃连续滚揉总时间7小时，滚揉结束后于0~4℃下静腌（13±4）小时，腌制后肉温≤8℃。

（4）油炸：待油炸机或油炸锅内油温升至195~215℃时，即可开始油炸，油炸时间为20~30秒，油炸程度以肉块表面结壳、发白为准，要求炸制均匀，炸好的肉块放在干净的周转筐中，待煮。

（5）调煮、上色：调煮料盐、味精、糖、黄酒、生姜、香葱、红曲红、水的质量分别为1.1千克、0.38千克、0.67千克、0.857千克、0.365千克、0.365千克、0.03千克、140千克。向夹层锅中注入水，待其烧开后，其余调煮料加入水中，搅拌使红曲红完全溶解后，投入油炸好的肉块，于90~95℃保持40分钟左右方可出锅，调煮过程中要不时翻动肉块，以使肉块上下、左右受热均匀一致。

（6）散热：出锅后的产品放入经清洗消毒过的周转框中，推入冷却间迅速冷却，冷却至产品中心温度≤15℃。

（7）常规方法包装、杀菌。

特点：本品具有生产周期短，效率高，产品口感好，保质期长等优点。

（三）烤羊肉

实例18　香烤羊肉

原料：羊肉500克，盐5克，味精3克，黄酒10克，酱油8克，红辣椒10克，葱10克。

制法：

（1）将羊肉洗净，切成片，用盐、味精、黄酒、酱油腌制；红辣椒、葱洗净，切丝。

（2）铁板上淋油，烧热，将羊肉、红椒、葱放在烧热的铁板上烤熟。

（3）将烤熟的牛肉盛入盘中，再配上油炸面食即可。

特点：本品制作工艺简单，香味浓郁独特，美味可口。

实例19　烤全羊

原料：羔羊1只，盐10克，香芹20克，花椒10克，茴香10克，孜然10克，芝麻10克。

制法：

（1）羔羊剖开肚皮，掏去内脏，用香芹、花椒、茴香、盐腌10分钟。

（2）烤盘下面放调味料，上面放羊入烤箱直接生烤30分钟，翻过面再烤30分钟。入烤箱时设置面火220℃，底火250℃，烤1小时后，面火改为280℃，底火300℃。

（3）撒上孜然、芝麻即可。

特点：本品外焦里嫩，香味浓郁独特，美味可口。

实例20　烤羊棒骨

原料：羊棒骨300克，八角、桂皮、小茴香、甘草各5克，罗汉果1个，老姜5克，蒜5克，精盐5克，味精2克，白糖5克，香油10克，五香粉20克，干辣椒适量。

制法：

（1）炒锅上火加入清水烧开，放入干辣椒、八角、桂皮、小茴香、甘草、罗汉果、老姜、蒜，用小火熬至半小时后，再加入精盐、味精、白糖、香油以及五香粉调好味后待用。

（2）将羊棒骨用开水氽汤，清洗干净后放入步骤（1）熬出的白卤汁里浸泡两三个小时，待腌制入味后捞出待用。

(3) 将羊棒骨放在炭火上烤至骨头上的肉熟透即可。

特点：本品香味浓郁独特，美味可口。

实例21 烤羊排

原料：羊排500克，盐10克，孜然粉10克，辣椒粉15克，芝麻10克，酱油、黄酒、胡椒粉各适量。

制法：

(1) 将羊排切成块，洗净，用刀背拍扁，备用。

(2) 羊排中加盐、酱油、黄酒、胡椒粉、孜然粉、辣椒粉、芝麻拌匀，腌制2小时。

(3) 将腌好的羊排在炭火上翻烤，边烤边刷油，至羊肉熟透即可。

烧烤过程中油的使用很重要，刚烤上的肉类食物先不要急着刷油，待食物烤熟收紧后再刷油。油不要刷多，以刷完后不滴油为标准，烤的过程中要尽量避免油滴落入烧烤炉中。

特点：本品香味浓郁独特，美味可口。

(四) 烤禽肉

实例22 烤鸡肉

原料：整鸡一只，盐、花椒、糖、香料、黄酒、姜末、芝麻、白糖、面酱、鸡精、白酒、胡椒粉、酱油、水各适量。

制法：

(1) 将整鸡去毛净膛，洗净，沥干水分。

(2) 用由盐、花椒、糖和香料涂在鸡身上，然后再洒上适量的黄酒和姜末，腌制约8个小时。

(3) 将腌制后的鸡肉在85℃左右的温度下熏烤30分钟左右。

(4) 将熏烤后的鸡肉取出，用由芝麻、白糖、面酱、鸡精、白酒、胡椒粉以及酱油一起调成的糊状调料汁涂在鸡肉表面。

(5) 把涂过调料汁的鸡肉，在85℃左右的温度下继续熏烤约30分钟。

(6) 将两次熏烤过的鸡肉放入由水、白糖、香料、花椒和姜调成的汤汁中，煮制半个小时左右。

(7) 捞出煮好的鸡肉冷却后即可。

特点：本品制成的烤鸡肉，色味俱佳，营养丰富，常食有益身体健康。

实例23　烧烤鸡肉干

原料：精鸡肉500克，辣椒、花椒、八角粉、小茴香粉、孜然粉各适量。

制法：

（1）将500克精鸡肉洗净，切成截面长、宽为6～10毫米的条状，放入卤水中卤制。

（2）卤制鸡肉至六成熟后在卤水中浸泡1小时以上。

（3）将上述卤制后的鸡肉烧烤至出香味，与辣椒、花椒、八角粉、小茴香粉、孜然粉等香料拌匀，晾干。

特点：本品营养丰富，且制作过程中未添加香精、色素等添加剂，烧烤味浓郁，特别适合作为零食食用。

实例24　美式烤鸡腿

原料：鸡腿2个，西兰花30克，焗豆、黑胡椒、番茄酱、蜜糖、OK汁、香味、蒜蓉、盐各适量。

制法：

（1）将黑胡椒、番茄酱、蜜糖、OK汁、香味、蒜蓉、盐盛入碗中，搅匀成汁。

（2）将鸡腿肉顺着骨头的一端剖开，留另一端骨，肉不分开，将剖开的鸡肉抹上调好的汁，卷好，腌12小时，再带汁入焗炉烤至上色。

（3）将焗豆放入锅中煮好，盛入碟中，再放上烤好的鸡腿，配上焯熟的西兰花即可。

特点：本品味道独特，别具风味。

实例25　烤鸭

原料：鸭1只，酱油75克，芝麻油15克，白糖、饴糖各25克。

制法：

（1）将鸭宰杀、放血、烫毛、退毛，用冷水浸泡3小时，去内脏、食道、再浸泡一小时，沥干水。

（2）将鸭放入开水锅中烫一下，皮面绷紧，取出挂起。

（3）将酱油、芝麻油、白糖、饴糖搓开，趁鸭热擦遍全身，塞鸭肛门，挂炉内旺火烤40分钟，中间翻一次。

（4）待鸭全身呈金黄色，油润发光，即已熟透，及时取出。

特点：本品食用时可以搭配薄饼、黄瓜、甜面酱，吃起来别有一番风味。

实例26 广东烤鹅

原料：鹅1只（约1000克），桂皮3克，八角5克，海鲜酱（或虾酱）5克，白砂糖10克，精盐5克，蒜（白皮）10克，麦芽糖（或饴糖）10克，白醋3克，黄酒5克，玫瑰露酒（或白酒）3克。

制法：

（1）将鹅宰杀，去毛、内脏，洗净后用开水淋遍鹅身，悬挂于当风处吹干。

（2）将海鲜酱（或虾酱）、白糖、精盐、桂皮末、八角末放入一盛器中，搅拌调匀。

（3）蒜去外衣捣烂成蓉，连同玫瑰露酒（或白酒）加入酱料中混合。

（4）将麦芽糖（或饴糖）、白醋、黄酒混合调匀作涂鹅皮用料。

（5）将酱味材料涂遍鹅的腹腔内，并将腔口用绳或草扎结密封，以防腹内汁液流出。

（6）将涂鹅皮用料涂遍鹅身外面，然后悬挂于当风处吹干。

（7）放入足够炭块，烧至炽红无烟，然后用长柄铁叉把鹅叉住，在离火约30厘米左右烘烧至皮呈深红色内部熟透。

特点：本品外焦里嫩，味道独特。

二、肉肠类

（一）猪肉肠

实例27　猪肉肠

原料：

配方1：瘦肉70千克，水15千克，淀粉5千克，磷酸盐0.25千克，盐1.3千克，色素适量，维生素C 0.4千克，肥膘3千克，蛋白2千克，亚硝酸盐0.01千克，味精0.2千克，胡椒0.6千克，山茶0.8千克。

配方2：瘦猪肉62千克，瘦牛肉15.3千克，淀粉4千克，水14千克，糖1.8千克，磷酸盐0.3千克，色素适量，盐1.3千克，亚硝酸盐0.01千克，味精0.1千克，胡椒0.2千克，山茶0.08千克，蒜粉0.06千克，维生素C 0.9千克。

配方3：瘦猪肉59.3千克，鸡肉18千克，蛋白3.5千克，水14.5千克，亚硝酸盐0.01千克，味精0.1千克，胡椒0.15千克，蒜粉0.14千克，糖2千克，多聚磷酸盐0.3千克，维生素C 0.4千克，盐1千克。

制法：

（1）绞制：将原料肉通过绞肉机绞成8~10毫米的肉块颗粒。

（2）搅拌：将原料颗粒与水、淀粉、蛋白、香辛料等辅料加入搅拌机中进行搅拌，搅拌时间为30~45分钟，温度控制在7~14℃。

（3）充填灌装：将搅拌好的肉馅进行充填结扎。

（4）蒸煮杀菌：在10~20分钟内将温度升至100~120℃恒温5~50分钟，蒸煮压力为1.01×10^5~3.03×10^5帕（1~3个大气压），最后冷却出锅。

所述亚硝酸盐是指亚硝酸钠（或钾），所述香辛料的成分没有严格限制，可按不同地区人群的喜好来选择。

所述蛋白也无严格限制，其作用是提高营养、改善肉肠的保水性和弹性。

特点：本品具有独特的内在组织结构。由于保持了肉粒的天然结构，使制品的口感更好、弹性硬度更强，切面颗粒均匀、切片性好，外形美观，加入了传统植物香料，风味更醇美。原料比例搭配合理，使其具有更高蛋白、低脂、低胆固醇等健康食品特点。

在工艺方面，无须经过乳化工艺，而只通过搅拌形成稳定黏结的颗粒肉馅，然后经高温杀菌，工艺简单，最终产品具有更好的口感和品质。

实例28 猪肉早餐肠

原料：精猪肉7千克，猪碎肉8千克，含猪瘦肉30%的动物性脂肪2千克，不含瘦肉的动物性脂肪3千克，冰片6千克，食盐0.38千克，三聚磷酸钠0.03千克，乳酸链球菌素0.0003千克，野生马玉兰0.02千克，马玉兰0.06千克，荷兰芹菜籽0.04千克，白胡椒粉0.04千克，冷切肠香料0.08千克。

制法：

（1）预处理：采用猪后腿肉、动物性脂肪，要求基本剔除碎骨、淤血、伤肉、淋巴、毛发等杂质。猪后腿肉动物性脂肪含量≤1%，猪碎肉动物性脂肪含量≤15%，分割后肉温≤8℃，分割室温≤15℃。

（2）绞肉：将猪碎肉、猪后腿肉用8毫米孔板绞制，动物性脂肪用6毫米的孔板带冻（-2～1℃）绞制一遍。

（3）将食盐、三聚磷酸钠、乳酸链球菌素包在一起，将野生马玉兰碎、马玉兰碎、荷兰芹菜籽、白胡椒粉和冷切肠香料包在一起。

（4）斩拌：将绞制好的猪碎肉、含猪瘦肉30%的动物性脂肪称量好倒入斩拌机中，加入一半冰片并开启低速斩拌，加入食盐、三聚磷酸钠、乳酸链球菌素包后再开启高速斩拌，斩拌至温度7～10℃将斩拌机打至低速挡，并加入香料包和另外一半冰片，继续高速斩拌，斩拌至温度为4℃；最后将绞制好的猪后腿肉和不含瘦肉的动物性脂肪加入斩拌机中开启搅拌程序，将肉馅搅拌均匀即可出机；斩拌过程温度≤10℃，出机温度控制在7～9℃。

（5）灌装、挂竿：采用直径17毫米的蛋白肠衣灌装，10根产品的灌装定量为250～255克。挂竿时产品相互之间不得粘连。

（6）烟熏蒸煮：干燥，65℃，10分钟；蒸煮，75℃，25分钟；水冷，5分钟。

（7）包装：采用2千克一袋抽真空包装。

特点：

（1）利用本品制得猪肉早餐肠口味细腻，营养丰富。

（2）本品中的技术方案步骤简便、机器加工方便，适合工业化生产。

（3）本品使用原料资源丰富，取材简便，适合长期使用。

实例29 莲藕猪肉香肠

原料：猪肠衣1～10千克或人造蛋白肠衣1～10千克（任选其中一种肠衣），肥猪肉10～50千克，瘦猪肉10～60千克，莲藕50～150千克，食盐0.005～0.06千克，食用油0.003～0.04千克，白糖0.003～0.03千克，鸡精粉0.002～0.03千克。

制法：

（1）用清水浸泡猪肠衣待用。

（2）将干净去皮的肥猪肉、瘦猪肉切成小块放入切片绞肉机中加工成肉糜，将干净已切成小块的莲藕放入切片绞肉机中加工成莲藕蓉。

（3）将全部猪肉糜和莲藕蓉放入同一大盆中，加入上述食盐、食用油、白糖、鸡精粉搅拌均匀后放入电动灌肠机的装料容器中，在灌肠机的出口管处套上浸泡好的猪肠衣，将猪肠衣头打紧一个结，便开动机器灌肠了，一根猪肠衣灌满后，离开灌肠机再打上一个结，便按照所需要的长度、规格扎水草，每隔7～12厘米扎一根水草。

（4）分别在每段扎好水草的莲藕猪肉香肠上用针排刺一下，放出里面的水分（不刺针不放水分也可以），即成为莲藕猪肉香肠，即能烹饪，去掉水草吃用，或放进冰箱冷冻保鲜。

特点：本品营养非常丰富，滋味可口，韧滑甘香，老少皆宜，吃法多种多样，烧烤、煎、焗、蒸、煮、炸都行，可以送菜下饭、饮酒，又可当休闲小食，简单方便。

实例30 红枣猪肉肠

原料：精选猪肉95～100千克，红枣8～10千克，植物蛋白2.8～3千克，食用盐2.4～2.5千克，香辛料0.3～0.4千克，味精0.2～0.3千克，卡拉胶0.2～0.25千克，三聚磷酸钠0.1～0.2千克，红曲粉0.011～0.012千克，亚硝酸盐0.004～0.005千克，胶原蛋白肠衣、冰水适量。

制法：

（1）将精选猪肉及各种配料以及适量冰水放入搅拌机中搅拌8～10分钟，要求肉馅出机后温度≤4℃，将肉馅及时推入0～4℃的腌制间中腌制12～24小时，进行二次搅拌，搅拌时间控制在15～17分钟，要求出机温度控制在5～8℃，即可灌装。

（2）灌装后放置在干燥机中用60℃的温度高速运行35分钟，要求肠体表面色泽发黄、干爽，将干燥后的肉肠放入蒸煮容器中用82℃的温度蒸煮25分钟

（产品中心温度达到78℃），排气3分钟即可。

特点：本品是一种养生保健食品，口味独特，营养丰富，可以在满足人们一般营养需求的同时起到养生保健的作用。

实例31　银耳肉枣串肠

原料：猪肉100千克，新鲜银耳6千克，猪皮6千克，莲子粉4千克，植物蛋白粉15千克，淀粉8千克，白糖8千克，食盐4千克，味精2千克，润肺酒10千克，胶原蛋白肠衣2千克。

润肺酒配方：雪梨5千克，枇杷2千克，冬瓜2千克，白萝卜5千克，乌梅2千克，椰肉4千克，椰子汁12千克，枇杷叶2千克，马兰头2千克，白砂糖5千克，安琪果酒酵母2千克。

制法：

（1）将猪皮油炸后，烤干，磨粉，得油炸猪皮粉，备用。

（2）将润肺酒的原料混匀后，于室温下密封发酵12天，取出，过滤得滤液即得润肺酒备用。

（3）将新鲜银耳与猪肉混匀后，加入植物蛋白粉，搅碎，再按配比放入油炸猪皮粉以及除胶原蛋白肠衣外的其余原料，搅拌均匀，腌制8小时后，利用胶原蛋白肠衣灌装，按照肉枣串肠常规制作工艺制备即得润肺银耳肉枣串肠。

特点：本品的润肺银耳肉枣串肠外观均匀一致，无缺边，组织致密，食用营养健康，肉质鲜嫩、香味浓郁。油炸猪皮增加本品口感，银耳可以使得本品营养丰富，润肺去燥的同时，增加本品肉质的弹性，同时减少食用本品摄取的热量。

实例32　鱼子猪肉香肠

原料：猪肉100千克，鱼子30千克，杏肉3千克，橘皮4千克，地黄叶4千克，花生4千克，谷精草3千克，山楂粉9千克，桃树叶3千克，草石蚕7千克，鸡肉香精0.1千克，朗姆酒4千克，白糖、味精、食盐适量。

制法：

（1）将猪肉和杏肉混合绞碎，拌入山楂粉，置于铺有一层月桂叶的蒸笼内，在温度为90℃下蒸6分钟，出料冷却后加入朗姆酒，搅拌，在密闭容器内放置3天，所述密闭容器所在环境温度为5℃。

（2）将鱼子洗净后在浓度为7%的柠檬酸溶液中浸泡10小时。

（3）取草石蚕的块茎与花生混合研碎，加适量食盐在锅中文火翻炒3分钟。

（4）将橘皮、地黄叶、谷精草、桃树叶混合，加水提取，得提取液。

（5）将上述处理过的原料与剩余各原料混合，搅拌均匀，即得馅料。

（6）采用胶原蛋白肠衣进行灌装，每15厘米长度结扎系结，得半成品。

（7）晾制：若自然环境温度≤10℃，采用阳光晾晒、风干，先晾晒2天，然后放置通风处自然风干7天；若自然环境温度≥10℃，则采用65℃烘房烘制10小时，再放于通风处自然内干5天。

（8）装袋：按包装袋标示净含量进行定量装袋。

（9）蒸煮、杀菌：采用卧式杀菌锅水压杀菌，杀菌温度和时间为110℃，50分钟，加压0.15MPa。

（10）冷却：水冷却至40℃时出杀菌锅，再自然冷却至25℃以下进行包装，即得鱼子猪肉香肠。

特点：

（1）产品的原料配方及加工方法及加工工艺具有独创性。

（2）产品工艺简单易行，适于各种规模的食品加工企业生产，并且更利于工业自动化生产。

（3）可以直接食用，鱼子口感具有爆裂感，耐咀嚼，口味咸鲜，营养丰富。

（4）可以大量消化鱼子，生产成本低，大力推进水产养殖业的发展。

实例33　竹筒肠

原料：肉类2000克，动物性脂肪500克，改性淀粉100克，β-糊精40克，食盐60克，焦磷酸盐0.3～1克，香辛料15～25克，鲜竹液200克。

制法：

（1）鲜竹处理：原料为鲜竹，选取颜色翠绿、外表光滑无疤痕的新竹，直径15～80毫米，截取一定长度，按不同直径分拣，同一组外径允许±2毫米，去毛刺，在竹筒外壁轴向开有贯穿整个竹筒长度的3条下凹0.5～2毫米的易开槽，用水清洗去除污物，清水浸泡1～3小时除异味，晾干水分，内壁用可食用的动、植物食用油浸润待用。

（2）萃取鲜竹液：取竹叶、竹梢及竹尖20%～50%，加入浓度为20%的酒精50%～80%，浸泡2～5小时，取上清液备用。

（3）辅料：动物性脂肪、变性淀粉、β-糊精、食盐、改良剂为焦磷酸盐、香辛料包括花椒、八角、肉桂、胡椒、辣椒等。

（4）加辅料混合均匀，装入竹筒内，用植物叶如芭蕉叶、竹叶等，肠衣或食品级塑料薄膜将竹筒封口。

（5）糊化：对装填、封口后的竹筒肠加温75～100℃，时间20～50分钟，冷却至40℃以下，检验竹筒及封口破损。竹筒装入包装袋、抽真空。

（6）灭菌：灭菌初始温度30～50℃，升温时间7～9分钟，达100～130℃，保温15～40分钟后开始降温，降温时间10～20分钟，终温40℃。

（7）检验包装袋有无破损、入库。

特点： 本品风味独特，产品标准化、规范化、规模化生产，便于生产、储存和运输。

实例34　含苹果粉的猪肉火腿肠

原料： 瘦猪肉75千克，冰水25千克，葡萄7千克，银耳6千克，南瓜5千克，红枣4千克，苹果粉2千克，白芷2千克，羧甲基纤维素钠1千克，地黄花2千克，瓜蒌叶2千克，谷朊粉2千克，液体麦精2千克，维生素C 0.05千克，食盐2千克，味精、白砂糖适量。

制法：

（1）原料预处理：选用卫生检验合格，品质优良的瘦猪肉，清洗干净，置入绞肉机中，用8毫米孔板绞碎，加入其质量0.04%的蜂蜜，混合搅拌均匀。

①将南瓜洗净，去掉皮、瓤和瓜子，切成小块，加入其质量6倍的水，在100℃下加盖蒸煮15分钟，开盖，加入南瓜质量0.5%的海藻酸钠、0.8%的食盐、2%的抹茶粉，加盖，在100℃下继续加热5分钟，出料，过滤除去滤液。

②将红枣去核后，加其质量15倍的水，用文火炖煮50分钟，再加入红枣质量3%的白砂糖、2%的猪板油，继续文火炖煮15分钟，加入银耳，在文火下焖制10分钟，取出后混合研碎。

③将白芷切成片，与其质量70%的甘草混合，加5倍的水蒸煮30分钟，再将白芷取出沥干后，放入锅内，用文火炒至微有焦斑为止，取出晾干后与地黄花、瓜蒌叶混合研碎成粉末。

④将葡萄去籽后研碎，待用。

（2）腌制：在绞碎的瘦猪肉馅中加入食盐，搅拌均匀，干腌24小时。

（3）斩拌：将腌制好的馅料放入斩拌机中，加20%的冰水，斩拌3分钟后，依次加入味精、白砂糖，继续斩拌4分钟，再加入处理后的南瓜、谷朊粉、羧甲基纤维素钠、苹果粉和剩余的冰水，斩拌4分钟，最后将剩余各原料加入肉泥中，搅拌均匀，静置12分钟，即得到肉馅。

（4）灌肠热加工：用灌装机将上述肉馅灌装至肠衣中，检查肠体是否密封良好，卡扣两端是否有肉泥；进行热加工煮熟。

（5）杀菌：将罐装好的火腿肠置入灭菌锅中，温度为95℃，杀菌时间为35分钟，杀菌后快速冷却并去除肠体外部的水分，即得所述含苹果粉的猪肉火腿。

特点： 本品原料广泛、成本低、生产的火腿口味良好、综合营养价值高，加入的南瓜具有解毒、保护胃黏膜、防治糖尿病、降低血糖、促进生长发育等功效，红枣富含蛋白质、糖类、胡萝卜素、B族维生素、维生素C、维生素P以及钙、磷、铁和环磷酸腺苷等营养成分。

实例35　含香蕉粉的猪肉火腿肠

原料：瘦猪肉70千克，冰水23千克，草莓4千克，金针菇6千克，南瓜8千克，红枣4千克，香蕉粉2千克，葛根2千克，羧甲基纤维素钠1千克，地黄花2千克，瓜蒌叶2千克，玉米粉2千克，液体麦精1千克，抹茶粉2千克，红曲红色素0.1千克，食盐2千克，味精、白砂糖适量。

制法：

（1）原料预处理：选用卫生检验合格，品质优良的瘦猪肉，清洗干净，置入绞肉机中，用8毫米孔板绞碎，加入其质量0.04%的蜂蜜，混合搅拌均匀。

①将南瓜洗净，去掉皮、瓤和瓜子，切成小块，加入其质量6倍的水，在温度为100℃下加盖蒸煮15分钟，开盖，加入南瓜质量0.5%的海藻酸钠、1%的食盐、1%的抹茶粉，加盖，在100℃下继续加热5分钟，出料，过滤除去滤液。

②将红枣去核后，加其质量15倍的水，用文火炖煮50分钟，再加入红枣质量3%的白砂糖、2%的猪板油，继续文火炖煮15分钟，加入金针菇，在文火下焖制10分钟，取出后混合研碎。

③将葛根切成片，与其质量70%的甘草、2%的蜂蜜混合，加5倍水蒸煮30分钟，再将葛根取出沥干后，放入锅内，用文火炒至微有焦斑为止，取出晾干后与地黄花、瓜蒌叶混合研碎成粉末。

（2）腌制：在绞碎的瘦猪肉馅中加入食盐，搅拌均匀，干腌24小时。

（3）斩拌：将腌制好的馅料放入斩拌机中，加入20%的冰水，斩拌1分钟后，依次加入味精、白砂糖，继续斩拌4分钟，再加入处理后的南瓜、玉米粉、羧甲基纤维素钠、香蕉粉和剩余的冰水，斩拌4分钟，最后将剩余各原料加入肉泥中，搅拌均匀，静置12分钟，即得到肉馅。

（4）灌肠热加工：用灌装机将上述肉馅灌装至肠衣中，检查肠体是否密封良好，卡扣两端是否有肉泥；进行热加工煮熟。

（5）杀菌：将罐装好的火腿肠置入灭菌锅中，温度为95℃，杀菌时间为35分钟，杀菌后快速冷却并去除肠体外部水分，即得所述含香蕉粉的猪肉味火腿。

特点：本品原料广泛、成本低、生产的火腿口味良好、综合营养价值高。加入的南瓜具有解毒、保护胃黏膜、防治糖尿病，降低血糖、促进生长发育等功效，红枣富含蛋白质、糖类、胡萝卜素、B族维生素、维生素C、维生素P以及钙、磷、铁和环磷酸腺苷等营养成分。

实例36　含腌制辣椒的火腿肠

原料： 猪肉70千克（精瘦肉49千克、肥膘肉占21千克），泡椒5千克，剁椒5千克，大豆分离蛋白3千克，淀粉5千克，鸡蛋液3千克，水10千克（0℃），调味料2.3千克（其中食用盐1.2千克、白糖0.8千克、味精0.2千克、胡椒0.1千克）。

制法：

（1）泡椒的制作：

①选料：采用红辣椒或尖椒10千克。原料需洗净晾干后备用。

②泡椒水制备：向容器内加入八角50克、桂皮70克、盐1000克、冰糖300克、蒜400克、姜400克、白酒100克。

③将泡椒水、辣椒全部放入腌制容器中并盖上盖子进行密封。

④常温、阴凉处放置12～16天后将泡好的辣椒捞出沥干即得泡椒成品。

（2）辣味较重泡椒的制作：

①选料：采用熟透的朝天椒10千克，颜色为黄色。朝天椒需洗净晾干后备用。

②泡椒水制备：向容器内加入八角50克、桂皮70克、盐1000克、冰糖300克、蒜400克、姜400克、白酒100克。

③将泡椒水、辣椒全部放入腌制容器中并盖上盖子进行密封。

④常温、阴凉处放置12～16天后将泡好的辣椒捞出沥干即得泡椒成品。

（3）剁椒的制作：

①选料：挑选无虫害、新鲜的辣椒10千克。辣椒洗净晾干备用。

②辣椒剁碎：用刀具将辣椒剁为碎块备用。

③腌制：将剁碎的辣椒加盐800克拌匀并放入泡菜坛内，再喷入200克白酒。

④盖上坛子盖，并加水封。

⑤常温、阴凉处放置8～12天即得剁椒成品。

（4）辣味较重剁椒的制作：

①选料：挑选无虫害、新鲜的小尖辣椒（已熟、变红）10千克。辣椒洗净晾干备用。

②辣椒剁碎：用刀具将辣椒剁为碎块备用。

③腌制：将剁碎的辣椒加盐800克拌匀并放入泡菜坛内，再喷入200克白酒。

④盖上坛子盖，并加水封。

⑤常温、阴凉处放置8~12天即得剁椒成品。

（5）含腌制辣椒火腿肠的制作：将猪肉，制得的泡椒，制得的剁椒，大豆分离蛋白，淀粉5千克、鸡蛋液3千克、水10千克（0℃）、调味料，将配制好的原料用斩拌机斩为肉糜状然后用PVDC膜进行灌肠、结扎、高温杀菌即得。

特点：

（1）将不同风味的辣椒添加至火腿肠中赋予了产品酸、辣、香的特点，使火腿肠味道更独特，能够满足消费者对酸、辣口味的特殊嗜好。

（2）增加火腿肠中的膳食纤维成分，比普通火腿肠更有益于身体健康。

（二）牛肉肠

实例37　牛肉花生香肠

原料：瘦牛肉10千克，花生0.4千克，弃皮肥猪肉3千克，营养盐0.25千克，味精0.06千克，胡椒粉0.05千克，鲜姜末0.1千克，香料（茴香、丁香、桂皮、山柰、草果等，可根据不同口味搭配用料）0.08千克，花椒粉0.1千克，白糖0.15千克，食用酒0.2千克。

制法：将各原料按上述质量比配料，将佐料混合，加入花生搅匀备用，将牛肉、肥猪肉经剔骨—剔皮、去筋、去腱—洗净—沥水—切块—绞肉—加入物料拌匀—灌肠—扎捆—晾晒等得成品。

其中：佐料混合是用食用酒将所配佐料调和成湿粉状，加入当年新花生（仁或粉）搅拌均匀放置10~20分钟备用，晾晒是将捆扎后的香肠挂置于2~10℃的自然气温条件下晾晒20天左右，即得本牛肉花生香肠的生成品。

将生成品放入塑料袋内扎好口，先置于微波炉内用80%左右的中高火加热3~10分钟熟化，取出塑料袋，再置微波炉用的盘内，在微波炉内用40%~60%的中、低火干燥、灭菌1.5~3分钟，然后从微波炉中取出，经包装、封口即得本牛肉花生香肠熟食成品。

将上述的生成品制作为具各种外形后，再经生成品加工熟成品的方法即得本牛肉花生香肠的各种外观形状的熟食成品。

特点：本品的配方科学合理，制作方法简单易掌握，可家庭化生产或工厂化生产，在加工中的晾晒及储存阶段，利用自然温度、湿度，降低了生产成本。由于在牛肉中加入了肥猪肉和花生，有效地解决了纯牛肉的板结、发硬问题，使肉质松软；配有胡椒粉、姜末等佐料，消除了牛肉的膻味，食之味美；在加工中既不加入发色剂，也无添加剂硝酸钠，且无熏制工序，香肠自然晾干，消除了亚硝酸盐含量及避免了熏、烤制过程中的污染，使加工出的香肠色泽自然，保持了牛肉、花生的原香味，还延长了香肠的保存期。本品在主料不变，而稍改变佐料的搭配，用相同的加工方法，就可生产出适合南北方的广大消费者口味的牛肉花生系列生、熟成品。

实例38 牛肉香肠

原料：鲜牛肉100千克，猪五花肉45千克，鲜橘皮5千克，食盐4千克，白色酱油4千克，白糖8千克，白酒1.5千克，亚硝酸盐50克。

制法：

（1）选用健康无病的新鲜的牛后腿肉，冷水浸泡30分钟，沥去水分。

（2）用绞肉机将牛肉绞成0.6厘米的肉丁。猪五花肉切成0.6厘米的肉丁，用温水漂洗后，沥去水分。

（3）鲜橘皮打成浆，将牛肉丁和猪肉丁混合，加入食盐和亚硝酸盐，反复揉搓使其充分混合均匀，放置10分钟。

（4）将白色酱油、白糖、白酒、橘皮浆混合，倒在肉块上搅拌均匀，即得肠馅。

（5）用温水将猪肠衣泡软、洗净，用灌肠机将肠馅灌入。每间隔15厘米，结扎为一节。灌完扎好的香肠，放在温水中漂洗一次，除去肠衣外黏附的油污等。

（6）烘烤或晒干：将香肠在烤炉里烘干。烤炉内的温度先高后低，控制在60～70℃，烘烤2.5小时左右。烘烤过程中，随时查看，见肠体表面干燥时即可出炉。挂在通风处，风干3～5天，待肠体干燥、手感坚挺时，即为成品。

特点：用上述原料配方和方法制作的香肠，营养成分高，热量高，鲜香味美，食之爽口，适合各年龄段人食用。

实例39 玫瑰牛肉肠

原料：牛肉1000克，香菇25克，糖30克，盐30克，味精1克，花椒粉0.3克，无花果蛋白酶3克，五香粉1克，滋补酒30毫升，老抽9毫升，玫瑰花粉16克，红茶粉15克。

滋补酒由下述质量配比的原料制得：每3000克白酒需要配入怀山药120克、红豆30克、红枣80克、熟首乌500克、核桃肉100克、枸杞50克、莲子肉90克、生姜100克。

制法：

（1）牛肉经切块后按质量配比加入糖、盐、味精、花椒粉、五香粉、老抽、补血酒、无花果蛋白酶进行腌制，腌制完成后将牛肉绞碎。

（2）将香菇绞碎，再将其按质量配比与绞碎的牛肉、玫瑰花粉、红茶粉拌匀，即得拌匀的香肠馅料。

（3）将拌匀的香肠馅料经灌装、熏制、晾挂风干 15 天后真空包装，即得产品。

所述滋补酒的制备方法为：将各原料混匀，密封浸泡 5 ~ 6 个月，过滤去渣取液，即得。

特点：

（1）香肠中添加玫瑰花粉、红茶粉使得其营养更加全面，同时具有抗氧化、杀菌作用，同时可以作为香肠的增色剂；滋补酒配伍合理，且可以使得香肠的口味更加醇厚，香菇的加入可以使得香肠肉质更细嫩、富有弹性，可以使得香肠味道更加鲜美。

（2）本品各组分配比合理，使得香肠口味醇厚，香气四溢，肉质细嫩。

实例 40　血糯米牛肉烤肠

原料：牛肉 100 千克，猪后腿肉 20 千克，鸡大腿肉 20 千克，碎冰 15 千克，植物蛋白 12 千克，血糯米粉 8 千克，白糖 8 千克，食盐 4 千克，味精 2 千克，胶原蛋白肠衣 2 千克，发酵滋补酒 5 千克。

发酵滋补酒配方：红枣 2 份，圣女果 2 份，花生衣 0.5 份，橘红 4 份，荠菜 2 份，黑木耳 2 份，小麦粉 2 份，白砂糖 6 份，安琪果酒酵母 0.8 份。

制法：

（1）原料肉处理：将冷冻原料鸡大腿肉和猪后腿肉从冷冻库里取出，去除外面的包装袋进行解冻处理，得解冻好的原料肉待用。

（2）嫩肉：在解冻好的原料肉表面拌上一层相当于原料其质量 5% ~ 8% 的木瓜子，静置 5 ~ 8 小时后，将木瓜子拣出。

（3）原料绞制：将处理后的原料肉用绞肉机绞碎呈明显的颗粒状。

（4）搅拌：绞制好的原料肉分别进入真空搅拌机中进行腌制混合，加入除胶原蛋白肠衣外其余的原料搅拌混匀，得搅拌好的肉馅。

（5）腌制：将搅拌好的肉馅放置静止在 0 ~ 5℃腌制库里，静置腌制 12 ~ 14 小时。

（6）灌装：将肉馅从腌制库中取出进入灌装机，进行灌装用胶原蛋白肠衣按照规格要求定量灌装。

（7）蒸煮：灌装好的滋补血糯米牛肉烤肠进入全自动烟熏蒸煮锅，设定参数，第一步干燥温度 65℃左右，时间 20 分钟左右，第二步蒸煮温度 70℃左右，时间15分钟左右，第三步蒸煮温度80℃左右，时间15分钟左右，结束出炉。

（8）冷却、包装：蒸煮好的烤肠进入冷却间降温到室内常温，进行装袋包装抽真空。

（9）总检、入库速冻：抽完真空的产品进入速冻库里进行速冻降温，库温度达到-35℃左右，速冻4小时左右中心温度达到-12℃左右，进行外包包装进入成品库中储存，储存库温度-18℃左右，即得。

所述的发酵滋补酒的制备方法为：将圣女果洗净后，用相当于上述物料总质量8%的糖腌制2小时后，搅碎，过滤得果汁，再与其余制备发酵滋补酒的原料混匀后，于18℃下发酵11天后，过滤去渣，即得。

特点：本品外观均匀一致，无缺边，组织致密，食用营养健康，肉质鲜嫩、香味浓郁。滋补发酵酒配伍合理，使得本品具有淡淡的果酒香味，开胃解腻。

实例41　葛粉牛肉肠

原料：牛肉1000克，盐35克，味精1克，花椒粉1克，五香粉3克，胡椒粉3克，生姜3克，大蒜1克，无花果蛋白酶3克，木瓜肉35克，莴笋35克，老抽20毫升，葛根粉7克，焦山楂粉6克，百合粉6克，莲子粉6克。

制法：

（1）牛肉绞碎后按配比加入味精、盐、花椒粉、五香粉、胡椒粉、切碎的生姜、切碎的大蒜、无花果蛋白酶、老抽，搅拌均匀后腌制6小时，得腌制好的牛肉。

（2）将木瓜肉、莴笋绞碎，再将其按配比与腌制好的牛肉、葛根粉、焦山楂粉、百合粉、莲子粉拌匀，得拌匀的香肠馅料。

（3）将拌匀的香肠馅料经灌肠排气、干燥1小时、蒸煮1~2小时、晾挂半个月左右后真空包装，即得产品。

所述的干燥温度为65~75℃，蒸煮温度为80~90℃。

特点：本配方科学合理，制作方法简单，在加工中不添加色素、硝酸钠，并且没有熏制工序，这样加工出的香肠色泽自然，无污染，保持原味，同时还延长了产品的保质期，同时莴笋中具有抑制亚硝酸盐的成分，大蒜、生姜、杀菌能力强，可以起到天然防腐剂的作用；葛根粉、焦山楂粉等成分营养丰富，具有健胃、养生、抗癌；木瓜肉在增加牛肉肠营养的同时，使得其口感更细嫩，无花果蛋白酶可以使得牛肉肉质细嫩；本品各组分配比合理，香肠口味醇厚，香气四溢，肉质细嫩。

实例42　风味牛肉肠

原料：牛肉1000克，桑葚30克，糖30克，盐30克，味精1克，紫苏籽油

0.3克，木瓜蛋白酶3克，五香粉1克，辣椒粉0.5克，中药酒30毫升，老抽9毫升，芡实粉15克，陈皮粉15克。

中药酒配方：茯苓75克，白参300克，白酒2000克。

制法：

（1）牛肉经切块后按配比加入糖、盐、味精、紫苏籽油、五香粉、辣椒粉、老抽、中药酒、木瓜蛋白酶进行腌制，腌制完成后将牛肉绞碎。

（2）将桑葚绞碎，再将其按配比与绞碎的牛肉、芡实粉、陈皮粉拌匀，即得拌匀的香肠馅料。

（3）将拌匀的香肠馅料经常规香肠制作工艺制得香肠即可。

所述的中药酒的制备方法为：将各原料混匀，密封浸泡6个月以上，过滤去渣，即得成品。

特点：

（1）芡实粉、陈皮粉使得香肠的营养更加全面，同时具有抗氧化、杀菌的作用；中药酒配伍合理，美容养颜，且可以使得香肠的口味更加醇厚，桑葚的加入可以使得香肠肉质更细嫩富有弹性，味道更加鲜美。

（2）本品各组分配比合理，使得香肠口味醇厚，香气四溢，肉质细嫩。

实例43　牛肉风干肠

原料：无筋络牛肉10千克，腌制添料1.8～2.2千克。

腌制添料配方：中药干品白芷60～80克，中药干品山药粉150～180克，中药干品枸杞粉100～120克，肉桂粉80～100克，肉蔻粉100～120克，花椒粉50～70克，砂仁粉50～70克，花旗参粉80～100克，白酒2500～3000克，精盐2000～2500克，味精1000～1500克，白糖4000～5000克，酱油1500～2000克，香油200～300克。

制法：

（1）制备腌制肉：取无筋络牛肉或羊肉切成7～10毫米的方块。

（2）制备腌制添料：取中药干品白芷，分别加入等质量的水煎煮20分钟，滤过取液体，自然冷却后混合；取中药干品山药粉，中药干品枸杞粉，肉桂粉，肉蔻粉，花椒粉，砂仁粉，花旗参粉，将碎粉混合均匀，将中药混合液倒入其中，再加入白酒、精盐、味精、白糖、酱油和香油，充分混匀制成腌制添料。

（3）腌制：向牛肉或羊肉块中加入腌制添料，搅拌均匀，腌制30～40分钟，其中牛肉或羊肉块与腌制添料的质量比为10∶（1.8～2.2）。

（4）风干、蒸熟处理：将腌制好的牛肉或羊肉块灌入羊肠衣内，挂在2～5℃的风干房风干晾晒2～4天，再采用蒸汽锅蒸25～35分钟后自然冷却，制成风干肠。

特点：本品风干肠风味独特，肉借中药之功效，不会因食肉而导致血质、血压的升高，既保持了肉质的鲜美，又克服了传统风干肠的不足之处。

实例44 牛蒡低温肉食制品

原料：鲜瘦肉80千克，鲜牛蒡根20千克，淀粉5千克，酱油6千克，食盐3千克，味精1千克，香料100克，磷酸盐50克。

制法：

（1）将鲜牛蒡根切碎后，置入高速滚揉机中，利用滚揉机把牛蒡肉质根内所含的粗纤维打松，再将该原料送入斩拌机，利用斩拌机将上述原料中的疏松状粗纤维进一步切碎后，送入胶体磨机磨制成牛蒡浆泥。

（2）将鲜瘦肉绞制成肉糜，在5℃的室内滚揉2小时。

（3）将牛蒡浆泥及淀粉、酱油、食盐、味精、香料和磷酸盐加入所制肉糜内并拌和均匀。

（4）将上述拌和物在低温冷库中腌制处理12小时，再灌装于肠衣内并置入烫缸，在90℃的温度下使灌装好的拌和物熟化，冷却后即得牛蒡火腿肠成品。

特点：与前述现有同类产品相比较，本品通过选用鲜牛蒡的肉质根作为肉食制品的制作原料，并通过对该制作原料的特别加工，使其富含的营养成分能够被人体所吸收，同时还确保了产品具有很好的口味和外观质量。因此，本品肉食制品的营养价值更高、口味更好，实为一种荤素结合，富含高纤维、高蛋白、高氨基酸的绿色营养产品。

（三）禽肉肠

实例45 鸡肉火腿肠

原料：鲜鸡肉50千克，混合粉1.2千克，食盐1.2千克，红曲粉0.3千克，味精0.25千克，白胡椒粉0.1千克，橘皮粉0.1千克，八角粉0.1千克，小茴香粉0.04千克，淀粉20千克。

制法：取鲜鸡肉粉碎至肉泥，由混合粉、食盐、红曲粉、味精、白胡椒粉、橘皮粉、八角粉、小茴香粉等构成的调料混合搅拌均匀，再加入淀粉搅拌均匀后，灌制而成。

特点：本品与常见的鸡肉肠相比，鲜嫩可口，营养丰富，其动物性脂肪的含量低，蛋白质的含量高，比较适合高血压患者及肥胖者食用。

实例 46　鸡肉早餐肠

原料：鸡胸肉 8 千克，动物性脂肪 3 千克，冰片 6 千克，食盐 0.38 千克，三聚磷酸钠 0.04 千克，乳酸链球菌素 0.004 千克，野生马玉兰碎 0.02 千克，马玉兰碎 0.06 千克，荷兰芹菜籽 0.04 千克，白胡椒粉 0.04 千克，冷切肠香料 0.08 千克。

制法：

（1）预处理：采用鸡胸肉、动物性脂肪，要求基本剔除碎骨、淤血、伤肉、淋巴、毛发等杂质。

（2）绞肉：将鸡胸肉用 8 毫米孔板绞制，动物性脂肪用 6 毫米的孔板带冻（-2～1℃）绞制一遍。

（3）配料：将食盐、三聚磷酸钠、乳酸链球菌素包在一起，将野生马玉兰碎、马玉兰碎、荷兰芹菜籽、白胡椒粉和冷切肠香料包在一起。

（4）斩拌：将绞制好的鸡胸肉、动物性脂肪称量好倒入斩拌机中，加入一半冰片并开启低速斩拌，加入盐、聚磷酸盐后再开启高速斩拌，斩拌至温度 7～10℃将斩拌机打至低速挡，并加入香料包和另外一半冰片，继续高速斩拌，斩拌至温度为 4℃；斩拌过程温度≤10℃，出机温度控制在 7～9℃。

（5）灌装、挂竿：采用直径 17 毫米的蛋白肠衣灌装，10 根产品的灌装定量 250～255 克。

挂竿时产品相互之间不得粘连。

（6）烟熏蒸煮：

①干燥，65℃，10 分钟。

②蒸煮，75℃，25 分钟。

③水冷，5 分钟。

（7）包装：采用 2 千克一袋抽真空包装方式。

特点：

（1）利用本品制得鸡肉早餐肠口味细腻，营养丰富。

（2）本品中的技术方案步骤简便、机器加工方便适合工业化生产。

（3）本品使用原料资源丰富，取材简便，适合长期使用。

实例 47　百合枸杞鸡肉肠

原料：精选鸡肉 60～66 千克，百合 3～3.5 千克，枸杞 1.0～1.3 千克，食用盐 1.1～1.3 千克，白砂糖 0.5～0.6 千克，白胡椒粉 0.16～0.2 千克，大豆分离蛋白 2～2.5 千克，肠衣、冰水适量。

制法：

（1）将百合、枸杞浸泡后切丁，将绞制好的鸡肉、切好的百合、枸杞和上述配料以及适量冰水放入搅拌机中搅拌8～10分钟，要求肉馅出机后温度≤4℃。

（2）将肉馅及时推入0～4℃的腌制间中腌制12～24小时，进行二次搅拌，搅拌时间控制在15～17分钟，要求出机温度控制在5～8℃，即可灌装。

（3）灌装后放置在干燥机中用60℃的温度高速运行35分钟，要求肠体表面色泽发黄、干爽，将干燥后的肉肠放入蒸煮容器中用82℃的温度蒸煮25分钟（产品中心温度达到78℃）后排气3分钟即可。

特点：本品口味独特，营养丰富，正符合现如今人们普遍认可的药疗不如食疗的理念。

实例48　菠萝鸡肉糯米肠

原料：鸡肉40千克，菠萝5千克，糯米45千克，食盐、酒、味精、糖、香料，水5千克。

制法：将原料鸡肉用清水洗净，去掉骨头后绞碎加食盐、酒腌制备用；将原料菠萝去皮后，洗净切成小颗粒放置盐水中备用；将糯米洗净蒸熟后加食盐冷却；后将腌制的鸡肉、绞碎的菠萝粒和蒸熟的糯米一起加适量的水、味精、糖、食盐和香料搅拌均匀；用灌装机装入肠衣，然后进行烘焙，高温蒸煮消毒，包装完成。

特点：营养均衡，软硬适度，口感好，且肠内容物含有大量维生素、碳水化合物、蛋白质、氨基酸，口感滑嫩。

实例49　冬菇鸡肉肠

原料：精选鸡肉65～70千克，干冬菇9～9.5千克，大豆分离蛋白1.5～2千克，白砂糖1.5～1.7千克，食用盐1.2～1.3千克，卡拉胶0.6～0.65千克，白胡椒粉0.15～0.17千克，五香粉0.06～0.07千克，肠衣、水适量。

制法：

（1）将干冬菇放入容器内，用80℃左右的水浸泡6～8小时，水要没过干冬菇1厘米左右，环境温度保持在0～4℃，待冬菇充分软化后用清水洗净污泥等外来杂质，去除不可食用的根部，再用清水漂洗两遍，挤出多余的水分，按照配方比例进行制作，1千克干冬菇可出3.5千克复水冬菇，将复水冬菇放入绞肉机中用ϕ6毫米孔板绞成颗粒状或用切菜机切成5毫米×5毫米的颗粒，放入0～4℃腌制间暂存待用，存放时间不宜超过8小时，将鸡胸肉用ϕ8毫米孔板绞成颗粒状。

（2）将绞制好的鸡胸肉、复水冬菇和上述配料以及适量冰水放入搅拌机中搅拌8～10分钟，要求肉馅出机后温度≤4℃，将肉馅及时推入0～4℃的腌制间中腌制12～24小时，进行二次搅拌，搅拌时间控制在15～17分钟，要求出机温度控制在5～8℃，即可灌装。

（3）灌装后放置在干燥机中用60℃的温度高速运行35分钟，要求肠体表面色泽发黄、干爽，将干燥后的肉肠放入蒸煮容器中用82℃的温度蒸煮25分钟（产品中心温度达到78℃）排气3分钟即可。

特点：本品是一种养生食品，口味独特，营养丰富，可以在满足人们一般食用的同时起到养生保健的作用，适应了现如今人们普遍认可的药疗不如食疗的消费理念。

实例50　含海藻粉的鸡肉味火腿肠

原料：鸡胸肉70千克，冰水20千克，海藻粉15千克，玉米粉10千克，大豆蛋白8千克，南瓜5千克，葛根粉5千克，红枣4千克，黄原胶2千克，地黄花1千克，瓜蒌叶2千克，羧甲基纤维素钠0.6千克，鸡肉香精0.05千克，食盐1.5千克，味精、白砂糖适量。

制法：

（1）原料预处理：

①选用卫生检验合格，品质优良的鸡胸肉，清洗干净，置入绞肉机中，用8毫米孔板绞碎，加入其质量0.04%的蜂蜜，混合搅拌均匀。

②将南瓜洗净，去掉皮、瓤和瓜子，切成小块，加入其质量6倍的水，在温度为100℃下加盖蒸煮15分钟，开盖，加入南瓜质量0.5%的海藻酸钠、1%的食盐、2%的抹茶粉，加盖，在100℃下继续加热3分钟，出料，过滤除去滤液。

③将红枣去核后，加其质量15倍的水，用文火炖煮50分钟，再加入红枣质量3%的白砂糖、2%的猪板油，继续文火炖煮15分钟，加入地黄花、瓜蒌叶，在文火下焖制10分钟，取出后混合研碎。

（2）腌制：在绞碎的鸡胸肉馅中加入食盐，搅拌均匀，干腌23～24小时。

（3）斩拌：将腌制好的馅料放入斩拌机中，加20%的冰水，斩拌1分钟后，依次加入上述份的味精、白砂糖、鸡肉香精，继续斩拌4分钟，后加入葛根粉、处理后的南瓜、大豆蛋白、黄原胶、海藻粉、玉米粉和剩余的冰水，斩拌4分钟，最后将剩余各原料加入肉泥中，搅拌均匀，静置12分钟，即得到肉馅。

（4）灌肠热加工：用灌装机将上述肉馅灌装至肠衣中，检查肠体是否密封良好，卡扣两端是否有肉泥；进行热加工煮熟。

（5）杀菌：将罐装好的火腿肠置入灭菌锅中，温度为95℃，杀菌时间为35分钟，杀菌后快速冷却并去除肠体外部水分，即得所述含海藻粉的鸡肉味火腿。

特点：本品原料广泛、成本低、生产的火腿口味良好、综合营养价值高；红枣富含蛋白质、糖类、胡萝卜素、B族维生素、维生素C、维生素P以及钙、磷、铁和环磷酸腺苷等营养成分。

实例51　含山楂粉的鸡肉味火腿肠

原料：鸡胸肉80千克，冰水25千克，海藻粉15千克，香菇10千克，蔗糖粉6千克，南瓜5千克，红枣4千克，山楂粉2千克，甘油1千克，地黄花2千克，瓜蒌叶2千克，乳清粉2千克，维生素C 0.1千克，食盐1.5千克，味精、白砂糖适量。

制法：

（1）原料预处理：

①选用卫生检验合格，品质优良的鸡胸肉，清洗干净，置入绞肉机中，用8毫米孔板绞碎，加入其质量0.04%的蜂蜜，混合搅拌均匀。

②将南瓜洗净，去掉皮、瓤和瓜子，切成小块，加入其质量6倍的水，在温度为100℃下加盖蒸煮15分钟，开盖，加入南瓜质量0.5%的海藻酸钠、0.8%的食盐、2%的抹茶粉，加盖，在100℃下继续加热5分钟，出料，过滤除去滤液。

③将红枣去核后，加15倍水，用文火炖煮50分钟，再加入红枣质量3%的白砂糖、2%的猪板油，继续文火炖煮15分钟，加入香菇，在文火下焖制10分钟，取出后混合研碎。

④将地黄花、瓜蒌叶混合研碎成粉末。

（2）腌制：在绞碎的鸡胸肉馅中加入食盐，搅拌均匀，干腌24小时。

（3）斩拌：将腌制好的馅料放入斩拌机中，加20%的冰水，斩拌3分钟后，依次加入味精、白砂糖，继续斩拌4分钟，再加入处理后的南瓜、蔗糖粉、甘油、海藻粉、玉米粉和剩余的冰水，斩拌4分钟，最后将剩余各原料加入肉泥中，搅拌均匀，静置12分钟，即得到肉馅。

（4）灌肠热加工：用灌装机将上述肉馅灌装至肠衣中，检查肠体是否密封良好，卡扣两端是否有肉泥；进行热加工煮熟。

（5）杀菌：将罐装好的火腿肠置入灭菌锅中，温度为95℃，杀菌时间为35分钟，杀菌后快速冷却并去除肠体外部水分，即得所述含山楂粉的鸡肉味火腿。

特点：本品原料广泛、成本低、生产的火腿口味良好、综合营养价值高，加入的南瓜具有解毒、保护胃黏膜、防治糖尿病，降低血糖、促进生长发育等功效；红枣富含蛋白质、糖类、胡萝卜素、B族维生素、维生素C、维生素P以及钙、磷、铁和环磷酸腺苷等营养成分。

实例52　含核桃仁的鸡肉肠

原料：鸡肉1000克，盐35克，味精1克，花椒粉1克，五香粉3克，胡椒粉3克，脱水紫菜35克，老抽3毫升，核桃仁3克，瓜子仁3克，杏仁3克，桑葚籽油3克，芝麻3克，炒芝麻3克，松子仁3克。

所述的鸡肉包括鸡胸肉和鸡皮，其质量比为7∶3。

制法：

（1）鸡肉绞碎后按质量配比加入味精、盐、花椒粉、五香粉、胡椒粉、老抽，搅拌均匀后腌制5小时，得腌制好的鸡肉。

（2）将核桃仁、瓜子仁、杏仁、芝麻、炒芝麻、松子仁分别磨碎过筛后混匀，再将其按质量配比与腌制后的鸡肉、桑葚籽油、泡水绞碎的紫菜拌匀，得拌匀的香肠馅料。

（3）将拌匀的香肠馅料经灌肠排气、水中蒸煮、烤制、真空包装，即得产品。

特点：

（1）本品配入核桃仁、瓜子仁、杏仁、芝麻、炒芝麻、松子仁，增加鸡肉肠营养的同时，使得鸡肉肠具有果仁的香味。

（2）紫菜中的胶质可以使得香肠口感更细嫩有弹性，同时其营养丰富；特别具有健脑作用。适合中小学生食用。

（3）本配方科学合理，制作方法简单，在加工中不添加色素，也不添加硝酸钠，水中蒸煮操作在蒸煮杀菌的同时，降解香肠在腌制过程中产生的亚硝酸盐副产物，且没有熏制工序，这样加工出的香肠色泽自然，无污染，保持原味，同时还延长了产品的保质期，同时核桃、桑葚油中还具有抑制亚硝酸盐的成分；本品各组分配比合理，使得香肠口味醇厚，香气四溢，肉质细嫩。

实例53　山药鸡肉肠

原料：鸡肉1000克，盐35克，味精1克，花椒粉1克，五香粉3克，胡椒粉3克，生姜3.5克，大蒜1.5克，乌梅干3.5克，桑葚油35克，莴笋35克，老抽3毫升，山药粉7克，甘蓝7克，芡实粉7克，红薯粉7克。

鸡肉包括鸡胸肉和鸡皮，其质量比为8∶2。

制法：

（1）鸡肉绞碎后按质量比加入味精、盐、花椒粉、五香粉、胡椒粉、桑葚油、切碎的生姜、切碎的大蒜、老抽，搅拌均匀后腌制5小时，得腌制好的鸡肉。

（2）将乌梅干、甘蓝、莴笋绞碎，再将其按质量配比与腌制好的鸡肉、山药粉、芡实粉、红薯粉拌匀，得拌匀的香肠馅料。

（3）将拌匀的香肠馅料经灌肠排气、蒸煮、干燥、真空包装，即得产品。

制备香肠的干燥温度为70℃，蒸煮温度为85℃。

特点：本配方科学合理，制作方法简单，在加工中不添加色素，也不添加亚硝酸盐，并且没有熏制工序，这样加工出的香肠色泽自然，无污染，保持原味，同时还延长了产品的保质期，同时莴笋、生姜中具有抑制亚硝酸盐的成分，大蒜、生姜、乌梅干杀菌能力强，可以起到天然防腐剂的作用；山药、芡实、甘蓝等成分营养丰富，健胃、养生、抗癌；桑葚油在增加鸡肉肠的营养的同时，使得其口感更细嫩。

实例54 无色素蔬菜风味银耳鸡肉肠

原料：鸡肉1000克，糖25克，盐40克，干银耳40克，木瓜蛋白酶3克，桃花酒25克，蔬菜冻干粉60克。

所述的蔬菜冻干粉由以下质量配比的原料制成：西红柿100克，胡萝卜180克。

所述的桃花酒由以下质量配比的原料制成：每200克白酒中需要配入桃花15克，白芷10克，白茯苓10克，枸杞15克。

所述的鸡肉包括鸡胸肉和鸡皮，其质量比为8∶1。

制法：

（1）鸡肉绞碎后按质量比加入糖、盐、木瓜蛋白酶、桃花酒，搅拌均匀后腌制6小时，得腌制好的鸡肉。

（2）将干银耳泡发后绞碎，再将其按质量比与腌制后的鸡肉、蔬菜冻干粉拌匀，得拌匀的香肠馅料。

（3）将拌匀的香肠馅料经灌肠排气、烤制、晾挂风干、真空包装，即得产品。

所述的蔬菜冻干粉的制备方法为：将西红柿、胡萝卜放入沸水中漂烫5分钟，控水后，按质量比称取，破碎后，真空冷冻，过筛得蔬菜冻干粉。

所述的桃花酒的制备方法为：按质量比混匀各原料后，密封浸泡5个月以上，过滤取液即得。

特点：

（1）本品采用廉价易得、维生素和类胡萝卜素含量丰富的蔬菜，可以使得香肠色泽更鲜艳、营养更丰富，生产中不添加任何色素和护色剂，蔬菜在破碎前于沸水中漂烫起到护色的作用。

（2）银耳中的胶质可以使得香肠口感更细嫩有弹性，同时其营养丰富；桃花酒美容养颜，配伍合理；木瓜蛋白酶可以使得鸡肉口感更细嫩。

（3）本配方科学合理，制作方法简单，在加工中不添加色素，也不添加亚硝酸盐并且没有熏制工序，这样加工出的香肠色泽自然，无污染，保持原味，同时还延长了产品的保质期。

实例55　紫薯药膳鸡肉火腿肠

原料：鸡肉35千克，五花肉18千克，紫薯28千克，面粉12千克，茯苓叶1.3千克，钙果叶1.5千克，山楂叶2千克，葛根2千克，丰花草3千克，半边莲1.2千克，盐、味精适量。

制法：

（1）将紫薯加其质量1～2倍的水，然后用纱布将茯苓叶、钙果叶、山楂叶、葛根、丰花草、半边莲包裹，放入其中，加热焖煮，至锅中水全部被紫薯吸收，纱布取出，将紫薯压成泥。

（2）将鸡肉洗净后，放入锅中，加入其质量2～3倍的水，然后将步骤（1）取出的纱布放入水中，加入适量的调味料，加热熬煮，熬煮完成后，将纱布及肉取出，汤汁待用，煮好的鸡肉绞碎成泥，五花肉放入绞肉机中绞成肉泥。

（3）将五花肉放入绞肉机中绞成肉泥，然后与紫薯泥、鸡肉泥、面粉混合，加入步骤（2）的汤汁和适量的盐、味精，搅拌混合均匀，转移至蒸锅内蒸熟，然后进行灌肠，结扎，最后进行杀菌，冷却，包装即得成品。

特点：本品营养丰富全面，口感嚼劲十足，辅料中加入的葛根增加了产品的营养价值。

实例56　香菇鸭肉复合香肠

原料：鸭瘦肉50千克，鸭皮10千克，冰水10千克，食盐1.5千克，亚硝酸盐0.007千克，香菇粉20千克，白糖0.3千克，味精0.05千克，卡拉胶0.6千克，鸭血蛋白2千克，淀粉3千克、白酒1千克，三聚磷酸盐0.2千克，白胡椒粉0.1千克，花椒粉0.3千克，八角粉0.1千克，肉蔻油β-环糊精微胶囊0.2千克。

制法：

（1）将鸭瘦肉绞成肉馅、鸭皮切块，再加入冰水、食盐和亚硝酸盐搅拌均匀后在0～4℃条件下腌制24～48小时。

（2）将香菇粉、白糖、味精、卡拉胶、鸭血蛋白、淀粉、白酒、三聚磷酸盐、白胡椒粉、花椒粉、八角粉、肉蔻油β－环糊精微胶囊加入腌制好的馅中，在0～4℃条件下搅拌10～20分钟至均匀。

（3）将搅拌好的原料在真空状态下滚揉，滚揉好的原料移入灌肠机内进行灌肠；然后上架并用清水冲洗去其表面油污；随后将上架后的香肠移入温度为65～80℃的烤箱内，烘烤0.5～2小时，再调节温度至50～65℃，烘烤5～8小时。

（4）在室温下冷却1～2小时，再在0～4℃下冷却15～20小时，即得香菇鸭肉复合香肠。

特点：

（1）本品是以香菇和鸭肉为主要原料，营养丰富、口味独特、食用方便且易于储存。

（2）香菇鸭肉复合香肠加工中添加了肉蔻油β－环糊精微胶囊，既使香肠口味独特又起到了防腐抗菌的作用。

（四）兔肉肠

实例57　兔肉香肠（1）

原料：精选兔肉12千克，精选猪肉63千克，白糖5千克，食盐6千克，白酒1000克，酱油1800克，香菇粉1400克，胡椒粉800克。

制法：将精选过的兔肉与猪肉进行洗净、沥水、切块、绞肉，加入佐料进行搅拌10～20分钟，选择新鲜的香菇进行粉碎研磨成粉状，倒入主料中进行搅拌，选择七路水肠衣，然后上机进行灌装，50～60℃烘烤60～72小时，在微波炉内用中火干燥、灭菌2～4分钟，然后封口，铝膜真空包装。

特点：本品的配方科学合理，制作方法简单，容易掌握，在精肉中加入肥肉，有效地解决了纯精肉结板、发硬的现象，使肉质松软，佐料中配有胡椒粉，消除了肉的膻味，食之味美，在加工中不添加色素，也不添加硝酸钠，并且没有熏制工序，这样加工出的香肠色泽自然，无污染，保持原味。

实例58　兔肉香肠（2）

原料：兔肉80千克，猪背脂20千克，食盐3千克，砂糖4千克，味精0.2千克，亚硝酸钠30克，酱油2千克，β－环状糊精0.05千克，乙基麦芽酚0.03千克，白酒3千克，花椒0.1千克，八角0.1千克，桂皮0.1千克，丁香0.05

千克，豆蔻0.05千克，白芷0.05千克，砂仁0.05千克。

制法：

（1）切丁：先将原料兔肉和猪背脂分别切成肉丁，原料兔肉切分为1～1.2立方厘米的肉丁，猪背脂切分为0.5～0.8立方厘米的肉丁，猪背脂肉丁优选0.8立方厘米。防止成品因兔肉丁失水大于猪背脂的肥肉丁，而使肠体表面变得凹凸不平。切丁过程中，需控制原料肉温度0～12℃，优选7℃。防止肉温升高影响香肠质量。

（2）拌馅：将兔肉与猪背脂的肉丁混合均匀，加入辅料进行搅拌，静置腌制，得到肉馅，需0～4℃条件下腌制20～50分钟，优选30分钟。

（3）灌制香肠：肉馅真空填至胶原肠衣或天然肠衣，20厘米结节。

（4）风干或烘烤、包装：阴晾48小时、风干3～4天，温度15℃以下，相对湿度70%以下。或烘烤条件为：60℃以下，烘箱干燥48小时；烘箱干燥温度优选45～49℃。温度过高，会出油。包装条件为：真空度达到0.1MPa，热封温度200℃，时间30秒，抽真空后封合面应平整，无褶痕。

上述制备方法中使用到的原料和辅料同所述兔肉香肠中相应的限定。

特点：本品提供的兔肉香肠，粒感强、肉质有弹性、肉香突出，风味独特、适口性好；通过添加具有抑腥除膻作用的辅料，能够有效地去除兔肉的草腥味；通过添加食盐、砂糖、香辛料等辅料，配以风干处理或烘烤，有效降低了产品水分活度，抑制了致病菌和腐败菌的繁殖，提高了产品的安全性；最终产品营养丰富，外观色泽红润。丰富了传统特色兔肉产品的类型，促进了兔肉产业的发展。

实例59　兔肉香肠（3）

原料：兔肉42千克，芝麻粉14千克，干虾仁粉10千克，糯米粉22千克，绿豆粉15千克，纯净水22千克，香油1.3千克，八角粉0.3千克，草果粉0.4千克，桂皮粉0.2千克，丁香粉0.4千克，香叶粉0.3千克，砂仁粉0.3千克，熟豆油0.4千克，精盐1.2千克，酱油2.1千克。

制法：

（1）兔肉前处理：将兔肉切成片状，厚度0.4～0.6厘米，放入清水中浸泡半小时，除去血水及异味，从水中捞出淋水10分钟。

（2）渍化处理：将酱油、精盐与清洗过的兔肉拌和，腌制3～4小时，然后用清水泡洗，水量为料的2～2.3倍，即时捞出淋水10分钟，除去部分异味和残留的土腥味。

（3）兔肉碎化处理：将清洗腌制后的兔肉放入绞肉机内，绞两遍，绞碎成肉泥状态。

（4）芝麻熟化细化处理：先将芝麻慢火熟化炒香，10～15分钟后用粉碎机磨成细粉，细度为40目。

（5）干虾仁细化处理：将干虾仁放入粉碎机内，粉碎两遍，磨细成粉状，细度80目。

（6）糯米粉和绿豆粉混合处理：将这两种粉放入混合机内，再加入纯净水，搅拌10～15分钟，搅拌均匀，成细沫黏稠状态。

（7）匀质处理：将碎化处理的兔肉、细化处理的芝麻和干虾仁、混合处理的糯米粉和绿豆粉混合在一起，放入拌馅机，搅拌10分钟，混合均匀；然后将香油、八角粉、草果粉、香叶粉、桂皮粉、砂仁粉、熟豆油以及渍化处理后剩余的精盐同时放入拌馅机内继续充分混合搅拌均匀，搅拌15～20分钟。

（8）灌制：将搅拌均匀的物料放入灌肠机，用猪肠衣或塑料膜肠衣进行灌制，每段灌肠长度10～20厘米，或将物料放入包装机，用塑料8号膜肠衣灌制成方形灌制品，净重200～250克。

（9）煮制：将灌肠和方形灌制品放入100℃开水锅中煮沸20分钟，经熟化处理后捞出晾凉即可食用。

（10）保质处理：将煮制后的灌制品经真空包装、微波灭菌可保质30天。

特点：本品的配料芝麻仁粉，含有大量不饱和动物性脂肪酸、烟酸、卵磷脂，还含有叶酸、铁、钙及维生素A、维生素D、维生素E，能防止动脉硬化，增强造血系统和免疫系统的功能；特别是所富含的维生素E，可防止危害人体的过氧化脂质的形成，清除细胞内的衰老物质——自由基，同时，它在本产品中起到增加香味的作用；本品的配料干虾仁粉含优质蛋白高达58%，动物性脂肪和碳水化合物含量不高，一般不超过3%，钙、磷、铁含量丰富，它在本产品中有替代用亚硝酸盐调味调色的作用；本品的配料糯米粉，营养成分比较齐全，有益气补脾，消渴止泻之功效，同时它还起到黏合作用，使灌肠有滑感；本品的兔肉保健肠的配料绿豆粉，它含有人体所必需的多种维生素和无机盐，具有清热解毒之功效，且可使本品的产品有韧性、改善口感。上述各成分组合在一起经精细加工调制、营养丰富、味道鲜美；随着养兔业的悄然兴起，原材料来源充足。

实例60　风干兔肉肠

原料：兔肉15千克，猪五花肉2.6千克，辣椒粉150克，五香粉400克，精盐400克，味精120克，酱油180克。

制法：将兔肉和猪五花肉剁成末，将所有组分混匀灌制香肠，在阴凉干燥处风干即可。

特点：本品制备简单，兔肉是一种高蛋白质、低动物性脂肪、少胆固醇的肉类，质地细嫩，味道鲜美，营养丰富，与其他肉类相比较，食后极易被消化吸收，制作成香辣味的风干兔肉香肠，更俱风味。

实例61　黑胡椒风味豆渣兔肉肠

原料：兔肉100千克，鱼肉20千克，猪皮20千克，碎冰20千克，豆渣12千克，山药2千克，玉米粉3千克，白糖8千克，食盐3千克，味精2千克，黑胡椒粉2千克，黄酒2千克，益寿茶粉7千克。

所述的益寿茶粉由下述质量份的原料制得：红茶5千克，百合2千克，山药3千克，玉兰花2千克，绿萝花4千克，枸杞菜2千克，维生素C片剂0.5千克。

制法：

（1）将豆渣烤干后，膨化，得膨化豆渣粉，备用。

（2）将红茶粉碎，得红茶粉。

（3）将百合、山药、玉兰花、绿萝花、枸杞菜按份混匀，加入占上述原料总质量4倍的水，水煎去渣后，提取液真空浓缩干燥，得提取物与红茶粉、粉碎的维生素C片剂按份混匀后，即得益寿茶粉混匀。

（4）将猪皮去毛、去动物性脂肪层，用水清洗干净，切成1.2厘米见方的方块，再将猪皮放入相当于猪皮质量5倍的、浓度为4%的碳酸氢钠溶液中浸泡2小时，取出洗净，再将猪皮放入浓度为17%的食盐水中于70℃下煮6小时，取出猪皮，按份与山药混匀，搅碎成泥，得猪皮混合泥备用。

（5）将鱼肉、兔肉按份混匀后搅碎，按份混入猪皮混合泥以及其余除益寿茶粉外的原料进入真空搅拌机中，室温下混合腌制10小时。

（6）将腌制好的肉馅与益寿茶粉按份混匀，常规工艺灌装、蒸煮、烤制后，即得成品。

特点：本品外观均匀一致，无缺边，组织致密，食用营养健康，肉质鲜嫩，香味浓郁，合理利用豆渣，变废为宝。猪皮的加入使得本品具有丰富的胶原蛋白，口感更富有弹性，改善兔肉较粗的肉质口感。益寿茶粉制作工艺合理，配伍合理。维生素C具有很好的抗氧化、杀菌的作用，可延长本品的保存时间。

实例62　抹茶果仁兔肉肠

原料：兔肉1000克，猪皮50克，糖20克，盐30克，胡椒粉3克，五香粉3克，老抽20毫升，抹茶粉4克，无花果粉5克，巴旦木仁5克，花生仁10

克，长寿果仁5克，温补酒30克。

所述的温补酒由以下质量比的原料制成：每1500克白酒中需要配入仙灵脾40克，枸杞30克，干姜10克，甘草20克，大枣35克，常春果45克。

制法：

（1）将猪皮去毛洗净后，切长段后高压煮制2小时，绞碎备用。

（2）将兔肉绞碎后按质量比加入绞碎的猪皮、糖、盐、胡椒粉、五香粉、老抽、温补酒，搅拌均匀后在0℃左右的低温下腌制5小时，得腌制好的猪皮兔肉。

（3）将巴旦木仁、花生仁、长寿果仁分别磨碎过筛，按质量比混匀得果仁粉，再按配比将腌制好的猪皮兔肉、抹茶粉、无花果粉、果仁粉拌匀，得拌匀的香肠馅料。

（4）将拌匀的香肠馅料经灌肠排气、蒸煮、熏制、晾挂风干、真空包装，即得产品。

所述兔肉为将新鲜兔体剔骨除去筋腱后而得。

所述温补酒的制备方法为：按质量比混匀各原料后，密封浸泡6个月以上，滤渣后即得。

特点：

（1）猪皮中的胶质可以使得香肠口感更细嫩有弹性，同时其营养丰富，由于兔肉动物性脂肪含量不高，猪皮可以提供动物性脂肪，满足香肠制品的动物性脂肪需求，从而使得香肠口感更浓郁醇厚；无花果粉为本品带来了丰富的营养，无花果中的蛋白酶成分还可以使得兔肉口感更细嫩，抹茶粉可以给本品带来抹茶的香味；果仁营养丰富的同时可以使得本品香味浓厚，食用时唇齿留香。

（2）本配方科学合理，制作方法简单，在加工中不添加色素，也不添加亚硝酸盐，这样加工出的香肠色泽自然，无污染，保持原味，同时还延长了产品的保质期；本品各组分配比合理，使得香肠口味醇厚，香气四溢，肉质细嫩。

实例63　平菇猪皮兔肉肠

原料：兔肉1000克，猪皮60克，平菇35克，糖20克，盐30克，胡椒粉3克，五香粉3克，老抽30毫升，卡拉胶0.3克，薏米粉4克，红枣粉6克，炒麦芽粉6克，补气酒20克，果蔬冻干粉30克。

果蔬冻干粉由以下质量比的原料制成：紫葡萄100克，胡萝卜200克。

补气酒由以下质量比的原料制成：每1500克白酒中需要配入茯苓5克，山药4克，黄精1克，桔梗1克，桑叶0.5克。

制法：

（1）将猪皮去毛洗净后，切长段后高压煮制60分钟，绞碎备用。

（2）将兔肉绞碎后按质量比加入绞碎的猪皮、糖、盐、胡椒粉、五香粉、老抽、补气酒，搅拌均匀后腌制 5 小时，得腌制好的猪皮兔肉。

（3）将平菇绞碎，再将其按配比与腌制好的猪皮兔肉、卡拉胶、果蔬冻干粉、薏米粉、红枣粉、炒麦芽粉拌匀，得拌匀的香肠馅料。

（4）将拌匀的香肠馅料经灌肠排气、蒸煮、熏制、晾挂风干、真空包装，即得产品。

所述兔肉为将新鲜兔体剔骨除去筋腱后而得。

所述果蔬冻干粉的制备方法为：将去籽紫葡萄、与去皮胡萝卜分别放入沸水中漂烫 5 分钟，控水后，按配比称取破碎混匀后，真空冷冻，过筛得果蔬冻干粉。

所述补气酒的制备方法为：按配比混匀各原料后，密封浸泡 5 个月以上，滤渣后即得。

特点：

（1）本品采用廉价易得、维生素和类胡萝卜素含量丰富的蔬菜水果，可以使得香肠色泽更鲜艳，从而刺激食欲、丰富营养成分，生产中不添加任何色素和护色剂，蔬菜水果在破碎前于沸水中漂烫可起到护色的作用。

（2）猪皮中的胶质可以使得香肠口感更细嫩有弹性，同时其营养丰富，由于兔肉动物性脂肪含量不高，猪皮可以提供动物性脂肪，满足香肠制品的动物性脂肪需求，从而使得香肠口感更浓郁醇厚；平菇的添加使得本品鲜味更浓郁的同时，营养更全面；薏米粉、红枣粉、炒麦芽粉给本品制得香肠带来了丰富的营养，以及炒麦芽的香气。

（3）本配方科学合理，制作方法简单，在加工中不添加色素，也不添加亚硝酸盐，这样加工出的香肠色泽自然，无污染，保持原味，同时还延长了产品的保质期；本品各组分配比合理，使得香肠口味醇厚，香气四溢，肉质细嫩。

实例 64　水果荞麦兔肉肠

原料：兔肉 1000 克，糖 30 克，盐 35 克，胡椒粉 3 克，五香粉 3 克，老抽 30 毫升，荞麦粉 4 克，荷叶粉 6 克，茯苓粉 6 克，中药酒 25 克，水果冻干粉 45 克。

水果冻干粉由以下质量比的原料制成：黄桃肉 100 克，杏肉 100 克。

中药酒由以下质量比的原料制成：每 1500 克白酒中需要配入枸杞 15 克，仙灵脾 8 克，丁香 5 克，山药 5 克，山楂 2 克，鱼腥草 5 克，茯苓 6 克。

所述兔肉为将新鲜兔体剔骨除去筋腱后而得。

制法：

（1）将兔肉绞碎后按配比加入糖、盐、胡椒粉、五香粉、老抽、中药酒，搅拌均匀后在0℃下低温腌制15小时，得腌制好的兔肉。

（2）按配比将腌制好的兔肉、水果冻干粉、荞麦粉、荷叶粉、茯苓粉拌匀，得拌匀的香肠馅料。

（3）将拌匀的香肠馅料经灌肠排气、蒸煮、熏制、晾挂风干、真空包装，即得产品。

所述水果冻干粉的制备方法为：将黄桃肉、杏肉分别放入沸水中漂烫5分钟，控水后，按配比称取、破碎、混匀后，真空冷冻，过筛得水果冻干粉。

所述中药酒的制备方法为：按配比混匀各原料后，密封浸泡5个月以上，滤渣后即得。

特点：

（1）本品采用廉价易得、维生素含量丰富的水果，可以使得香肠色泽更鲜艳，从而刺激食欲、营养更丰富，有美容、养颜、排毒的保健功效，生产中不添加任何色素和护色剂，蔬菜水果在破碎前于沸水中漂烫起到护色的作用。

（2）荞麦粉、荷叶粉、茯苓粉给本品制得香肠带来了丰富的营养，荷叶粉具有杀菌作用，可延长香肠的保质期。

（3）本配方科学合理，制作方法简单，在加工中不添加色素，也不添加亚硝酸盐，这样加工出的香肠色泽自然，无污染，保持原味，同时还延长了产品的保质期；本品各组分配比合理，使得香肠口味醇厚，香气四溢，肉质细嫩。

（五）其他

实例65　羊肉香肠（1）

原料：

配方1：羊前腿肉80千克，植物油10千克（其中植物调和油8千克、香油2千克），水10千克，食盐2.0千克，亚硝酸盐0.008千克，三聚磷酸盐0.3千克，异抗坏血酸钠0.3千克，白酒2.5千克，白糖1.0千克，味精0.3千克，香辛料1.0千克（其中洋葱汁0.9千克、姜粉0.1千克）。

配方2：羊肩肉70千克，花生油15千克，水5千克，食盐1.5千克，亚硝酸盐0.01千克，三聚磷酸盐0.1千克，异抗坏血酸钠0.1千克，白酒1.2千克，白糖2.0千克，味精0.5千克，香辛料0.05千克（其中麻辣油0.02千克、孜然0.01千克、白胡椒粉0.02千克）。

配方3：羊后腿肉72千克，植物油18千克（其中大豆色拉油13.5千克、香油4.5千克），水6千克，食盐2.0千克，亚硝酸盐0.006千克，三聚磷酸盐0.2千克，异抗坏血酸钠0.4千克，白酒2.0千克，香辛料0.8千克，其中白胡椒粉 0.3 千克、芫荽粉 0.1 千克、孜然 0.4 千克。

制法：

（1）将羊瘦肉绞制成肉馅，加入部分水、食盐、亚硝酸盐搅拌均匀，放至 0～4℃腌制 24～48 小时。

（2）取腌制好的羊肉馅，加入三聚磷酸盐、剩余部分水，充分搅拌至混合均匀，加入植物油，搅拌 10～15 分钟。

（3）真空充填。

（4）干燥。

（5）冷却。

优选地，在所述步骤（2）之还包括将植物油加热至 140～180℃的步骤。

更优选地，还包括在植物油加热过程中放入香辛料，等香辛料味进入植物油后滤除香辛料的步骤。

优选地，步骤（4）为将灌装好的香肠置于烟熏炉，于 50～60℃下干燥 3～5 小时，60～70℃下干燥 0.5～1.5 小时。

特点：本品首次选用羊瘦肉和植物油为原料，由于以植物油代替了动物性脂肪，故去除了羊肉所特有的膻味，适口性好，不但丰富了香肠的品种；同时也为羊肉的深加工提供了更广的途径。

实例 66　羊肉香肠（2）

原料：精选羊肉 8 千克，精选猪肉 66 千克，白糖 3 千克，食盐 4 千克，白酒 1000 克，酱油 1800 克，小茴香 1200 克，莳落籽 600 克，胡椒粉 800 克。

制法：将精选的羊肉与猪肉进行洗净、沥水、切块、绞肉，加入佐料进行搅拌 10～20 分钟，倒入主料中进行搅拌，选择七路羊肠衣，然后上机进行灌装，于 50～60℃烘烤 60～72 小时，在微波炉内用中火干燥、灭菌 2～4 分钟，然后封口，铝膜真空包装。

特点：本品的配方科学合理，制作方法简单，容易掌握，在精肉中加入肥肉，有效地解决了纯精肉结板、发硬的现象，使肉质松软，佐料中配有胡椒粉，去除了肉的膻味，食之味美，在加工中不添加色素，也不添加硝酸钠，并且没有熏制工序，这样加工出的香肠色泽自然，无污染，保持原味。

实例 67　泡椒风味羊肉烤肠

原料：羊肉 95 千克，鸡腿肉 20 千克，鸡蛋清 8 千克，淀粉 7 千克，食盐 2 千克，柠檬酸 0.4 千克，食醋 2 千克，辣椒酱 2 千克，泡椒 4 千克，膨化果蔬粉 5 千克，开胃油茶粉 5 千克。

膨化果蔬泥配方：土豆9千克，黑豆1千克，山楂4千克，山楂叶2千克，香菇2千克，荠菜3千克，玉米4千克。

开胃油茶粉配方：山楂1千克，橙皮6千克，无花果4千克，生姜4千克，鸡内金1千克，乌梅2千克，南瓜1千克，铁皮石斛花1千克，花生壳0.5千克。

制法：

（1）将土豆与黑豆按份混匀后，煮熟，捣烂成泥，再将其余制备膨化果蔬泥的原料按份混匀后，搅碎，膨化，即得膨化果蔬粉，备用。

（2）将开胃油茶粉所有原料按份混匀后，用米酒浸泡5小时，洗净，油炸，烘干后，磨粉，即得开胃油茶粉备用。

（3）将冷冻原料羊肉以及鸡腿肉从冷冻库里取出，去除外面的包装袋进行解冻处理。

（4）解冻好的原料用绞肉机绞碎。

（5）搅碎好的原料肉按份混匀后进入真空搅拌机中进行腌制混合，加入其余各原料，搅拌，将搅拌好的肉馅放置静止在3℃腌制库里，静腌制7小时。

（6）将肉馅从腌制库中取出进入灌装机，进行灌装用胶原蛋白肠衣按照规格要求定量灌装。

（7）灌装好的开胃泡椒风味羊肉烤肠进入全自动烟熏蒸煮锅，设定好参数，第一步干燥温度60℃，时间30分钟；第二步蒸煮温度75℃，时间20分钟；第三步蒸煮温度84℃，时间15分钟，结束出炉。

（8）蒸煮好的烤肠进入冷却间，降温到18℃，用桂枝烟熏烤2小时后，冷却，进行装袋包装抽真空。

（9）抽完真空的产品进入速冻库里进行速冻降温，库温度达到－35℃，速冻4小时后，产品温度达到－15℃，进行包装，包装后进入成品库中储存，储存库温度为－20℃。

特点：本品鲜嫩可口，开胃消食，鸡蛋清可以起到很好的嫩肉作用，同时丰富了本品的营养，膨化果蔬粉使得本品浓香可口，本品外观均匀一致，无缺边，组织致密，食用营养健康，肉质鲜嫩、香味浓郁。

实例68　添加蜂蜜干粉的驴肉香肠

原料：驴肉100千克，食盐3.5千克，亚硝酸钠5克，复合磷酸盐30克，异抗坏血酸钠50克，蜂蜜干粉4千克，冰水35千克，白胡椒粉300克，肉蔻50克。

制法：将驴肉切成3厘米的小方块，将其放入容器，再加入食盐、亚硝酸钠、复合磷酸盐、异抗坏血酸钠，与原料肉混合均匀，于 0~4℃下腌制 24 小时，然后将腌制好的驴肉投入斩拌机，加入蜂蜜干粉、冰水，斩拌 3 分钟，再加入白胡椒粉，肉蔻 50 克，斩拌 8 分钟，料温不超过 10℃，然后真空灌肠，蒸煮，冷却包装。

特点：本品方法简单，驴肉香肠的嫩化和去腥效果明显，驴肉香肠的口感和风味得到极大改善，并使得产品上色自然持久，同时因为减少了亚硝酸钠的用量，又提高了食品安全性。香肠出品率的提高，有助于降低生产成本。

实例 69　驴肉香肠

原料：驴肉 60 千克，食用油 1 千克，白糖 1 千克，食盐 2 千克，硝酸钠 0.03 千克，花椒 1 千克，辣椒 2 千克，味精 0.1 千克，白酒 0.5 千克，大蒜粉 0.1 千克，姜粉 0.5 千克，肉蔻粉 0.02 千克，桂皮粉 0.02 千克。

制法：将驴肉切成 1 立方厘米的肉块；将切好的肉块放入 5~10℃的水中浸泡 10~20 分钟，去掉部分血液，然后捞出沥干；加入食盐、白糖、花椒、硝酸钠添加剂搅拌均匀后腌制 15 小时；将肉块和其他配料拌和成馅；用猪、羊或人造肠衣灌制香肠；采用柞、桦等木烟熏 2~3 小时即可。

特点：本品主料仅采用驴肉，采用了沥血、腌制等肉块加工方法，该方法简便易行，制作的香肠肉质软嫩、味道鲜美。

三、红烧酱卤类

（一）猪肉

实例 70　红烧肉（1）

原料：

配方 1：猪后腿肉 5 千克，柠檬 80 克，辣椒粉 50 克，姜黄粉 6 克，白糖水 50 克，炸洋葱 100 克，炸大蒜 80 克，姜粉 40 克，味精 50 克，盐 60 克，酱油 25 克，色拉油 5 千克，水 2 千克。

配方 2：黄牛里脊肉 5 千克，柠檬 80 克，辣椒粉 50 克，姜粉 6 克，红糖水 50 克，炸洋葱 100 克，炸大蒜 80 克，姜 40 克，味精 50 克，盐 60 克，酱油 25 克，色拉油 5 千克，水 2 千克。

制法：

（1）柠檬取汁待用，姜、大蒜捣细待用。

（2）在切好的生肉中加入姜、大蒜、姜粉、酱油、盐、辣椒粉、味精拌匀腌制 5 分钟。

（3）把腌制好的肉倒入滚烫的色拉油里炒 15 分钟，把油滤去。

（4）把炒好的肉放入高压锅中加入柠檬汁、糖水、炸洋葱、姜末和水煮 8 ~ 10 分钟。

这种红烧肉的生肉可选择猪肉或牛肉，使用的糖水可选择红糖水或白糖水，生肉可切成厚度 1 厘米的肉片或 2 ~ 3 厘米的方丁。

特点：本品制作方法简单容易掌握，只要按照上述的调料配比和制作工序便能制作出口味相对稳定的红烧肉，特别适合开办连锁快餐店时选用，用这种方法制作出的红烧肉由于加入柠檬水的缘故，肉不变形、肥肉不腻，味甜中带辣、能开胃，只要配上其他蔬菜及米饭，就是一份营养丰富、口感上佳的中式快餐。

实例 71　红烧肉（2）

原料：猪五花肉 12000 克。

腌制液配方：水 1000 克，食盐 80 克，大蒜油 4 克，生姜油 3 克，茶多酚 4 克，丁香油 2 克，肉桂油 4 克，五香粉 8 克，香叶油 4 克，生姜汁 4 克，辣椒油 6 克。

卤汁配方：食用油 10 克，白砂糖 100 克，水 200 克，50 度高粱酒 200 克，食盐 10 克，核苷酸二钠（I + G）1 克，酵母抽提物 1 克，干辣椒粉 3 克，豆瓣酱 30 克，小磨香油 30 克，乙基麦芽酚 0.5 克，红曲粉 1 克，玉米淀粉 8 克，大蒜油 2 克，生姜油 3 克，丁香油 2 克，肉桂油 4 克。

制法：

（1）将猪五花肉修理干净，除去筋膜和表面残留的动物性脂肪，并切割成大块。

（2）配制腌制液：将夹层锅清洗干净，加入适量的水，快速将水烧开，然后加入食盐、大蒜油、生姜油、茶多酚、丁香油、肉桂油、五香粉、香叶油、生姜汁、辣椒油，待加入原料完全溶解即可，然后冷却至室温备用。

（3）配制卤汁：将炒锅清洗干净并烧热，加入食用油、白砂糖，炒化成金黄色，加水，在温度 85 ~ 90℃下煮 3 ~ 4 分钟，成糖浆，保持 80℃，再加入 50 度高粱酒、食盐、酵母抽提物、干辣椒粉、豆瓣酱、小磨香油、乙基麦芽酚、红曲粉、玉米淀粉、大蒜油、生姜油、丁香油、肉桂油，混合均匀即可。

（4）对分割成大块的五花肉注射腌制液，注射压力为 0.2 ~ 0.3MPa，注射剂量为肉质量的 8% ~ 10%。

（5）使用真空滚揉机对注射后的肉块进行真空按摩，真空度为 0.03 ~ 0.04MPa，温度为 0 ~ 4℃，对肉块进行真空按摩 30 ~ 40 分钟。

（6）将真空按摩后的大块五花肉分割成 4 厘米的小方块，然后将其浸入卤汁中，在 80℃下浸泡 2 ~ 3 分钟。

（7）将过卤汁的五花肉放入蒸柜中，蒸制 50 ~ 60 分钟即可。

（8）将蒸好的红烧肉冷却后真空包装，然后进行常规巴氏杀菌。

特点：整个加工过程中温度不超过 100℃，能够有效保持肉制品的营养成分，通过使用天然的防腐保鲜和抗氧化剂结合巴氏杀菌保证产品可以在常温下保质 6 个月以上，既避免了传统高温高压杀菌对产品口味和口感的影响，保持了产品的原汁原味，又通过使用天然安全的防腐保鲜和抗氧化材料代替传统化学防腐剂，大大提高了产品的安全性，本产品独具风味，香甜可口，营养丰富，食用安全，消费者可以直接微波加热即可食用，方便快捷。

实例 72　红烧肉（3）

原料：鲜猪肉 125 千克，菜籽油 70 克，黄酒 800 克，过伏酱油 600 克，食盐400克，冰糖8克，味精35克。

中药调味制剂配方：枸杞500克，甘菊花75克，生姜150克，八角40克，桂皮65克，黄酒400克，冰糖12克，食盐350克，味精20克。

制法：

（1）将鲜猪肉分部位割开切块，清洗。

（2）配制中药调味制剂：取枸杞、甘菊花、生姜、八角、桂皮放入加热容器，以中药调味剂质量的40倍加入冷水，煮开（100℃）持续30分钟后，冷却至50℃左右，过滤去渣后，再加入黄酒、冰糖、食盐、味精搅拌均匀，即制得中药调味浸泡液。

（3）浸泡：将切块清洗淋水的鲜猪肉置于陶器缸体容器，倒入制备分量60%的中药调味制剂，调味制剂要没过肉，如调味制剂没有没过肉，可适量加入温水没过肉即可，温度控制在30℃，浸泡40分钟后，将肉取出淋水过风吹干备用。

（4）烧制：将烹饪容器加热后，倒入菜籽油，能把烹饪容器底部没过即可，既能防止倒入要烹饪的食品粘锅，还能起到调节口味的作用；将步骤（3）准备好的肉倒入已加热的烹饪容器后，并不断搅拌，加入黄酒，大火烹饪15分钟后，改为中火烹饪，并将剩余的40%中药调味制剂倒入，再加入过伏酱油、食盐、冰糖、味精，缓慢搅拌，烹饪35分钟，改为小火烹饪，盖上锅盖，每隔25分钟搅拌一次，烹饪120分钟，直至收汁，烧制结束。

（5）包装灭菌：将烧制好的红烧肉起锅，经过风冷却后，上真空包装设备进行分袋定量包装，再上巴氏低温杀菌装置对包装好的产品，进行整体巴氏低温灭菌。

（6）恒温储藏：分袋定量包装好的产品进恒温储藏室，在30℃的恒温条件下，储藏5天，起到稳定品质和产品口感的一致性作用。

（7）经恒温储藏后的产品加外包装入库为待售产品。

特点：本产品制作工艺规范，质量稳定，可实现工业化生产，改变了传统制作、厨师方式制作为主体、以餐馆形式面向市场的经营模式，促进传统菜制作技术向产业化方向发展。

实例73　红烧肉（4）

原料：五花肉250克，花生油50克，盐10克，姜10克，蒜10克，香葱10克，味精12克，白糖50克，老抽8克，黄酒100克，湿生粉适量，清汤100克。

制法：

（1）将猪肉皮刮净毛污，用火烤上色后放进温水中刷洗干净，切成3厘米见方的肉块。姜切片，蒜子切去两头，葱切段。

（2）将锅烧热用熟油刷匀，烧锅下油，油烧热后，放入一小勺白糖，（上色用）这时火要开小一点，待把糖炒至浅红色起小泡时，放入葱、姜和五花肉，用小火炒至有香味。

（3）开始焖：然后烹入黄酒，再炒5分钟后加入清汤、盐、味精、白糖、老抽，加水浸过肉块，要没过肉多一点，开后改小火。

（4）加盖：加盖小火焖1小时左右。

（5）用小火烧至浓汁熟透时，再用湿生粉打芡，盛入碟内。

特点：本品色泽红润，味甘咸，食而不腻。

实例74　家常红烧肉

原料：三层五花肉500克，水20克，白砂糖100克，黄酒100克，蒜20克，姜10克。

制法：将五花肉洗净，切成2～3厘米见方的肉块；将肉块放入锅中，加冷水将肉块全部淹没，大火烧开后去除血沫，捞出红烧肉；取一干净的锅，将捞出的红烧肉倒入锅中，开小火慢慢煸炒30分钟，捞出肉块，去掉煸出的猪油；向一干净的锅内倒入水，放入白砂糖，开小火慢慢熬10分钟；将肉块倒入熬好的糖水中，依次放入黄酒、蒜、姜，翻炒3～5分钟；向锅内加入开水，直至完全淹没所有肉块，小火慢炖1个小时；捞出肉块，放入带盖的盘子中，入蒸笼大火蒸30分钟。

特点：本品方法制作出的红烧肉肉香浓郁、入口即化而形不散。

实例75　醪糟红烧肉

原料：山猪五花肉500克（肉品肥瘦夹层至少三层，动物性脂肪层厚度不能超出1厘米），宁夏枸杞5克，鲜板栗150克，醪糟20克，精盐12克，冰糖20克，老姜15克，葱8克，沉香、丁香、桂皮、八角、小茴香共4.2克，鸡汁适量。

制法：

（1）将带皮五花肉刮洗干净后，置于文火上烧烤炙皮，待皮面起均匀的小泡后，再次刮洗干净。

（2）将炙皮后的猪肉放入铁锅中，加水将肉淹没，煮至三分熟后捞出，切成10厘米的肉方。

（3）将肉方置于鸡汤内，加入盐、姜、葱、香料、冰糖汁（10克冰糖溶于水中），以文火煨靠90分钟后捞出。

（4）将肉方切成豆腐形花刀，花刀深度要求为肉皮的1/3。

（5）将刻花肉方置于蒸碗内，加入鸡汁、醪糟、剩余的冰糖、精盐入笼蒸制3小时后，后反扣入特制器皿内。

（6）将炒锅于中火上，加入鸡汁、枸杞、板栗翻炒一分钟后，勾制流芡，将汁淋着在花刀肉方上，浇少许鸡油，经灭菌封装后即得成品。

特点：本品具有丰富的滋补功能。动物性脂肪经长时间的煨靠后，已经全部糖化，变成了不饱和动物性脂肪酸，使人体易于吸收。整个菜品色泽红亮、肉质软而不烂、进口化渣、肥而不腻，为日常生活和旅行食用佳品。

实例76　酱肉（1）

原料：鲜肉500克，企边桂0.8克，去壳砂仁0.8克，沉香0.8克，八角1克，山奈0.8克，甘松0.8克，丁香0.8克，白芷0.8克，甘草0.8克，草果1克，香叶1克，小茴香0.8克，陈皮1克，花椒1克，白糖5克，醪糟20克，白酒10克，味精2克，鸡精1克，黄酒5克，精盐20克，甜酱150克。

制法：

（1）原料整修。

（2）醉酒上色：在经整修的鲜肉中加入白酒、二分之一的香料粉腌制至少8小时，翻拌。

（3）炒盐定味：在生盐中加花椒炒熟后将之拌入经醉酒上色的肉上，放入缸中至少72小时，翻拌。

（4）下酱缸：将甜酱加入经定味的肉的缸中腌制至少48小时。

（5）晾晒刷酱：将酱缸中的肉晾晒至少一周后在其上用含甜酱、剩余的香料粉、白糖、醪糟、鸡精、味精、黄酒的酱刷制、至少4天刷一次，至少反复刷三次。

（6）待晾晒干，即成。

特点：本品方法选用的上等中药材、香料除起到增香作用外还起到了香、辣、甜的效果。本品采用醇酒上色、炒盐定味、下酱缸、晾晒、刷酱等工序，反复晾晒，一个月左右便可使产品达到了外观色泽红亮、进口肥而不腻，皮糯化渣、酱香味浓郁、口感舒适的效果，是酌酒、同餐的佳品。

实例77　酱肉（2）

原料：猪肉700克，酱油110克，菜籽油30克，地黄叶5克，山楂核5克，芒果叶5克，砂仁3克，葡萄叶3克，茅栗叶3克，鲜橘皮20克，玫瑰花2克，淡竹叶2克，玉米粉3克，葡萄籽油8克，豆瓣酱20克，葡萄酒20克，调味料、水适量。

制法：

（1）将猪肉洗净，放入锅中，用大火水煮，焯烫5~10分钟，捞出冲净后沥干备用。

（2）将地黄叶、山楂核、芒果叶、砂仁、葡萄叶、茅栗叶、玉米粉、葡萄籽油加入水，再加入猪肉，煮沸后，转小火炖60分钟至猪肉熟透。

（3）将猪肉捞出，沥干待用；将菜籽油烧热，再加入鲜橘皮、玫瑰花、淡竹叶炸熟，捞出打碎成粗粉。

（4）将酱油，炸熟的鲜橘皮、玫瑰花、淡竹叶粗粉，豆瓣酱，调味料等其余组分，混合拌匀，涂抹在猪肉表面腌制3天，室温20℃。

（5）取出腌制的猪肉，杀菌包装。

特点：

（1）本品所制的酱猪肉，在煮制阶段，充分吸附了中药材的有益成分，起到保健作用，本品的党参补气、山楂核健胃、地黄叶降血糖，同时能去除了原有的肉腥味。

（2）将鲜橘皮、玫瑰花、淡竹叶油炸后与其他调味料一起腌制猪肉，增加了猪肉的口感，使得其具有花香与橘香，更能吸引消费者。

实例78　酱猪头肉

原料：猪头5千克。

酱汁配方：水100千克，优级酱油2千克，普通酱油4千克，着色酱油2~2.5千克，食盐0.5~0.7千克，味精0.06千克，白糖0.07千克，冰糖0.2千克，鲜葱1千克，生姜0.1~0.2千克，花椒0.1千克，陈皮0.14千克，桂皮0.3千克，八角0.1千克，山柰0.09千克，五香粉0.06千克，丁香0.1千克，川椒0.1千克，黄酒0.55千克，肥猪肉3~9千克，猪肉皮3~9千克，鸡架3~6千克，猪骨头3~6千克，白芷0.2千克，砂仁0.2千克，甘松0.4千克，草果0.4千克，肉蔻0.5千克，肉桂0.5千克，香辛料0.3千克。

制法：

（1）精选猪头：限于屠宰后4小时内的猪头，猪头质量为5千克，将淤血放尽。

（2）拔毛：将松香、辛料和白芷3种材料锅水中，加热到115℃使其溶解；然后将整个猪头浸泡在锅内15分钟；取出猪头，用工具将猪毛随松香从猪头上分离干净，且重复5次，使去毛率达100%。

（3）清洗：用流动水对猪头清洗5次，其次序为：先清洗耳，鼻部位，后清洗其余部位，达到全部洁净。

（4）喷烤：利用喷灯对准猪头的各个部位进行喷烤，烤至发焦并呈现出黑色。

（5）再清洗：将猪头放入干净的锅水中，加热到100℃，浸泡1小时后使猪头表面由黑色变成深红色，然后用铁刷将喷烤成焦的表层刷掉，洗去杂质，刮去杂毛，猪头表面呈现出蜡黄色。

（6）洗泡：将猪头左右等分劈为两半，取出舌头，然后将猪头浸泡在凉水锅中，洗泡8小时后取出。

（7）去腥：将猪头放入高压锅水中，将锅水加热到115℃以上，汤煮10分钟。

（8）酱制：将酱汁配方中各原料混合即制得酱汁。将猪头放入酱汁高压锅中，酱汁量为猪头体积的4倍，加热至115℃以上，停留3分钟；随后将温度降至100℃，酱制2小时，再降至85℃以下，炖2.5小时；酱制终了时，酱汁仅将猪头全部覆盖。

特点：本品酱味猪头肉风味独特，香味浓郁，食用安全。

实例79　五香酱肉

原料：猪5000克，酱油150克，食盐350克，黄酒150克，白糖50克，桂皮7克，八角10克，新鲜柑皮5克，葱100克，生姜10克，硝酸盐2.5克。

制法：

（1）选用卫检合格的新鲜猪肋条肉清除血污，然后切成长16厘米、宽10厘米的长方肉块。在每块肉的肋骨间用刀戳上8~10个刀眼，以便吸收盐分和料味。

（2）将盐和硝酸盐水溶液洒在原料肉上，并在四周膘和表皮上用手擦盐，放入木桶中腌制5~6小时。然后，转入盐卤缸中腌制12小时。若室温在30℃以上，只需腌制几小时；室温10℃左右时，需要腌制1~2天。

（3）捞出腌好的肉块，沥去盐卤。锅内先放入老汤，旺火烧开，放入肉块和桂皮、八角、新鲜柑皮、葱、生姜，再用旺火烧开，加入黄酒和酱油，改用小火焖煮2小时。在烧煮1小时后进行翻锅，促使成熟均匀。在出锅前半小时左右，加入白糖，待皮色转变为麦秸黄色时，即可出锅。

（4）酱肉出锅时将肉上的浮沫除尽，皮朝下逐块排列在清洁的食品盘内，并趁热将肋骨拆掉，保持外形美观，冷却后即得成品。

特点：皮色金黄，瘦肉略红，肥而不腻，鲜美醇香。

实例 80　一品鲜酱肉

原料：臀尖带皮猪肉 7000 克，葱 150 克，姜 150 克，蒜 100 克，桂皮 25 克，花椒 5 克，八角 5 克，小茴香 5 克，豆瓣黄酱 200 克，酱油 250 毫升，盐 150 克。

制法：将带皮猪肉切成 1000 克一块的块，共 7 块，放入 28 厘米的高压锅内，注入高汤 500 毫升，将葱 100 克，姜 100 克、蒜 60 克、桂皮、花椒、八角、小茴香、盐、酱油放入锅中。用普通锅盖将锅盖住，旺火烧沸三小时，直至用筷子能戳透肉皮时将肉捞出，将锅内煮剩的肉汤倒出一半用来稀释豆瓣黄酱。然后将余下的葱、姜、蒜放入稀释后的黄酱汤锅中，加入稀释后的黄酱汤，用文火烧沸，再放入猪肉煮 30 分钟，出肉香味即可。

特点：用此制作方法加工出的一品鲜酱肉，肥而不腻，入口即化，肥肉自如凝脂，瘦肉酱红如重枣，食用时可将其切成薄片，并佐以腊八醋、腊八蒜。

采用本方法加工的一品鲜酱肉可长期存放，如在北京地区，冬季在有取暖设备的室内避光处存放，不加任何设施可存放 3 个月之久，肉不但不会变质，且色彩、口味都更加诱人。

实例 81　卤肉（1）

原料：鲜猪肉 5000 克。

卤汁配方：山柰 100 克，桂皮 200 克，八角 200 克，小茴香 400 克，水 8000 克，酱油 80 克，味精 60 克，白砂糖 300 克。

制法：

（1）将鲜肉切成条，肉条长 15 ~ 20 厘米，宽 5 ~ 10 厘米，厚 3 ~ 5 厘米。然后用相当于鲜肉质量 15% ~ 20% 的食盐对鲜肉进行腌制，浸渍 28 ~ 30 小时。

（2）制备卤汁：按配方称取以下佐料：山柰、桂皮、八角、小茴香，将上述佐料放入水中，煮沸熬制 35 分钟后过滤，再往滤液中加入酱油、味精、白砂糖，充分搅拌溶解后，即得卤汁。佐料中无须加入任何防腐剂或色素，安全健康，最后将步骤（1）中所得的腌肉放在温度为 90℃ 的卤汁中恒温卤制 15 分钟，得卤肉，通过准备控制卤制温度和时间，使得腌肉被煮至八九成熟，且可保持肉质的新鲜色泽。

（3）将卤肉沥干后放入波长为 319 ~ 337 微米的微波环境中，微波处理 15 分钟，杀菌、脱水，控制其含水量为 30% ~ 35%。

（4）取出风干冷却后，用真空包装机包装。

（5）将包装好的卤肉放入波长为 120 ~ 125 微米的微波环境中，微波处理 15

分钟，二次杀菌，入库即可。

特点：

（1）采用特定配方和工艺卤制，卤肉味道鲜嫩可口，色泽鲜美。不添加任何防腐剂，常温条件下即可保质12个月左右，而且色泽和口感始终保持良好。

（2）微波具有穿透性，能穿透到鲜肉内部加热，做到里外同时加热，且只有被加热的鲜肉吸收微波能，所以电热效率高、加热均匀、热损失小，防止加热不均造成“外老里嫩”的现象。

（3）通过微波进行低温杀菌效果好。微波热效应、非热效应双重杀菌作用，与常规方法比，具有低温、快速的特点，能保持食品原有的色、香、味，不破坏营养成分，同时具有膨化效果，产品口感佳。

实例82　卤肉（2）

原料：精五花肉和精瘦肉各35千克，咖喱粉0.5千克，蚝油2千克，甜面酱0.5千克，啤酒1.8千克，老抽30千克，八角0.12千克，桂皮0.08千克，草果0.05千克，高汤9千克，姜末0.4千克，精盐1.7千克，味精1千克，鸡精0.4千克，紫葱头0.5千克，蒜蓉0.4千克，胡椒粉0.5千克，食用油3千克。

制法：

（1）将主料中的五花肉和瘦肉切成大块，并做除味去血处理。

（2）将处理后的五花肉和瘦肉放在开水中焯水，打净水中的浮沫，然后清水冲净。

（3）处理过的五花肉和瘦肉冷却后，将两者均切成肉丁。

（4）炒锅上火，待锅的表面完全受热均匀时放入准备好的食用油。

（5）将油烧至八成热时（200～250℃），放入紫葱头、姜末、蒜蓉，煸炒至金黄色散发出香味，将切好的五花肉放入锅中，加入八角、桂皮、草果，小火煸炒，待五花肉中的油脂全部煸出后加入瘦肉继续煸炒。

（6）放入准备好的高汤、精盐、味精、胡椒粉、鸡精、蚝油、咖喱粉、老抽和甜面酱，大火烧开后加入啤酒，转至微火煨3个小时得到成品卤肉。

特点：

（1）用料考究；选用咖喱粉、蚝油、经过24个小时熬制的上等高汤。

（2）经过人工用刀切成小丁，加上师傅们细心的操作，出品成型，卤肉中含有咖喱粉的成分，使其变得没有一点黑色，而是透出一点咖喱的金黄色。

（3）味道鲜美，卤肉中的五花肉经过煸炒，油脂完全提炼出来和瘦肉混合在一起，使瘦肉变得更香，经过3～6个小时的熬煮，肥肉变得不再油腻，加上调料的香味，使制作出来的卤肉味道浓香、爽口，色泽鲜艳。

实例83 豆香卤猪肉

原料：黑猪肉1000千克。

卤料包配方：八角2.3千克，小茴香1.5千克，肉桂1.3千克，花椒1.1千克，白芷1.2千克，丁香0.3千克，草果1.2千克，甘草1.2千克，陈皮1.2千克，山楂1.0千克，枸杞1.0千克，胡椒0.7千克，高良姜0.6千克，葱1.0千克，生姜1.2千克，肉蔻0.7千克，山柰0.35千克，砂仁0.3千克，甘蔗叶0.2千克，玉竹0.7千克。

制法：

(1) 猪肉的处理：

①修整处理：取新鲜或冷冻的检验合格的原料黑猪肉，直接清洗或解冻后清洗干净，修去表面及内部动物性脂肪，淋巴、血管、淤血及污物，切成10厘米×6厘米的块状，再用清水漂洗至无血水析出为止，沥干待用。

②常温腌制：将清洗沥干的猪肉放入容器中，加入猪肉质量的2%～3%的食盐、0.2‰～0.3‰的亚硝酸钠、0.5‰～1.0‰的D-异抗坏血酸钠，0.1%～0.5%的生姜末、0.1%～0.2%的八角粉、0.1%～0.3%的花椒末、0.01%～0.03%的茶多酚，0.4%～0.5%的维生素C、0.1%～0.3%的荷叶粉，添加时采用逐层腌制，一层肉一层腌制料地均匀撒入，常温下腌制10～20小时。

③煮制、去腥：将腌制好的猪肉用清水冲洗干净，拌入猪肉质量0.1%～0.3%的木瓜蛋白酶，拌匀后静置10～15分钟，然后放入沸水中煮10～20分钟，当肉表面无血丝即可出锅，捞出通风冷却，每锅都要换水，预煮过程中要不断去除预煮水表面的浮沫。

④卤制：

a. 制备卤料包：将所用卤料包中的各原料组分切碎或切片后装入布袋中，系紧袋口，制成卤料包。

b. 将步骤③冷却好的猪肉放入卤锅内，加入预先配制好卤料包，加入清水至猪肉完全浸入水中，再加入猪肉质量1%的黄酒，0.1%～0.2%的香叶，先大火烧沸，然后保持文火使卤汤保持沸腾，适时添水保持卤汤覆盖猪肉，控制温度在90～110℃，卤制时间40～50分钟，每10分钟翻动一次猪肉。

c. 卤制好的猪肉迅速出锅，摆放在干净的台案上自然冷却至室温。

d. 切片：将冷却后的肉块用自动切片机或切丁机将肉切成5厘米×3厘米×0.8厘米的肉片或0.8厘米见方的肉丁。

⑤烘制：将切好的肉片或肉丁放入底部铺有荷叶和橙皮的不锈钢盘子里，

再将盘子放入烘箱，在150~200℃下烘烤30~50分钟。

（2）豆子的煮制：挑选优质豆子，清洗干净，放入锅中加水煮制，并向水中加入豆子质量2%~3%的食盐、1%~2%的白砂糖、0.3%~0.6%的味精、0.5%~0.6%的核苷酸二钠、0.3%~0.5%的酵母抽提物、0.1%~0.3%的山露菜、0.03%~0.08%的鸡汁粉，葱，生姜适量，常压下先大火煮沸后，改用文火煮沸30~50分钟，然后捞出自然冷却。

（3）调配：

①调味油和调味料的制备：麻辣调味油由下列质量份的原料制成：辣椒0.6份、花椒0.3份、八角0.2份、虞美人花粉0.2份、小茴香0.1份、桂皮0.2份、葱0.4~0.6份、生姜0.5份、植物油10份。

制备方法为：将植物油加热到80~90℃时，再按比例加入辣椒、花椒、八角、虞美人花粉、小茴香、桂皮、葱、姜，文火炸至20分钟，将香料捞出，过滤、冷却，即可制得自制调味油。

调味料由下列质量份的原料混合制成：猪肉味的食用香精0.08份、胡椒粉0.12份、黄酒0.5份、炒熟大麦粉0.3份、自制的调味油2.5份、脱氢乙酸钠0.02份、D-异抗坏血酸钠0.3份。

②当豆子完全冷却后拌入豆子质量5%的自制调味油，0.2%的咖喱粉、3%的调味料，充分拌匀，然后按要求真空包装入袋。

③将卤制好的猪肉片或猪肉丁和袋装豆一起装入袋中，要求，豆肉质量比为7:3的比例，然后再进行真空封口。

④包装好的豆香卤猪肉真空袋装品，再进行高温蒸汽灭菌，要求蒸汽温度在121℃的条件下，恒温杀菌6~10分钟。

⑤灭菌后的豆香卤猪肉真空袋装品，送入保温间进行保温处理2~3小时。

⑥将保温结束的真空包装产品，擦去水分，检验、将合格品按要求装箱，入库，即可。

特点：本品采用优质猪肉和优质豆子为原料，辅加多种天然香辛料，分别卤制，然后再添加特制的调味油、调料，混合，再经高温灭菌、真空包装的特定工艺精制而成，本加工工艺制成的豆香卤猪肉，最大限度地保留了猪肉和豆子的营养成分，在腌制时，添加了维生素C和茶多酚，克服了腌制时亚硝酸盐的产生，同时在卤制猪肉时，卤料包中添加了中草药，卤制出的猪肉滋味醇厚；豆子在卤制结束时，拌上自制的调味油和调味料，同时添加了咖喱粉，猪肉气香浓郁；本品的豆香卤猪肉具有营养丰富，肉质软嫩熟烂，气香浓郁，咸淡适宜，风味独特，肉含高蛋白、低动物性脂肪、高钙质的特点。

实例84　麻辣卤制肉

原料：腌制好的肉类原料50千克，食用油1.5千克，冰糖1千克，高汤320千克，姜0.5千克，葱0.3千克，辣椒干1千克，食盐3千克，味精1.5千克，核苷酸二钠0.1千克，卤料1.2千克。

卤料配方：八角0.5份，甘草4份，花椒1份，孜然4份，香叶4.5份，草果3份，香籽5份，桂皮4份。

制法：

（1）选取适宜的肉类原料，进行清理后，腌制1.5~2.5小时。

（2）取食用油、冰糖、高汤、姜、葱、辣椒干、食盐、味精、核苷酸二钠、卤料用大火烧开后再用小火慢慢地熬制，即调制成卤水。

（3）将卤水加热至120~140℃并使其保持该温度，取腌制好的肉类原料加入温度为120~140℃的卤水中卤制150~180分钟后，制成肉类半成品。

（4）将肉类半成品用120℃的食用油炸制1~2分钟。

（5）烘干。

（6）调味。每500克烘干后的半成品中拌入调味粉15~20克，其中该调味粉的配方为：味精20份，核苷酸二钠0.8份，白砂糖5份，八角粉4份，桂皮粉5份，葱白粉4份，细辣椒粉13份，山梨酸钾0.5份。调味一般是根据产品的风格定位来进行。

（7）包装，并经128~135℃的高温灭菌12~18分钟后形成成品。

特点：本品较好地解决了现有卤制肉制品存在的腥味问题，且使产品内部味道更加醇厚。

（二）牛肉

实例85　红烧牦牛肉

原料：牦牛分割肉3千克，黄酒150毫升，香料8克，山梨酸钾0.3克，亚硝酸钠0.3克，桂皮5.2克，草果5.5克，山柰5克，八角5克，香叶2.5克，丁香2.4克，花椒2克，姜30克，葱56克，食盐38克，白砂糖25克，酱油150克。

制法：

（1）取健康新鲜的牦牛分割肉，剔除表面动物性脂肪、杂物，洗净切成0.5千克左右一块的肉，备用。

（2）将黄酒、香料、山梨酸钾、亚硝酸钠配制成盐水溶液，注射入肉块中，在4℃下腌制24~48小时。

（3）将注入盐水溶液的牦牛肉置于真空滚揉机中进行滚揉12小时，滚揉在腌制6小时后进行。

（4）将肉块放入蒸煮锅中煮制30分钟，在煮制过程中捞出浮沫。

（5）将牦牛肉按照定量包装形式，切成2~3厘米见方的小块。

（6）在经过整形的牦牛肉中添加1%的蜂蜜搅拌均匀后，进行炒制。

（7）称取桂皮、草果、山柰、八角、香叶、丁香、花椒、姜、葱、食盐、白砂糖和酱油混合好后按1∶50的比例与水混合并熬煮60分钟，即得一种卤汤，将卤汤倒入炒锅中对牦牛肉进行红烧，至卤汤基本蒸干时，即得一种红烧牦牛肉。

（8）将红烧牦牛肉置于常温下进行冷却至室温。

（9）将冷却后的红烧牦牛肉置于蒸煮袋中，用真空封口机进行密封。

（10）将密封的红烧牦牛肉置于蒸煮锅中在72~75℃的条件下杀菌30分钟。

（11）将制品在0~4℃下冷却24小时，使其温度降至4℃左右，检验剔除砂眼袋，即为成品。

特点：由于加工红烧牦牛肉的过程中采用低温加工的方式，能够最大限度地保存特制肉的营养成分和减少在加工过程中牦牛风味物质的损失，且制作出的红烧牦牛肉色泽诱人，营养丰富，风味良好，并利于工业化批量生产。

实例86　红烧牛肉（1）

原料：牛肉500克，葱10克，盐5克，鸡精5克，芝麻油5克，八角5克，桂皮5克，生姜5克，红烧酱油5克，黄酒10克，蔗糖5克。

制法：

（1）将牛肉切成3厘米见方的块，置沸水焯捞，冷却。

（2）将生姜切成丝，和冷却后的牛肉在一起放在碗里，然后将黄酒倒入碗里，浸泡30分钟，去腥。

（3）旺火热炒；锅热放入菜油，油烧热后倒入蔗糖，待蔗糖烧红后，倒入牛肉，待肉块收缩后放入葱、盐、鸡精、八角、桂皮、红烧酱油，加水，烧至沸腾。

（4）文火慢炖，直至水烧完，牛肉酥熟，放芝麻油调味，即可得红烧牛肉。

特点：本品不仅操作简单，而且无添加剂，无防腐剂，而且可以强健筋骨、化痰息风。

实例87　红烧牛肉（2）

原料：牛肉400~600克，竹笋200~300克。

香料水的配方：葱40～60克，姜20～30克，桂皮2～3克，八角2～3克，小茴香2～3克，盐6～9克，黄酒12～18克，水800～1200克。

混合液配方：盐8～12克，糖4～6克，亚硝酸钠0.2～0.3克，多聚磷酸盐0.4～0.6克，水20～30克。

其他辅料配方：花椒粉8～12克，辣椒粉20～30克，植物油100～150克，味精1.2～1.8克，增味剂2～3克。

制法：

（1）将盐、糖、亚硝酸钠和多聚磷酸盐放入水中溶解，得到混合溶液，将牛肉与所述混合溶液混合均匀，在10～15℃下放置480～720分钟。

（2）将牛肉放入80～100℃的水中加热8～12分钟后取出。

（3）将花椒粉和辣椒粉放入植物油中煎炒50分钟以上，得到红油。

（4）将水和葱、姜、桂皮、盐、黄酒、八角和小茴香中的一种或多种混合，并加热至50～70分钟，即得到香料水。

（5）将竹笋、加热后的牛肉放入所述香料水中混合，得到混合物。

（6）将所述混合物放入夹层锅中，在1～3分钟内加热至100～120℃；将加热至100～120℃的所述混合物保持恒温加热50～60分钟；向混合物中加入味精和/或增味剂；将加热后的所述混合物取出，冷却至20～30℃；将冷却后的所述混合物与红油混合后包装；将包装后的混合物放入高温杀菌釜内，向所述高温杀菌釜内通入蒸汽，并在8～10分钟内匀速加热至80～90℃；在25～30分钟内将所述混合物加热至110～120℃；将加热至110～120℃的所述混合物保持恒温加热50～60分钟。

（7）杀菌后即得成品。

特点：

（1）通过先将牛肉加热，再将加热后的牛肉与竹笋一起加热至熟，能够使竹笋中的植物蛋白在与牛肉一起加热的过程中更多地溢出，同时还能够与牛肉的动物蛋白和动物性脂肪有效结合。

（2）通过将牛肉切块，能够使得牛肉各部分受热均匀，尤其每块牛肉中肥肉与瘦肉的质量比在（2∶8）～（3∶7）之间，能够更好地增加口感。

（3）通过在加热牛肉之前先将牛肉在含有盐、糖、亚硝酸钠和多聚磷酸盐的水中腌制，能够去除牛肉的腥味。

（4）通过对混合物进行杀菌，使得其能够满足食品商业的无菌的质量要求。

实例88　酱牛肉（1）

原料：牛肉5千克，白萝卜500克，小红枣30克，黄酱200克，盐80克，八角20克，桂皮5克，丁香5克，砂仁5克，黄酒50克。

制法：

（1）将牛肉洗净，放到盆子里，加入清水浸泡5小时，放入锅中加水淹没牛肉，下入白萝卜，旺火烧开，断血即可捞出，洗净血污。

（2）将捞出的牛肉切成大块，交叉放在锅内，把锅放到火上，放水淹没过牛肉，再下入黄酱、盐，旺火烧开，撇净浮沫，再下入八角、桂皮、丁香、砂仁、黄酒、小红枣，改用小火焖煮5个小时，在煮制过程中，水温保持在90℃，煮至牛肉酥烂。

（3）将牛肉从锅中取出来，然后晾干，切成小块，然后采用真空塑料袋包装即可。

特点：该产品酱香味浓、色泽酱黄、肉香扑鼻、瘦不塞牙、肥而不腻。

实例89　酱牛肉（2）

原料：牛肉500克，酱油50毫升，冰糖30克，精盐10克，黄酒20毫升，八角1瓣，花椒2克，小茴香3克，葱段25克，姜片10克。

制法：

（1）将牛肉用清水浸泡2小时，洗净血水，放入锅中，加清水（水没过牛肉）用旺火煮10分钟，然后捞出，倒去肉汤。

（2）取砂锅，垫入碎碗片（以免糊锅），放入牛肉，加清水（略没过牛肉）、酱油、冰糖、精盐、黄酒、葱段、姜片、八角、花椒和小茴香（将八角、花椒和小茴香装入纱布袋捆紧），用旺火煮沸，然后改用文火煮至肉烂（不易过烂，否则切片时易碎）。食用时，晾凉切片。

特点：本方法制作的酱牛肉色泽深棕，油亮光滑，肉质松嫩，香味怡人，佐餐、下酒均属上乘之品。

实例90　酱牛肉（3）

原料：牛腿部精肉100千克。

汤料配方：栀子0.8千克，小茴香1.2千克，山楂1.0千克，花椒1.0千克，丁香0.8千克，防风50克，黄连12克，甘草50克，乌梅20克，黑胡椒25克，食盐2千克。

调料包配方：酱卤老汤100千克，水50千克，生抽1200克，黄酒1200克，葱1500克，生姜1000克，花椒200克，丁香100克，小茴香600克，桂皮100克，山楂300克，山柰150克，白芷200克，草果120克，良姜250克，辣椒300克，香叶180克，八角180克，白糖500克，食盐750克。

制法：

（1）牛肉整形：将鲜牛肉去掉膘油和筋皮，分割成厚度为 2～3 厘米的长条。

（2）腌肉汤料准备：取栀子、小茴香、山楂、花椒、丁香、防风、黄连、甘草、乌梅、黑胡椒，分别将其粉碎、混匀，然后置于罐中加食盐，用清水淹没物料文火煎煮熬制成汤料。

（3）腌制：取分割好的条子肉蘸满上述汤料，先放入腌制池中，控制池温在 10～18℃，腌制 48 小时；然后将肉倒入另一个腌制池中，控制池温在 5～14℃，腌制 8 天。

（4）清洗：将腌制好的牛肉条用清水冲洗干净。

（5）预煮：将清洗后的牛肉条放入开水中煮 20 分钟捞出，迅速用冷水降温至 10～18℃。

（6）酱煮：取酱卤老汤制成的调料包，大火熬煮 40 分钟，然后将上述煮过的牛肉置于老汤锅中，文火酱煮至熟。

（7）包装灭菌：酱煮好的牛肉先进行红外线烘烤除水、灭菌，然后称量包装，再进行一次常规灭菌。

特点：用本方法生产的酱牛肉不含亚硝酸盐，是一种绿色、健康食品，既保留了传统酱牛肉的口感风味，又具有众人称道的色、香、味。

实例 91　酱牛肉（4）

原料：牛肉 400 克，老抽 100 毫升，香油 20 毫升，食盐 13 克，白糖 13 克，辣椒 30 克，桂皮 5 克，花椒 5 克，八角 5 克，孜然 5 克，味精 5 克，冰糖 15 克，橘皮 15 克，生姜 13 克。

制法：

（1）将牛肉洗净，放入锅中，用大火煮，焯烫 5 分钟，捞出冲净后沥干备用。

（2）向不粘锅中倒入香油，大火加热 10～15 秒，然后倒入辣椒、桂皮、花椒、八角、孜然，煸炒出香味后，放入牛肉。

（3）倒入老抽，翻动牛肉，使酱油的颜色均匀地覆盖在牛肉上，然后倒入开水，没过牛肉，小火炖煮 1 小时。

（4）放入橘皮、生姜，继续炖煮 5 分钟，使橘皮的清香、生姜的辣香入味，同时更容易使牛肉烂熟。

（5）最后放入白糖、冰糖、味精和食盐，搅匀，大火再煮 10 分钟，待冰糖完全熔化，汤汁慢慢收干即可。

特点：本品所用原料廉价易得，工艺简便易学，普通人即可掌握。可大量制作，适合大规模制作，所制得的酱牛肉风味独特，美味可口，具有极高的食用价值和营养价值。

实例92 酱牛肉（5）

原料：牛肉600克，酱油100毫升，醋100毫升，花生油25毫升，食盐15克，姜末15克，葱末15克，胡椒15克，山楂15克，花椒5克，桂皮5克，八角5克，孜然5克，黄酒8毫升。

制法：

（1）将牛肉洗净，放入锅中，用大火煮，焯烫5分钟，捞出冲净后沥干备用。

（2）向不粘锅中倒入花生油，大火加热10～20秒，然后加入胡椒、桂皮、花椒、八角、孜然，煸炒出香味后，放入牛肉。

（3）倒入酱油，翻动牛肉，使酱油的颜色均匀地覆盖在牛肉上，加入醋、山楂和黄酒，然后倒入开水，没过牛肉，小火炖煮1小时。

（4）放入姜末、葱末，继续炖煮5分钟，使葱末的清香、姜末的辣香入味，同时更容易使牛肉烂熟。

（5）最后放入食盐，搅匀，大火再煮10分钟，汤汁慢慢收干即可。

特点：本品所用原料廉价易得，工艺简便易学，普通人即可掌握。可大量制作，适合大规模制作，所制得的酱牛肉风味独特，美味可口（因配方中加有山楂和黄酒，可以使得牛肉更容易熟，且能够生成可散发清香味的酯类，同时更容易让酒味、葱香、姜香等能够进入牛肉中，使得口味更加独特），具有极高的食用价值和营养价值。

实例93 茶香酱牛肉（1）

原料：鲜牛肉100千克。

腌肉汤料配方：栀子0.6千克，小茴香1.0千克，山楂0.8千克，丁香0.4千克，防风0.02千克，黄连0.02千克，乌梅0.02千克，绿茶0.3千克，食盐1.5～3.5千克，酱卤老汤100千克，水50千克，花椒0.15～0.2千克，山柰0.1～0.15千克，白芷0.15～0.2千克，草果0.08～0.1千克。

茶香汤料配方：绿茶0.8千克，红茶1.2千克，水50千克。

制法：

（1）牛肉切块：将检疫合格的鲜牛肉去掉膘油和筋皮，分割成块状。

（2）腌肉汤料的配制：取栀子、小茴香、山楂、丁香、防风、黄连、乌梅、绿茶，将各配料混合置于罐中，加清水淹没配料，用文火煎煮1小时，加入食盐，继续用文火煎煮2小时，中途可补充适量开水使汤水淹没配料，熬制成汤料。

（3）前段腌制：将100千克分割好的鲜牛肉块逐块蘸满熬制好的汤料，放入腌制池中，控制腌制池中的温度在10～18℃，腌制24小时。

（4）后段腌制：将牛肉转至另一个腌制池中，将剩余汤料全部倒入该池中，控制池温在5～14℃，腌制5天。

（5）烘烤：将腌制好的肉块挂在无烟烘烤室中烘烤至六成熟。

（6）清洗：先用浓度为0.25%的食用碱水将烘烤后的牛肉块漂洗30分钟，然后再用清水冲洗牛肉块至肉上无油腻物。

（7）酱卤老汤的制作：将水50千克、生抽1千克、黄酒1千克放入卤锅中，放入由大葱1.2千克、生姜0.8千克、花椒0.18千克、丁香0.08千克、小茴香0.5千克、桂皮0.08千克、山楂0.25千克、山柰0.12千克、白芷0.18克、草果0.1千克、良姜0.2千克、辣椒0.25千克、香叶0.14千克、大香0.14千克、白糖0.4千克和食盐0.5～0.75千克组成的调料，经大火熬煮40分钟。

（8）酱煮：将牛肉块放入酱卤锅中，加酱卤老汤100千克，再加水50千克，放入由0.15～0.2千克花椒、0.1～0.15千克山柰、0.15～0.2千克白芷和0.08～0.1千克草果混合的料包，酱煮1小时。

（9）茶香汤料的配制：取绿茶、红茶，加水文火熬煮1小时，滤去茶叶。

（10）加香：将酱煮后的牛肉块放入放入茶香汤料中，浸泡1小时后捞出晾干。

（11）干燥、灭菌、包装：对牛肉块进行干燥和灭菌，降温凉置后按计量真空包装。

特点：在本品方法中，茶叶的加入不仅能够使成品酱牛肉具悠悠的茶香，并能去掉牛肉的腥味，山楂可使牛肉嫩化并可辅助着色，使酱牛肉具有香酥的口感；腌肉汤料中适量的栀子、丁香、防风、黄连和乌梅对牛肉具有很好的着色和防腐效果，酱煮出的牛肉中不含亚硝酸盐。

实例94　茶香酱牛肉（2）

原料：牛肉100千克，绿茶4千克，黄荆叶0.8千克，小茴香1.5千克，辣椒粉2千克，丹皮0.8千克，葛根0.7千克，紫苏叶0.6千克，棒棒草0.5千克，决明子1千克，食盐适量。

制法：

（1）按配比称取黄荆叶、小茴香、丹皮、葛根、紫苏叶、决明子、棒棒草，用适量水煎煮1~3次，合并煎煮液，然后加入辣椒粉、食盐；再用文火煮50分钟，熬成汤汁。

（2）将牛肉切成块、蘸上述汤汁后，放入缸中腌制2天，温度控制在20℃，然后将剩余的汤汁都倒入缸中，继续腌制4天，然后将牛肉块取出，无烟烘烤至六成熟，然后转移到锅中，加绿茶及卤料汤卤制70分钟，即得成品。

所述卤料由水50千克、生抽1千克、黄酒2千克、八角茴香4千克、花椒0.6千克组成。

特点：本品生产的茶香酱牛肉，因为茶叶的加入，具有茶叶独特的香味，并且能去掉牛肉的腻味，非常适合大众口味。

实例95　豆香卤牛肉

原料：牛肉1000千克。

卤料包配方：八角2.1千克，小茴香1.4千克，肉桂1.2千克，花椒1.0千克，白芷1.3千克，丁香0.4千克，草果1.2千克，甘草1.2千克，陈皮1.2千克，山楂1.0千克，枸杞1.0千克，胡椒0.6千克，高良姜0.6千克，葱0.9千克，生姜1.1千克，肉蔻0.6千克，山柰0.35千克，砂仁0.3千克，紫苏0.3千克，老鹰茶粉0.2千克，竹荪0.7千克。

制法：

（1）牛肉的处理：

①修整处理：取新鲜或冷冻的检验合格的原料牛肉，直接清洗或解冻后清洗干净，修去表面及内部动物性脂肪、淋巴、血管、淤血及污物，切成10厘米×6厘米的块状，再用清水漂洗至无血水析出为止，沥干待用。

②滚揉：将沥干的牛肉，投入滚揉桶中，加入牛肉质量1.5%~2.5%的香醋，0.1%~0.5%的生姜末、0.1%~0.2%的八角粉、0.1%~0.3%的花椒末、0.1%~0.3%的荷叶粉，在0~8℃下低温滚揉2~3小时。

③低温腌制：将滚揉后的牛肉放入容器中，加入牛肉质量2%~3%的盐，0.1%~0.3%的肉蔻，0.01%~0.03%的茶多酚，0.4%~0.5%的维生素C，添加时采用逐层腌制，一层肉一层盐地均匀撒入，在0~6℃下低温腌制20~24小时。

④二次滚揉：将腌制好的牛肉块投入滚揉机内，添加牛肉质量0.1%~0.3%的生姜蛋白酶，控制温度在0~8℃，进行滚揉软化2~3小时。

⑤预煮去腥：将二次滚揉后的牛肉块放入沸水中煮10~20分钟，当肉表面无血丝时即可出锅，捞出通风冷却，每锅都要换新水，预煮过程中要不断去除水表面的浮沫。

⑥卤制：

a. 首先制备卤料包：将各成分原料切碎或切片后装入袋中，系紧袋口，制成卤料包。

b. 将步骤⑤冷却好的牛肉放入卤锅内，加入预先配制好的卤料包，加入清水至牛肉完全浸入水中，再加入牛肉质量1%的黄酒，0.15%的绿茶，先大火烧沸，然后保持文火使卤汤保持沸腾，适时添水保持卤汤覆盖牛肉，控制温度在90～110℃，卤制时间40～50分钟，每10分钟翻动一次牛肉。

c. 卤制好的牛肉迅速出锅，摆放在干净的台案上自然冷却至室温。

d. 切片：将冷却后的肉块，用自动切片机或切丁机将肉切成5.0厘米×3.0厘米×0.8厘米的片状肉片或0.8厘米×0.8厘米×0.8厘米的肉丁。

⑦烘制：将切好的肉片或肉丁放入底部铺有橙皮和甘草的不锈钢盘子里，将荷叶覆盖在牛肉上面，再将盘子放入烘箱，在180℃的温度下，烘烤45分钟。

（2）豆子的煮制：挑选优质豆子，清洗干净，放入锅中加水煮制，并向水中加入豆子质量2%～3%的食盐，1%～2%的白砂糖，0.3%～0.6%的味精，0.5%～0.6%的核苷酸二钠，0.3%～0.5%的酵母抽提物，0.1%～0.3%的老鹰茶粉，葱、生姜适量，常压下先大火煮沸后，改用文火煮沸30～50分钟，然后捞出自然冷却。

（3）调配：

①调味油和调味料的制备：麻辣调味油由下列质量份的原料制成：辣椒0.8份、花椒0.3份、八角0.2份、小茴香0.2份、炒大麦粉0.25份、桂皮0.2份、葱0.5份、姜0.5份、植物油10份。

制备方法为：将植物油加热至80～90℃时，再按比例加入辣椒、花椒、炒大麦粉、八角、小茴香、桂皮、葱、姜，文火炸至20分钟，将香料捞出，过滤冷却即可制得自制调味油。

调味料由下列质量份的原料混合制成：食用香精0.06份、胡椒粉0.12份、黄酒0.5份、荷花花粉0.4份、自制的调味油2.5份、脱氢乙酸钠0.02份、D－异抗坏血酸钠0.4份。

②当豆子完全冷却后拌入豆子质量6%的自制调味油，0.3%的咖喱粉，3%的调味料，充分拌匀。

③将拌好的豆子与卤制好的牛肉按豆肉质量比为6∶4的比例，进行真空包装、封口。

④包装好的豆香卤牛肉真空袋装品，再进行高温蒸汽灭菌，要求在蒸汽温度在121℃的条件下，杀菌6～10分钟。

⑤灭菌后的豆香卤牛肉真空袋装品，送入保温间进行保温处理2～3小时。

⑥将保温结束的真空包装产品，擦去水分，检验，将合格品按要求装箱，

入库，即可。

特点：本品采用优质牛肉和优质豆子为原料，辅加多种天然香辛料，分别卤制，然后再添加特制的调味油，调料，混合，再经高温灭菌、真空包装的特定工艺精制而成，本加工工艺制成的豆香卤牛肉，最大限度地保留了牛肉和豆子的营养成分，在腌制时，添加了维生素C和茶多酚，克服了腌制时亚硝酸盐的产生，同时在卤制牛肉时，卤料包的添加使卤制出的牛肉具有滋味；烘制时在盘底铺上荷叶等提香物质，起到进一步提香的效果；豆子在卤制结束时，拌上自制的调味油和调味料；本品的豆香卤牛肉，具有营养丰富，肉质软嫩熟烂，气香浓郁，咸淡适宜，风味独特，肉含高蛋白、低动物性脂肪、高钙质的特点。

实例96　五香卤牛肉

原料：牛肉100千克，砂糖0.7千克，复合磷酸盐0.5千克，亚硝酸盐0.001千克，卤料水100千克，食盐5千克，砂糖6千克，味精0.27千克，红曲红0.05千克，山药0.4千克，薏仁0.4千克，甘草0.2千克，扁豆仁0.45千克，陈皮0.2千克，八角0.2千克，桂皮0.2千克，花椒0.15千克，小茴香0.2千克，白芷0.3千克。

制法：首先用山药、薏仁、甘草、陈皮、扁豆仁、草果、八角、小茴香、桂皮、花椒、山茶、白芷等香料加水熬制2小时，捞取其渣，放入修整后的精选牛肉块及其他辅料慢熬。进行腌制、滚揉、静腌、卤煮、散热、定量包装、进库、即得成品。

特点：本品是营养丰富的美味肉制品。

实例97　卤牛肉

原料：鲜牦牛腱子肉5千克，食盐400克，老抽4克，食盐3克，生姜300克，尖椒干7克，八角4粒，黄酒1瓶（约500克），生抽20克，白砂糖80克。

制法：

（1）准备工序：取大块牛肉洗净，分割成400~500克的小块，取容器以食用盐干拌在牛肉上进行腌制6~8小时，使咸味渗入肉质，然后用清水过净。

（2）烹调工序：

①烧开满锅清水，把腌制过的牛肉块依次下锅，用旺火把汤烧开，即停火，捞出牛肉，倒掉汤水，剔除牛肉上的动物性脂肪或血管经脉。

②将初煮后的牛肉经清理清洗后，放入锅内，加入老抽，黄酒（以酒精度12度左右的黄酒为宜）、食盐、生姜、尖椒干、八角，用旺火烧开，持续10分钟。

③改用中火连续烧煮50~60分钟，其间把上下层的肉块翻换位置，察看锅内的汤，不要让其烧干，如缺水则少量多次加入清水，本阶段后期，用筷子扎牛肉，如用力能把筷子插入肉块中，则可进入下一步工序。

④收汤加入生抽、白砂糖，改旺火急速收汤，其间不停翻动上下层肉块交换位置，待锅内汤汁收干，即停火取出肉块。

特点：本品烹调工序中，

（1）初煮工序可达两个目的，一是经升温后排出牛肉中的血水清洁肉质，二是排出牛肉中的水分，以便在下道工序中吸收配料液。此工序中用旺火，尽量缩短初煮时间，以免营养流失。

（2）该阶段的汤料浓度较高，可让牛肉充分吸收。在烹煮前期用旺火，可让牛肉在短期内受到高温，肌肉迅速收缩，使其后的成品牛肉质韧味香。

（3）该阶段重要的是掌握火候，保持中火，如果火偏大，则汤料容易烧干，牛肉烧焦；如果火偏小，成品牛肉就会失去韧度，稀烂松散，失去香味，口感也差。

（4）该阶段注意点是掌握好汤汁的收干程度，在上下层肉块不断翻动中，观察汤汁的情况，不让其烧糊，以免影响成品质量；也不能留过多，致营养流失和影响口感。此道工序掌握得好能保持牛肉的营养不流失，避免传统的卤牛肉烹调方法，部分营养随汤流失；同时由于把烹调过程中的汤汁全部吸收到牛肉中，使成品牛肉口感更佳。

实例98　香辣酱牛肉

原料：牛腱子肉900克，食醋15毫升，酱油10毫升，香油8毫升，辣椒油4毫升，黄酒45毫升，面酱70克，花椒5克，胡椒5克，辣椒5克，桂皮5克，食盐8克，白砂糖12克，生姜8克，八角5克，葱白15克，孜然5克，味精4克。

制法：

（1）洗净牛腱子肉，整块放入凉水锅中大火煮，煮沸后将水面的血沫撇去，边煮边撇，20分钟后，捞出肉块，沥干水分。

（2）将牛腱子肉放入汤锅中，加入热水至完全没过肉，放入食醋、酱油、香油、辣椒油、黄酒、面酱、花椒、胡椒、辣椒、桂皮、食盐、白砂糖、生姜、八角、葱白、孜然、味精，盖上盖，大火煮半小时，然后调小火炖2小时以上，最后揭起锅盖再用大火炖15分钟，使肉块均匀入味。

（3）捞出牛腱子肉，沥水晾凉。

（4）彻底放凉后切片，即得香辣酱牛肉。

特点：本品的香辣酱牛肉味道浓郁独特，美味可口，又香又辣，望之可使人垂涎三尺。其制作工艺简单，所需原料成本低廉，容易备齐，非常适合普通家庭。

（三）其他

实例99　红烧羊肉（1）

原料：山羊肉50千克，姜1.2千克，葱1.4千克，蒜0.8千克，干辣椒0.14千克，胡椒粉适量，辣椒酱2.2千克，猪油适量，植物油1.6千克，香油0.7千克，红酱油1千克，白酱油3.2千克，黄酒0.6千克，盐0.3千克，糖0.5千克，鸡精0.8千克，醋0.7千克，水100千克。

制法：

（1）焯水分割：粗洗优质山羊肉，粗分成块状，置沸水焯捞，冷却细切成片状，洗净待用。

（2）旺火热炒：锅热放入植物油，待油热至75～85℃时，加入猪油，待油沸加入姜、干辣椒在沸油内炒1～2分钟，放入焯水后的羊肉片反复煸炒，加入醋、黄酒，待肉片明显收缩，再先后加入胡椒粉、辣椒酱、红酱油、白酱油、糖、盐、葱、蒜，并炒拌均匀，加水煮沸。

（3）文火慢炖：1小时后，至羊肉酥熟而软，汤色红润加入鸡精、香油、拌匀装桶。

（4）无菌分装：桶装成品进无菌室称重包装，经流水外冷却，进低温冷藏室0℃静置数小时后封袋。

特点：经上述烹调工艺精心制作的红烧羊肉，香味浓郁，入口酥香鲜嫩，咸淡适中，爽口无油腻感，更无羊肉的腥膻味，食用后，回味无限。

实例100　红烧羊肉（2）

原料：山羊30千克，食盐0.15千克，糖0.27千克，味精0.15千克，酱油0.03千克，黄酒0.03千克，水适量。

制法：

（1）选料：精选质量30千克、个体均匀、毛色洁白的白山羊为主要原料。

（2）屠宰切块：屠宰后将羊肉切成3～5厘米大小均匀的肉块。

（3）初加工：在羊肉中加入生姜、黄酒、葱等除腥配料，水煮20分钟后捞出清洗。

（4）红烧：将洗好的羊肉按比例加入食盐、糖、味精、酱油、黄酒和适量的水进行红烧50分钟。

(5) 去骨：将红烧的羊肉捞出，放入盘中自然冷却后，人工去骨。

(6) 回煮：将去骨羊肉重新回锅在100℃左右的温度下，烧煮10分钟。

(7) 冷却包装：将煮好的羊肉冷却至室温，分切成每500克为一个单位，进行真空包装。

(8) 高温灭菌：将真空包装好的羊肉放入灭菌锅内在120℃下，高温灭菌20分钟。

(9) 成品：将无漏气、不坏包装的产品，冷却后入库。

特点：本品具有色泽红润、香味浓郁、无腥膻味、风味独特、保质期长的特点。

实例101 红烧兔肉

原料：白条兔120千克，食用油5千克，大葱段1千克，鲜姜片0.4千克，大蒜瓣0.4千克，八角0.2千克，黄酒1千克，白糖1千克，精盐0.4千克，酱油1千克，香醋1千克，砂仁5克，良姜5克，陈皮10克，草果5克，丁香5克，桂枝50克，桂皮50克，花椒50克，小茴香50克，八角50克，山柰50克，白芷20克。

制法：

(1) 选择健康合格的白条兔，清洗、沥干后切成核桃大小的肉块。

(2) 将砂仁、良姜、陈皮、草果、丁香、桂枝、桂皮、花椒、小茴香、八角、山柰、白芷混合均匀，每100克装入小袋中制成一个香料袋。

(3) 将砂锅置于大火上烧热，放入备好的食用油、大葱段、鲜姜片、大蒜瓣、八角、白糖和兔肉块，煸炒上色后，加入精盐、酱油、香醋、一个香料袋和少许清水，改为小火烧50分钟即可制成红烧兔肉。

(4) 后续工序包括冷却、包装、消毒、质检、入库等食品行业的常规方法。

特点：本品色艳、肉嫩、味醇，质量稳定，保质期较长，卫生指标可控，适宜于工业化生产。

实例102 酱驴肉

原料：驴肉50千克，黄酱1千克，酱油1千克，甘草100克，白芷50克，山柰50克，高良姜100克，干姜150克，红枣50克，龙眼30克，胡椒30克，丁香100克，枸杞100克，肉桂50克，陈皮30克，砂仁60克，花椒30克，小茴香50克，干辣椒30克，香叶30克，八角200克，草果50克，肉蔻50克，盐1千克，水100千克。

制法：

（1）按用量分别称取黄酱、酱油、盐、甘草、白芷、山柰、高良姜、干姜、红枣、龙眼、胡椒、丁香、枸杞、肉桂、陈皮、砂仁、花椒、小茴香、干辣椒、香叶、八角、草果、肉蔻。

（2）按用量将水注入锅中，逐一加入步骤（1）中的原料，加热，待水沸腾后放入切好的驴肉。

（3）待锅中水再次沸腾后，调至微火熬制 5～8 小时，至溢出肉香味即可。

特点：本产品一改过去传统酱肉的制作方法，取天然中草药之长，经过合理配制，在传统酱法基础上，加以改进，以味为核心，以养为目的，制作出的酱驴肉食品味道鲜美，口感佳，老少皆宜。

此外，本产品采用的中药原料均为普通中草药，调味香料也为烹饪常用调味料，因此生产成本低，生产方法简便可行。

实例103　卤鸭肉

原料：肉鸭 3.4 千克。

卤汤配方：枸杞 15 克，八角 2 克，小茴香 1.5 克，良姜 1.2 克，肉桂 1 克，花椒 1.2 克，干姜 1 克，白芷 1.8 克，芫荽 0.8 克，黑芝麻 10 克，白芝麻 12 克，砂仁 2 克，肉蔻 1.5 克，丁香 1.8 克，水适量。

制法：

（1）将肉鸭宰杀后去除内脏，洗净，得到鸭坯，之后将鸭坯与 3～10 颗虾仁一起放入水中浸泡 10～20 分钟，然后取出浸泡好的鸭坯；

（2）将浸泡好的鸭坯放入卤汤中煮制 0.5～1.5 小时，之后取出煮制好的鸭坯，即得到卤鸭肉。

所述卤汤的制备方法包括以下步骤：

（1）称取枸杞、良姜、干姜、白芷、芫荽、砂仁混合，烘干，之后经研磨，得细粉 A，备用。

（2）称取八角、小茴香、肉桂、花椒、黑芝麻、白芝麻、肉蔻、丁香混合，烘炒 3～10 分钟，之后经研磨，得细粉 B，备用。

（3）将细粉 A 和细粉 B 混合均匀，然后再与水混合，搅拌，得混合液 C。

（4）在锅内熬制糖色，之后将混合液 C 放入所述锅内，加热至沸腾，然后保持沸腾 1～2 小时，制得卤汤。

步骤（3）中水的用量是：水的质量为细粉 A 和细粉 B 总质量的 8～15 倍。

特点：通过制备卤汤的各种原料的合理搭配、协同作用，制得的卤鸭肉味道鲜美、营养丰富。

实例104　茶香风干酱兔肉

原料：鲜兔肉100千克，腌制液10千克，酱料8.5千克。

酱料配方：绞制后茶叶1份，香辣酱6份，五香粉0.2份，食盐1.0份，醪糟1.3份，白糖0.2份，其他天然调味料0.3份。

制法：

（1）鲜肉处理：肉兔宰杀后净膛、清洗，分割，送入冷库0～2℃放置6～14天，剔骨后切为长块，也可保持完整酮体。

（2）腌制液调制：将茶叶置于水中浸泡24～48小时后，按所述茶叶占水和茶叶总质量的1.0%～1.5%加水，并加温至95℃，保温40～60分钟后捞出茶叶，再加入占茶汁质量1.0%～1.5%的黄酒、0.1%～0.12%的亚硝酸钠、1.0%～1.2%的异维生素C钠、2.0%～3.0%的葡萄糖和8～10%的食盐，冷却备用。

（3）腌制液注射：将上述调制的腌制液注入肉块内，每100千克鲜肉注入腌制液10～15千克，注射结束时肉温度不高于12℃。

（4）挂晾：将肉块挂晾于架上，在6～10℃风吹至表面微干。

（5）酱料调制：将制取腌制液时捞出的茶叶入绞制机绞细，再与其他酱料成分混合后入胶体磨机细磨，制得乳化状酱料，所述酱料包括如下质量配比的组分：绞制后茶叶1～1.5份、面酱或香辣酱6～7份、五香粉或胡椒粉0.2～0.25份、食盐1～1.5份，醪糟或黄酒1～1.5份。

（6）上酱风干：将上述调制的酱料均匀涂抹在表面微干的肉块上，每100千克肉块上涂酱料8～10千克，然后在12℃以下挂晾风干。

（7）包装储藏：在肉块半干状态时及时下架，检验后放入真空袋抽真空包装。

特点：本品将传统腌腊肉制品的加工技术与现代提取工艺相结合，将茶叶中的营养及功效成分通过提取注入肉品中，使肉制品不仅富含蛋白质，而且还具有保健功能，从而使人们通过日常的肉制品食用可充分吸收茶叶中含有的营养物质，达到防病抗病的目的，另外，茶香腌制液的注入还使产品具有独特的茶香味，食用时口感更好。

实例105　新型卤鸡

原料：净仔公鸡1000克，荷叶10克，薄荷叶10克，葱20克，姜20克，淮山药15克，丁香3克，八角3克，桂皮3克，黄酒20克，酱油（老抽）10克，精盐5克，芝麻油10克。

制法：将葱切成段，姜切成片。荷叶洗净。仔公鸡治净，剁去鸡爪，整理成形，下入沸水锅中焯透捞出。锅内放入清水，下入淮山药、姜片、葱段烧开，煎煮20分钟左右，加入黄酒、精盐。下入仔公鸡、酱油、丁香、八角、桂皮、薄荷叶烧开，卤煮至熟烂捞出，控干水分，刷上芝麻油。荷叶下入汤锅中略煮捞出，铺在盘内，再放上卤鸡即成。

特点：本品制作的鸡肉肉质鲜美，清香不油腻，补气补虚，口味独特，营养丰富。

四、风味肉类

（一）风味猪肉

实例 106　扒肉

原料：猪前肘 10 千克，食盐 2 千克，八角粉 0.002 千克，山柰粉 0.002 千克，生姜适量，草果粉 0.002 千克，桂皮粉 0.002 千克，丁香粉 0.002 千克，排草少量，甘草少量，块状冰糖 1.5 千克。

制法：

（1）选猪前肘，人工去毛，清洗，刮后放入沸水中 5 分钟去血水，捞出用清水清洗，去血水、血泡。

（2）放入冷水中待水开后改用微火，水面离肉的最高点的距离至少为 20 厘米。

（3）将冰糖炒成肉红色原汁放入将肉上色，放入食盐。

（4）放入八角粉、山柰粉、生姜（拍破），微火煨制 1 小时，放入草果粉、桂皮粉、丁香粉、微火煨制 1 小时，加入少量的排草和甘草，起凝聚作用的块状冰糖。

（5）继续煨制，微火煨制的时间前后为 6 小时或 6 小时以上。

熬制时，所有的配料用布包上放入。

上述的扒肉煨制成后食前半小时加入少量胡椒、味精，调味，如有黑胡椒，则味更鲜。

特点：在本品制作方法中，因选用的猪前肘为活动肉，故制成的扒肉食用时口感好，质量好，将水一次加入，汤味更鲜。将配料分先后次序下，需久熬的如八角、山柰、生姜等则先放，经较长时间的熬制可将味熬出，不宜久熬的如排草和甘草则后放。用此种方法制出的扒肉，色泽黄亮，醇和粑香，肥而不腻，香味浓郁，富含营养，且此种方法简单，肉食完则汤完，可用布包好配料每次放入，卫生，汤中无渣。

实例107　茶叶肉

原料： 鲜精肉10千克，清水①5千克，茶叶0.6千克，食盐1千克，红枣10克，清水②3千克，糖0.5千克，味精50克，酒20克，姜10克，大蒜8克，花椒3克，薄荷1克。

制法： 把经精选的10千克鲜精肉切片。将切成片状的鲜精肉放入由清水①、茶叶、食盐、红枣配制成的咸茶水中进行浸泡2～3小时。再将切成片状的鲜精肉放入咸茶水中浸泡前，先将咸茶水中的红枣核剔除。将经浸泡后的精肉连同咸茶水放入锅中，再加入清水②、糖、味精、酒、姜、大蒜、花椒、薄荷，煮1小时，将煮后的茶叶肉取出，放入烘箱中烘干，将烘干的茶叶肉用无毒塑料袋分装后就得到一种具有独特茶香风味的袋装茶叶肉。

特点： 用本品制作的茶叶肉是一种不含添加剂的营养食品，它具有食用方便，保质期长，口感好，清香可口的特点。该茶叶肉制成袋装还可作为野外工作者、旅游者、学生、部队的一种方便菜肴。

实例108　东坡肉

原料： 带皮猪五花肉1000～1500克，鸡骨架500～600克，葱段50～60克，姜块5～8克，花椒2～4克，精盐4～6克，冰糖10～20克，糖色10～20克，酱油8～10克，黄酒200克，鲜汤1250～1300克，色拉油20～25克。

制法：

（1）将鸡骨架洗净，剁成四块，放入清水中浸泡片刻，捞出沥水；放入沸水锅内煮5分钟，取出冲净，沥净水分。

（2）把带皮猪五花肉去毛，洗净，切成约200克一块的大块；放入清水锅中烧沸，煮10～20分钟，捞而沥去水分；趁热在肉皮上涂抹匀黄酒和酱油，晾干表面水分；锅中加色拉油烧热，肉皮朝下放入油锅中，用热油不断浇淋肉块；炸至呈金黄色时，捞出沥油，切成4厘米大小的方块。

（3）取大砂锅1个，放入鸡骨架，再放入五花肉块，撒上葱段、姜块；加入酱油、精盐、花椒、冰糖、糖色，注入鲜汤淹没肉块。置火上烧沸，转小火烧至软烂入味，盛入盘内，淋上汤汁即可。

特点： 本品所需的设备简单，而且一般人员也容易掌握；五花肉中含有比较丰富的蛋白质、动物性脂肪、碳水化合物、B族维生素和多种氨基酸等，具有补肾养血、滋阴润燥的功效。

实例109　豆豉肉

原料： 主料：猪肉40千克（猪肉的动物性脂肪含量为30%），鸡肉30千克，牛肉15千克，鱼肉10千克。

辅料：干辣椒3千克，豆豉10千克，食用油3千克。

配料：食盐4千克，白糖6千克，味精0.1千克，明胶3千克。

香料：砂仁0.1千克，桂丁0.2千克，香叶0.2千克，白芷0.1千克，姜1千克，陈皮0.2千克，桂皮0.2千克，草果0.3千克，花椒0.2千克，肉桂0.1千克，小茴香0.2千克，甘草0.3千克，八角0.2千克。

制法：

（1）将主料中的猪肉、鸡肉以及牛肉洗净后切块，鱼肉洗净后进行切片，采用谷氨酰胺转氨酶对肉制品进行处理的过程，谷氨酰胺转氨酶的用量为肉制品质量的0.003%，将猪肉、鸡肉、牛肉、鱼肉与谷氨酰胺转氨酶混匀，然后在3℃的条件下腌制5小时。

（2）将腌好的猪肉放入沸水中进行蒸煮，蒸煮时间为1～2分钟，捞出后用清水进行冲洗，并将其置于温度5℃、相对湿度70%的密封房间内晾干。

（3）将腌好的鸡肉放入60℃的热水中进行清洗，待洗净后放入温度5℃、相对湿度70%的密封房间内晾干。

（4）将腌好的牛肉放入100℃的热水中进行清洗，待洗净后放入温度5℃、相对湿度70%的密封房间内晾干。

（5）将腌好的鱼肉放入50℃的热水中，进行清洗，待洗净后放入温度5℃、相对湿度70%的密封房间内晾干。

（6）将步骤（2）、步骤（3）、步骤（4）及步骤（5）中的猪肉、鸡肉、牛肉、鱼肉分别放入在108℃±1℃的温度下加热30分钟。

（7）将步骤（6）中进行加热后的猪肉、鸡肉、牛肉、鱼肉放入冰水中进行冷却，冷却至50℃。

（8）配制液体香料：将砂仁、桂丁、香叶、白芷、姜、陈皮、桂皮、草果、花椒、肉桂、小茴香、甘草、八角用水蒸煮熬制，在100℃的热水中熬制3小时。

（9）将经步骤（7）加工后的猪肉、鸡肉、牛肉、鱼肉放入经步骤（8）熬制好的调味料中浸泡8～12小时后取出，放置3小时进行晾干。

（10）将上述处理后的产品加入配料在滚揉机中揉制均匀。

（11）将揉制均匀的产品放入温度5℃、相对湿度70%的密封房间内进行36小时进味处理。

（12）将上述经过揉制均匀的产品搅拌均匀后装入模具内进行挤压成型；然后进行加压蒸。

（13）将干辣椒切碎，与豆豉和食用油放在一起加入食盐、白糖进行熬制豆豉酱。

（14）将步骤（12）中的产品切片，并在切好片的产品上浇上经步骤（13）熬制好的豆豉酱。将产品进行装袋，抽气封口，抽真空，即得成品。

特点：

（1）本品口味独特，营养丰富，最大限度地保留了肉制品和豆子的营养成分。

（2）本品通过在封闭环境中预冷除酸、入味，不受外界污染，肉制品在这个环境中不会变质，有益的微生物在缓慢干燥的过程中进行发酵会产生特有的腊香味，无杂菌无杂质，品质有保证。

（3）通过在108℃左右的条件下加工灭菌的肉制品既能保持低温肉制品口感适、风味佳、营养好等优点，又能达到高温肉制品灭菌彻底、安全性好、保质期长等特点，且综合能耗和生产成本相对较低。产品既符合中国人的膳食习惯，又能满足出口对肉制品的感官、营养和安全的要求。

（4）通过用谷氨酰胺转氨酶处理肉制品，可提高其颜色，将血红蛋白交联后，可作为抗氧化剂，防止肉制品被氧化。

（5）通过温度的差异可以使得肉制品便于咀嚼渣化。

（6）通过对肉制品进行高压蒸煮，能够使得肉制品的肉质松散，便于咀嚼、吸收、消化，特别适合老年人以及小孩食用。

实例110　贡品猪肉圆

原料：猪后臀尖6000克，肥肉3500克，复合磷酸盐30克，水溶性氧化防止剂5克，黏稠剂5克，肉桂粉5克，肉蔻粉5克，红曲粉10克，丁香粉5克，八角油10克，香菇精粉6克，天然香辛粉4克，甘草精粉5克，豉油2克，精盐4.4克，蔗糖150克，味精45克，肉香王香精2克，香菇精粉6克，鲍鱼精粉2克。

制法：

（1）将精选猪后臀尖、肥肉洗净、冷冻、切片、粉碎、挤压成粒状体。

（2）加入复合磷酸盐、水溶性氧化防止剂、黏稠剂、肉桂粉、肉蔻粉、红曲粉、丁香粉、八角油、香菇精粉、天然香辛粉、甘草精粉、豉油、精盐、蔗糖、味精高速搅拌3分钟。

（3）加入肉香王香精、香菇精粉、鲍鱼精粉，搅拌成糊状体。

（4）通过成型机自动成圆球形，蒸熟，自然冷却。

（5）在无尘室真空包装，验收后冷冻保存。

特点：本品简化了贡圆的制作过程，食用方便，且口味独特，含动物性脂肪低，营养丰富，老少皆宜，并能防癌抗病，有益于健康。

实例111　荷包肉

原料：五花猪肉500克，米粉50克，百合粉50克，盐10克，黄酒4克，酱油5克，味精3克，香粉2克，鸡精3克，味特鲜2克，白砂糖6克，花生油3克。

制法：

（1）将五花猪肉切块，放入热锅内，将皮烤红。

（2）将烤红的五花猪肉刮洗干净，并切成2厘米×2厘米的方块，放入缸中盐腌1～2小时，然后加入调料，拌匀。

（3）在鸡汤中加入米粉、百合粉，拌成糊状，并与五花猪肉混合均匀。

（4）用洗净的荷叶将上述五花猪肉包扎，加旺火蒸煮4～5小时。

（5）将蒸熟后的荷包肉，用耐高温蒸煮袋进行抽真空包装。

（6）将真空包装的荷包肉再放入杀菌锅内120～125℃下蒸煮0.5～1小时。

（7）进行外包装，即得成品。

特点：本品的荷包肉制作方法工艺简单，该荷包肉风味独特，味道鲜美，并具有荷叶的清香，由于采用抽真空包装，携带方便，保存时间长。

实例112　红烧扣肉

原料：生猪肉9千克，盐0.005千克，葱0.28千克，姜0.28千克，八角0.18千克，桂皮0.08千克，丁香0.009千克，草果0.008千克，花椒0.009千克。

制法：

（1）将浸洗干净的生猪肉分割成块上锅，加入水，放入调料煮3～6小时，到七成熟时即可出锅。

（2）用酱油、蜂蜜将出锅后的肉块浸泡待用。

（3）将用酱油和蜂蜜浸泡过的肉块放进油锅内炸至外皮金黄、脆时出锅。

（4）将炸好的肉块切成所需形状，装入软包装内，同时装入适量的水淀粉、葱、姜、蒜、盐、味精等，放入真空充氮包装机内，抽真空封袋口。

（5）将封口的软包装放入蒸煮消毒罐内用120～130℃的温度煮10～20分钟，取出后检验即得成品。

特点：本品解决了红烧扣肉装入袋内调味勾芡的难题，既保持了红烧扣肉这一中国传统食品的味道，又可以使其能长期保存，方便食用、携带和运输。

实例 113　茴香扣肉

原料：带皮猪肉 10000 克，酱油 100 克，姜黄粉 60 克，葱 150 克，生大蒜 30 克，姜 80 克，盐 120 克，味精 80 克，排草 30 克，灵草 25 克，香叶 15 克，千里香 15 克，桂皮 15 克，丁香 15 克，良姜 15 克，八角 15 克，麻椒 30 克，八角 20 克，草果 25 克，白芷 12 克，香砂 10 克，肉蔻 15 克，罗汉果 17 克，香茅草 9 克，黄酒 300 克，水 4000 克，蜂蜜 50 克，植物油 5000 克，醪糟 150 克，豆豉 180 克，花雕酒 300 克，腐乳 100 克，冰糖 150 克，黄酱 70 克，鲜茴香 2000 克。

制法：

（1）用酒精喷灯将带皮猪肉的表面用火焰喷烤一遍，然后用刮刀将表皮炭化的部分剔除、洗净。

（2）将经过步骤（1）处理的带皮猪肉切成 1 厘米 ×5 厘米的肉片或 3 厘米见方的肉丁，放入已加入酱油、姜黄粉、葱、生大蒜、姜、盐、味精、排草、灵草、香叶、千里香、桂皮、丁香、良姜、八角、麻椒、八角、草果、白芷、香砂、肉蔻、罗汉果、香茅草、黄酒的水中，浸泡 6 小时。

（3）将经过步骤（2）处理的带皮猪肉捞出，放在带有托盘的篦子上，一同放入蒸笼内蒸 20 分钟。

（4）待经过步骤（3）处理的带皮猪肉凉透后，将蜂蜜抹在带皮猪肉的表面，放入八成热的植物油中炸至表皮收缩起泡、捞出备用。

（5）将步骤（3）中托盘内收集的汤汁加入醪糟、豆豉、花雕酒、腐乳、冰糖、黄酱，搅拌均匀。

（6）将鲜茴香切成 5 厘米长的段备用。

（7）将经过步骤（4）处理的带皮猪肉表皮朝下摆在专用器皿的底部，将步骤（6）切得的茴香段摆在带皮猪肉的上面，将步骤（5）制得的汤汁倒入，专用器皿顶部盖上专用汤盘，防止蒸馏水滴入和香味的散失，然后放入蒸笼内小火蒸煮 50 分钟。

（8）将步骤（7）的专用器皿连同专用汤盘一起取出，反转后，拿开专用器皿即为成品。

特点：通过独特工艺使茴香中的芳香物质和营养成分有效保留，荤素搭配，有利于身体健康。

实例 114　酱香肉丁

原料：五花猪肉 2 千克，萝卜 1 千克，辣椒酱 2 千克，生姜、食盐、食用醋、大蒜适量。

制法：

（1）将一定量的鲜五花猪肉切成方丁，放入加有少许食用醋的开水中浸泡3分钟除去腥膻味，再捞出沥干、备用。

（2）将萝卜也切成方丁，备用。

（3）向萝卜丁中加入少许食盐并搅拌。

（4）将适量的大蒜和生姜切成碎末加入辣椒酱中并搅拌。

（5）将沥干的五花肉放入锅中先炒后煮。

（6）将萝卜丁倒入锅中与五花肉一并翻炒。

（7）改用文火，将辣椒酱倒入锅中与五花肉、萝卜丁一并继续加热5~10分钟，其间不断搅拌。

（8）熄火、冷却至室温后封装即得成品。

特点：本品制作的肉丁醇厚香辣、回味悠长，是一种理想的风味食品。

实例115　醪糟肉

原料：食盐6千克，姜粉0.4千克，花椒面0.2千克，黄酒3千克，鲜猪肉86千克，生醪糟172千克。

制法：将食盐、姜粉、花椒面、黄酒按放入生醪糟中混合均匀后作腌制剂，再将鲜肉洗净按照质量比1∶2与上述腌制剂混合，在2~4℃条件下，腌制10~25天，每天翻动一次。腌制好的肉，控温30℃浅层发酵0.5~1小时。再将发酵好的肉，用1~5倍90℃以上的热水清洗，然后将肉块悬挂在烘房中，在烘房内50~56℃烘24~28小时，60~70℃烘3~4小时。将烘干的醪糟肉装入食品级真空袋，经真空封口，最后采用超高压设备在420~480MPa的条件下，维持25~35分钟杀菌即为成品。食用时，打开真空袋将醪糟肉取出，蒸煮20~30分钟，切片即可食用。

特点：本品制作的醪糟肉集醪糟与鲜肉之精华于一体，糟香宜人、营养丰富、肥而不腻、口感独特。醪糟肉制品成功地将醪糟肉由餐桌搬上了柜台，延长了产业链，提高了产品附加值。本品采用超高压冷杀菌技术延长醪糟肉保质期，同不包装的醪糟肉相比，在常温条件下可以延长保质期60天，冷藏条件下可延长保质期150天，符合现代食品“天然、营养、卫生、安全”的发展方向。

实例116　灵芝水晶肴肉

原料：猪肉40千克，猪皮20千克，糖2千克，盐1千克，破壁灵芝孢子粉0.1千克，酒1千克，三聚月桂酸甘油酯0.1千克。

制法：

（1）先将猪肉经常规工序腌制40小时，再经常规工序浸泡、清洗后进行常规卤制工序，在卤制工序中加入1.33千克糖、0.67千克盐、破壁灵芝孢子粉0.067千克、酒0.67千克和三聚月桂酸甘油酯0.067千克并搅拌均匀，使其充分入味。

（2）再将猪皮经常规工序刮毛、去油后进行常规腌制40小时，将腌制好的猪皮经常规工序进行浸泡、清洗和卤制，在卤制工序中加入剩余的糖、盐、破壁灵芝孢子粉、酒和三聚月桂酸甘油酯，并搅拌均匀，使其充分入味。

（3）将卤制好的猪肉和猪皮在模具中压模成型、分割、真空包装即可制得成品。

特点：本品直接加破壁灵芝孢子粉和三聚月桂酸甘油酯后，具有普通水晶肴肉无可比拟的突出的实质特点和显著的进步。此外，本品口味纯正、肉质好、色佳、保质期长，弥补了单纯添加破壁灵芝孢子粉的苦味。

实例117　麻辣野菌猪肉丝

原料：

主料：猪肉110千克，野干菌5~7千克。

辅料：白砂糖14千克，干辣椒6千克，蜂蜜1千克，黄酒1千克，食盐1.5千克，花椒粉1千克，白胡椒0.5千克，味精0.5千克，干草粉0.1千克，五香粉0.1千克，八角粉0.08千克，清水15千克。

制法：

（1）猪肉的处理：将猪肉煮至断生后，趁热顺着猪肉肌纤维将肉块拍散，然后将猪肉撕成宽为1.8~2.2毫米的丝条。

（2）菌丝的处理：野干菌在清水中泡透至发软撕成丝条，捞出后滤干，用植物油将野菌丝炸至金黄色。

（3）炒制：将所有辅料放入锅中，混匀，加入清水将辅料煮开，放入猪肉丝和炸好的野菌丝并翻炒，将汁收干。

（4）烘烤：将炒制好的猪肉丝和干菌丝均匀地铺在铁筛中，在50~60℃下烘烤60~100分钟。

（5）二次入味：在烘烤好的猪肉丝和野菌丝中加入植物油和芝麻，搅拌均匀。

特点：本品主要利用干菌的干香、柔韧和味纯，来与猪肉合理搭配，并将猪肉分离成肉丝，经过反复调味，分层次入味加工而成熟肉制品。本产品既有芝麻的脆、香，野菌的干香，辣椒、花椒的自然辣和麻，猪肉的自然清香，口感脆辣，辣中还带有十分舒适的香麻味，回味悠长，香脆可口，唇齿留香，醇厚鲜美，麻辣纯正、温和，是一种老少皆宜的麻辣味休闲肉制品。

实例118 膨化蛋白肉

原料： 精猪肉1000克，葱20克，姜20克，蒜20克，桂皮4克，花椒1克，八角1克，小茴香1克，精盐10克，糖20克，味精10克，色料、香料适量。

制法：

（1）将精猪肉洗净、切片后，加入蛋白纤维爆破成型机内；进行高温高压蒸煮爆破处理。

（2）加入葱、姜、蒜、桂皮、花椒、八角、小茴香、精盐、糖和味精进行浸渍味料烘烤，且补充爆破处理。

（3）加入色料进行浸渍色料、烘烤且补充爆破处理。

（4）加入香料进行烘烤且爆破成型处理。

（5）烘燥后装袋密封即可。

特点： 本品制得的膨化蛋白肉空心、膨松，色、香、味、形均佳，营养丰富、食用方便且易于保存。

实例119 乳香蒸肉

原料： 五花肉150千克，大米粉60千克，食盐0.6千克，味精0.5千克，白糖0.6千克，胡椒粉0.5千克，蒜粉0.6千克，姜粉0.5千克，花椒粉0.3千克，八角粉0.3千克，肉桂粉0.5千克，辣椒粉0.5千克，腐乳10千克，复合磷酸盐0.5千克，酱油1.8千克，红曲红0.03千克，冰水50千克。

制法：

（1）原料处理：选用冻品优质五花肉用切片机切成长5厘米，厚4毫米的五花肉片，解冻备用。

（2）滚揉：将五花肉，大米粉，食盐，味精，白糖，胡椒粉，蒜粉，姜粉，花椒粉，八角粉，肉桂粉，辣椒粉，腐乳，复合磷酸盐，酱油，红曲红，冰水，投入滚揉机内，抽真空滚揉20分钟。

（3）静腌：将滚揉好的五花肉中推入腌制库（0~4℃）静腌3小时。

（4）包装冷藏：按要求包装后在-18℃以下的冷库中冷藏。

特点：

（1）原料取材简便，生产工艺简单，能较好地满足工业化大批量生产的需求，采用冻藏的方法大大延长其保质期，基本满足食品加工与保存要求。

（2）本产品品质高，富有营养价值，口感嫩滑，适合大众口味，食用方式简单，消费者购买后只需解冻蒸熟即可食用。

实例120 哨子肉

原料： 鲜猪肉20千克，食醋2千克，卫生盐0.5千克，辣椒粉0.8千克，味精10克，八角粉16克，小香粉25克，花椒粉14克，桂皮粉12克，丁香粉6克，草果粉4克，生姜粉3克。

制法： 先将一定量的鲜猪肉加热水煮，断血20分钟左右，捞出后散热10分钟左右，再将散热后的鲜猪肉切成10毫米的方丁，温火烧制60分钟后制得肉丁制品，待20分钟后使用。另将食醋、卫生盐、辣椒粉、味精、八角粉、小香粉、花椒粉、桂皮粉、丁香粉、草果粉、生姜粉按上述规定比例配制好，再将上述制好的肉丁制品和配制好的调味配料按哨子肉成品总量的13.31%～15.15%混合、加热、搅拌15分钟后出锅。再经灌装和高温灭菌，灭菌温度保持在120℃以上，时间为90分钟，杀菌后送培养室进行细菌培养观察7天，经检验合格者出成品。

特点： 本品填补了方便食品市场的空缺，满足了北方群众，特别是陕西地方口味群众的生活需求，为广大差旅、野外施工作业及生活、工作在异国他乡的人们提供了生活方便。

实例121 手撕肉

原料：

配方1：鲜猪肉50千克，混合料3.5千克，香辛料适量；调味料：辣椒油200～240克，植物油100～120克，鸡精50～60克，味精50～60克，花椒50～60克，胡椒30～36克。

配方2：鸡肉、鸭肉或鹅肉50千克，混合料3千克，香辛料适量；调味料：芝麻油10～50克，植物油100～120克，鸡精50～60克，味精50～60克，花椒50～60克，胡椒30～36克。

配方3：兔肉50千克，混合料3千克，香辛料适量；调味料：芝麻油10～50克，植物油100～120克，鸡精50～60克，味精50～60克，白糖200～240克，胡椒30～36克。

所述混合料的配方和制作为：盐40～60千克，青花椒5～7.5千克；先将盐炒熟至240℃后放入青花椒烫熟备用，称取烫熟后的盐和青花椒10～12千克，糖6～7千克，味精3～3.6千克，鸡精3～3.5千克，花椒面40～46克混合拌匀配成混合料。

制法：

（1）原料预处理：选择符合国家相关标准的鲜肉为原料肉，去筋、除油；

将鲜原料肉分割成宽2~10厘米、长3~50厘米的肉块。

（2）腌制：在肉块中按每50千克加入混合料3~3.5千克，搅拌均匀，在5~35℃下腌制4~36小时。

（3）晾晒烘烤：将经过腌制的肉块自然晾晒4~24小时，再在60~160℃的温度下烘烤4~36小时，得干肉块；所述烘烤最好用木炭自然烘烤。

（4）煮制：将干肉块每50千克加入适量香辛料，在80~110℃的温度下煮制30~180分钟，根据需要将煮制后的肉块切成片、块、丁或丝。

（5）向煮制好的片、块、丁或丝中加入辣椒油、芝麻油、植物油、鸡精、味精、白糖、花椒、胡椒和五香粉中的几种搅拌混合得到成品。

特点：本品是以瘦猪肉、鸡肉、鸭肉、鹅肉、兔肉等为原料，加工工艺几乎覆盖所有禽肉肉品，制作出的手撕肉口感软嫩，可做成香辣味、五香味、广味等多种品种，为广大的消费者提供了另一种口味的即食食品。

实例122　酥肉（1）

原料：猪五花肉500克，葱、姜各25克，八角4克，花椒2克，茴香1克，桂皮1克，盐4克，味精2克，酱油1克，黄酒2克，高汤200克，蘸汁150克。

蘸汁配方：鸡蛋50克，淀粉50克，冷水50克，色汁100克。

色汁配方：白糖50克，酱油50克。

制法：

（1）清洗：先备好新鲜的猪五花肉，去除表面杂质、残留的猪毛及脏物，冷水或温水洗净。

（2）整理：将大肉块去除多余部分，整理成规正的长方形或正方形肉块，整体厚薄要均匀一致。

（3）切方：将整理后的肉块切成方块肉。

（4）剁入调料：将切碎的葱、姜剁入方块肉瘦肉部位中2~5毫米的深度，均匀剁入且不破坏方块内的整体结构。

（5）涂刷蘸汁：将调制好的蘸汁均匀涂刷在方块肉已剁入调料的面上晾至液体汁凝固为止。

（6）烧炸：肉与油的重量比例为1:（1.2~1.5），将方块肉逐块放入120~180℃的油中，使油稍没过肉为好，文火保持油的温度，油炸时间为2~6分钟，先炸皮后炸瘦肉部分，使其炸至金黄色，防止外焦里生、发黑。

（7）调汁上色：烧炸好的肉块出锅后在肉皮上涂上色汁，晾至液体汁凝固为止。

（8）切片：把上好色的肉块切成均匀的片整理成型后码入容器中，使其表面呈弧形，中间凸起，肉皮朝下。

（9）配料调味：在码入容器的肉片上部放入花椒、八角、茴香、桂皮、适量葱丝、适量姜丝、黄酒、盐、味精、酱油、高汤，汤量适中。

（10）蒸焖：将调好味的肉片冷锅放入蒸锅的隔层上蒸，开锅上汽后普通锅蒸1.5~2小时或高压锅蒸15~20分钟，停水后焖20~30分钟。

（11）出锅成型：把蒸好的熟肉出锅后立即扣在另一容器中，成型整理为表面呈弧形，保持肉块成品外形美观、色泽均匀的完美造型，即可食用。

（12）成品包装：真空包装成碗装或袋装，采用无毒、无味保鲜材料。

特点：

（1）本品熟肉食品酥肉高蛋白，低动物性脂肪，低热量，香而不腻，风味独特，酥软可口，色、香、味、型俱佳。

（2）本品特殊工艺为“剁入调料”和“涂刷蘸汁”工艺步骤，特点为将肉与辅料充分地结合为一体后，又经烧炸工艺，使产品外形美观、风味独到，同时具有去除动物性脂肪、油腻的功能，更适合现代人健康的观念。

（3）本品形状整齐美观，加工工艺简单、便于储存、携带方便、开袋即食，也可再采用烩、炖、炒、蒸等中国传统方式进一步加工，更可作为一种高档休闲食品食用，是一种老少皆宜的健康食品。

（4）本品加工设备通用，便于掌握，易于应用推广，可形成工业化生产，根据经营方式的不同，碗装、袋装，食堂外卖或配送超市，满足不同市场需求。

实例123 酥肉（2）

原料：原料肉100克，黄酒1克，老抽1克，面粉8克，淀粉20克，色拉油5克，水25克，食盐2克，全蛋液5克，椒片粉0.5克，小辣粉0.5克，鸡膏香精0.8克，白胡椒粉0.4克。

制法：

（1）将原料肉解冻至0~5℃，切片机用5毫米的刀距把原料肉切两遍，使肉条长约3厘米，宽约0.5厘米，厚约0.5厘米，然后将处理好的原料进行拌浆；将拌好的物料倒入搅拌滚揉罐内进行滚揉，时间为15~25分钟，速度为6~8转/分。

（2）预炸工艺：拌浆好后，使用油炸机进行预炸，预炸温度控制在150~160℃，时间为40~50秒。

（3）速冻、包装工艺：将预炸好的酥肉摊平放到冻盘内，及时送入－30℃以下的速冻机或速冻库内进行速冻，速冻至产品中心温度达－18℃以下然后进行装袋包装，装箱后15分钟内入库冷藏。

特点： 本品采用科学、合理的工艺技术，实现了传统食品的工业化、标准化生产，用现代的保鲜、包装技术，延长保鲜期，保证产品规格一致，质量安全、卫生、可靠，并且通过综合利用原料，降低了生产成本，方便了群众消费。

实例124　小酥肉

原料： 精五花肉40千克，鸡蛋6千克，淀粉4千克，食用油5千克，葱末2千克，姜片1千克，蒜片1千克，花椒粉1千克，香醋1.5千克，食盐2千克，味精0.2千克，猪骨膏3千克，豆瓣酱3千克，水80千克，脱水香菜2千克。

制法：

（1）制小酥肉包：精选五花肉，洗净、沥干后切成2～3毫米厚的片状，用鸡蛋和淀粉在肉片上挂糊，在120℃的油温中过油1～2分钟，冷却至24℃以下后按每袋150～200克充氮气装袋，灭菌。

（2）制作调味汁包：用食用油、葱、姜、蒜、花椒粉、香醋、食盐、味精、猪骨膏、豆瓣酱和水，烹制本品特有的调味汁，冷却后按每袋300～400克充氮气装袋，灭菌。

（3）制脱水香菜包：将脱水香菜在紫外线照射5分钟后包装。

（4）制成品：把制成的1份小酥肉包、1份调味汁包和1份脱水香菜包装入1个大包装袋封口，即得成品。

食用时，将所有袋子撕开，把小酥肉、调味汁和脱水香菜放入同一容器内，蒸、煮或微波加热3～5分钟，即可食用。

特点： 本品将餐饮小酥肉的传统餐饮技艺和现代食品加工技术相结合，形成了工业化生产工艺，产品不含任何化学添加剂和防腐剂，既保留了传统小酥肉的风味和营养，又具有即食、方便、卫生的特点。

实例125　水晶肴肉

原料： 新鲜猪精腱肉1500克，猪皮500克，氯化钾5克，食盐30克，水1500克，花椒15克，八角15克，桂皮15克，生姜80克，葱75克，味精10克，胡椒粉10克，结冷胶1.5克，明胶40克。

制法：

（1）原料筛选：以猪精腱肉和猪皮为原料，精腱肉和猪皮的质量比为3∶(1～2)。

（2）腌制：精腱肉修整以后使用由氯化钾和食盐组成的复合盐干腌，腌制时间为48～72小时。

（3）煮制：向水中加入腌制好的精腱肉、香料及其他调味料煮制50～60分钟，其中所述的水的质量为精腱肉质量的80%～120%。

（4）卤汤熬制：煮制完毕后，汤液经纱布过滤，放入猪皮、结冷胶和明胶熬制60～70分钟得卤汤；其中，结冷胶添加量为过滤后汤液质量的0.10%～0.25%，明胶添加量为过滤后汤液质量的2%～4%。

（5）冷却成型：将猪皮、精腱肉及卤汤倒入模具中，使上下各铺一层猪皮，精腱肉在中间且均匀分布在卤汤中，压模成型，于－18～－14℃下，冷却30～40分钟。

（6）分切包装：按照规格分切成相应尺寸，真空包装。

（7）灭菌：水晶肴肉经真空包装后，水浴杀菌，70～75℃，20～30分钟，制得所述的水晶肴肉。

特点：本产品较传统水晶肴肉外观和口感更佳，卤冻水晶透亮，口感更滑嫩，克服了传统产品口感粗糙，外观混浊、色暗的不足。

实例126　调理牙签肉

原料：猪腿肉100份，白糖0.7～0.9份，味精0.6～0.8份，猪肉精粉0.4～0.5份，淀粉3～3.5份，黄酒1.0～1.2份，小苏打0.3～0.4份，红曲红0.1～0.2千克，食用香辛料0.8～1.0份。

上述食用香辛料可采用辣椒粉、胡椒粉、葱、姜、蒜。

制法：

（1）原料解冻、清洗。

（2）原料休整：将清洗过的肉切成肉块。

（3）腌制：按上述比例将猪后腿肉及其他辅料混合均匀，然后腌制12～18小时。

（4）插签：将腌制好的肉块用5～6厘米长的牙签串起来。

（5）包装：将串好的牙签肉放入一定规格的塑料包装袋中，真空包装。

（6）速冻：将包装好的牙签肉放进速冻机中速冻，速冻机温度设定在－35℃，时间30分钟。

（7）包装后即时送入－18℃冷库保存。

特点：本品利用牙签串成的小型肉串，经过炸制成型后，表面颜色诱人，咸淡适中，肉质鲜嫩爽口，入味均匀，尤其适合儿童食用。

实例127　土家扣肉

原料：新鲜猪肉的三线肉100千克。

辅料配方：土家渣海椒50千克，红米豆20千克作为辅料。

配料配方：蒸肉粉30千克，甜酒20千克，红油5千克，食盐、味精、鸡精、胡椒、白糖、豆瓣、姜丝、蒜末各0.5千克。

制法：

（1）备料：按质量份预备原料。其中土家渣海椒的制作方法是将新鲜红辣椒去蒂、洗净、晾干，然后将辣椒剁成细浆粒，使浆粒小于0.5毫米，然后将10份辣椒浆拌入9~12份玉米粉，充分拌匀，直到玉米粉都变成红色，然后再加入食盐、花椒粉和木姜子粉各0.5份，拌匀，最后装坛密封，5~7天后即成土家渣海椒。

（2）清洗切片：将三线肉清洗干净，然后切成长5~10厘米，宽3~6厘米，厚0.2~0.6厘米的肉片。

（3）拌料：将配料与肉片充分混合，揉捏3~5分钟。

（4）拌辅料：将渣海椒与红米豆充分混合，拌匀。

（5）装盘：将拌好配料的肉片装碗，每碗装300~500克，肉皮向下拼摆，排列整齐，然后在肉片上面铺撒拌匀后的辅料，每碗铺撒150~200克，盖住肉片。

（6）清蒸：将装好扣肉料的碗放入甑内，清蒸110~130分钟，即得土家扣肉。

（7）封坛：将蒸好的土家扣肉分别翻扣装入食品袋中，真空密封，入库待售，或翻扣放入盘中直接上桌食用。

特点：本品的有益效果是辅料采用土家渣海椒，具有土家特色风味；猪肉未经油炸，保持了本色，避免出现油炸后的有害物质；清蒸时间较长可以有效去油，使得本品所做的扣肉产品肥而不腻，香辣沁甜，入口即化，余味绵长，是宴席上的佳肴和馈赠亲友的佳品。

实例128　香椿扣肉

原料：带皮猪肉10000克，香椿2000克，蜂蜜50克，酱油100克，黄酱70克，葱150克，生大蒜30克，姜80克，盐120克，味精80克，醪糟150克，豆豉180克，麻椒30克，八角20克，黄酒300克，腐乳100克，冰糖150克，水4000克，植物油5000克。

制法：

（1）用酒精喷灯将带皮猪肉上的表面用火焰喷烤一遍，然后用刮刀将表皮炭化的部分剔除、洗净。

（2）将经过步骤（1）处理的带皮猪肉切成1厘米×5厘米的肉片或3厘米

见方的肉丁，放入含有酱油、葱、生大蒜、姜、盐、味精、八角、麻椒的水中，浸泡6小时。

（3）将经过步骤（2）处理的带皮猪肉捞出，放在带有托盘的篦子上，一同放入蒸笼内蒸20分钟。

（4）将经过步骤（3）处理的带皮猪肉凉透后，将蜂蜜抹在带皮猪肉的表皮，放入八成热的植物油中炸至表皮收缩起泡、捞出备用。

（5）将步骤（3）中托盘内收集的汤汁加入豆豉、醪糟、黄酒、腐乳、冰糖、黄酱，搅拌均匀。

（6）将鲜香椿或发好的腌制香椿切成5厘米长的段备用。

（7）将经过步骤（4）处理的带皮猪肉表皮朝下摆在专用器皿的底部、将通过步骤（6）处理的香椿段摆在带皮猪肉的上面，将通过步骤（5）处理的汤汁倒入，专用器皿顶部盖上专用汤盘，然后放入蒸笼内小火蒸煮50分钟。

（8）将经过步骤（7）处理的专用器皿连同专用汤盘一起取出，反转后，拿开专用器皿。

特点：通过独特工艺使香椿的芳香物质和营养成分有效保留，荤素搭配，有利于身体健康。

实例129　香坛肉

原料：鲜猪肉100千克，食盐3千克。

制法：

（1）将鲜猪肉去骨、洗净，选取带皮且肥瘦相间的肉块作为原料肉。

（2）向原料肉中加入食盐，拌和均匀后，在10℃下放置15小时。

（3）把锅烧烫至90℃，将经步骤（2）加工后的原料肉肉皮部位在锅内摩擦至肉皮发黄，再对该原料肉施以清洁后晾干。

（4）先将经步骤（3）制得的原料肉切成块状，然后在锅内放入30千克熔化的猪油，将切成块状的原料肉放入化猪油内炸制；在炸制过程中，先将化猪油与浸没于其内的原料肉加热至120℃，在该温度下保持50分钟后，再降温至90℃，保持25分钟，再加热至120℃，保持5分钟，使原料肉中的水分去除，表面略显金黄。

（5）将经上步炸制后的原料肉取出装入容器坛子，将溶化的化猪油也充入该容器内，让熔化的猪油的油面淹过原料肉。

（6）将容器密闭，在5℃的温度下放置12小时，即得成品。

特点：本品方法制作的香坛肉保留了猪肉的原始风味，其肉形完整、色泽鲜亮、肉质酥软、入口化渣，该产品糯而不黏，肥而不腻，香而不艳，保鲜、保质期长，可谓是老少皆宜的佳品。

实例 130　药膳肉

原料：猪肉 80 千克，蛹虫草 45 千克，枸杞 10 千克，山药 8 千克，胖大海 8 千克，山楂 8 千克。

制法：

(1) 选取肉料，洗净、切块，放入水中煮沸 5 分钟。

(2) 换水，向水中加入调料，并放入步骤 (1) 中的肉料中，熬炖 30 分钟。

(3) 将蛹虫草、枸杞、山药、胖大海、山楂按比例放入锅中煮 20 分钟，将汁倒出作为肉料的浸泡液。

(4) 将步骤 (2) 处理的肉料放入浸泡液中浸泡 3 小时。

(5) 捞出，冷却。

(6) 经高温灭菌，制成真空包装的袋装肉，即得产品。

上述步骤 (2) 中的调料包括适量白糖、食盐、酱油、黄酒、麻油、老姜和葱。

特点：用蛹虫草代替冬虫夏草与肉料配伍，风味独特，色、香、味、型俱佳，且成本相对低廉。

(二) 风味牛肉

实例 131　茶香牛肉粒

原料：牛肉 100 千克。

卤制液配方：水 100 千克，白砂糖 4 千克，食用盐 2.0 千克，味精 1.0 千克，白酒 2 千克，桂皮 0.4 千克，茴香 0.2 千克，陈皮 0.2 千克，山柰 0.2 千克，大蒜粉 0.15 千克，花椒 0.10 千克，绿茶粉 1.0 千克。

制法：

(1) 取鲜冻黄牛腿肉 100 千克，在 20℃以下的流动清水中进行解冻漂洗，除去血水，沥水后切成约 1000 克重的小块。

(2) 然后投入 90℃的热水中进行第一次预煮，约煮 30 分钟，煮至肉内无血水流出，即停止加热。

(3) 将肉取出，待肉块中心温度降至 35℃左右进行成型加工，即切成 2.5 厘米见方的块，并去除筋膜。

(4) 然后将牛肉粒投入预先制备好的卤制液中进行卤制调味，所述卤制液为将除绿茶粉外的上述原料先加入 100% 水中进行加热，至沸保持 30 分钟后制得的卤制液，卤制时，用文火慢卤60分钟，在卤制结束前30分钟时再加入绿茶粉共同卤制，即在牛肉粒用文火慢卤30分钟后，加入绿茶粉，再继续用文火烧30分钟。

（5）停止加热，静置40分钟后出锅装盘，待产品中心温度冷却至室温后进行真空包装，高温杀菌，再冷却至室温，按成品要求进行称重包装后即为成品。

特点：

（1）口感风味的改进。利用绿茶固有的清香和牛肉的鲜香有效组合，产生一种特有的茶香味，并通过科学合理的香辛料配伍，达到增味、增香的效果，使产品既有牛肉鲜香，又有茶叶固有的悠悠清香。另外，由于茶叶中含有的茶叶皂素成分，可以起到淡化油腻感的作用，从而使产品口感油而不腻，非常清口，冲破了传统牛肉制品在口感风味上的约束。

（2）产品色泽的改进。大多传统肉制品在加工过程中，在香辛料的选择方面较多考虑产品的口感和风味，而不会考虑色泽的影响。本品在加工配方中香辛料的选择方面，充分考虑了这一点。在确保调味调香的前提下尽量选用淡色、风味淡雅系的原料，传统产品上普遍使用的酱油原料在本配方中没有采用。因此，本产品色泽呈暗红色，几近于原肉的颜色。

实例132　傣味牛肉即食干巴

原料：精瘦牛肉10千克。

香料配方：香茅草0.01～0.03千克，花椒0.003～0.006千克，辣椒0.0005～0.002千克，沙姜0.05～0.15千克，八角0.01～0.03千克，桂皮0.03～0.05千克，小茴香0.01～0.03千克，精盐0.1～0.25千克，味精0.03～0.05千克。

制法：

（1）原料预处理：选择经卫生检疫合格的牛腿肉，剔除筋腱和动物性脂肪，并切成长条状。

（2）香料调配：按香料配比称取各种香料，分别磨成粉状，然后与精盐、味精混合均匀备用。

（3）干法腌制：将牛肉与香料放入滚揉机滚揉，在4～8℃下滚揉8～12分钟，将滚揉好的牛肉条一层层地放入不锈钢腌缸内，在4～8℃下腌制5～8小时。

（4）烤制：烤制过程分为脱水烘干和熟化两个阶段，首先将腌制好的肉条上钩，并均匀悬挂于烤房挂竿上，在55～70℃下以炭火脱水烘干10～12小时；然后升温至105～115℃进入熟化阶段，再烤制1～2小时至牛肉全熟。

（5）整理包装：首先将烤制好牛肉条进行整理，并按包装规格称量，包装采用真空袋包装，在0.08kPa条件下，抽真空3~5秒热密封。

（6）灭菌：将包装好的干巴送入微波杀菌机中，在70~90℃下灭菌处理3~5分钟。

（7）质检：将灭菌后的干巴进行感官、理化和卫生指标检验合格后装箱入库储存，待售。

特点：本产品中加入了傣族风味的特有香料，精选优质鲜牛肉，不蒸、不煮，保持鲜牛肉的原汁原味，避免了营养物质的流失，鲜牛肉经腌制以后采用炭火两段工艺烤制，确保产品的风味特色，而且质量稳定。本品工艺克服了现有传统加工技术存在的不足，实现了标准化、清洁化安全生产。保证了产品具有良好的口感，浓郁的香味，而且开袋即食，方便旅行食用。

实例133　傣味牛肉丝绒干巴

原料：牛肉10千克。

香料配方：香茅草粉0.01~0.03千克，花椒0.01~0.03千克，辣椒粉0.02~0.04千克，八角0.01~0.03千克，桂皮0.01~0.03千克，生姜粉0.005~0.015千克，精盐0.1~0.3千克，味精0.03~0.05千克。

制法：

（1）原料预处理：选择经卫生检疫合格的精瘦牛肉，剔除筋腱和动物性脂肪，并切成扁形长条状。

（2）香料调配：香料配比称取各种香料，分别加工成粉状后混合，并加入精盐、味精混匀备用。

（3）腌制：将牛肉与调配好的香料粉放入腌制槽内充分搅拌均匀，放入4~8℃的冷库内腌制8~12小时。

（4）烘干：将腌制好的牛肉用钩挂在烘房内的挂竿上，控制烘房温度在55~70℃，以热风将肉条烘烤10~12小时，肉条含水分控制在28%~32%为宜。

（5）熟制：将烘干后的牛肉送入烤房，用木炭火升温至115~125℃，烤制1~2小时，将牛肉烤熟为干巴坯，水分控制在18%~22%。

（6）捣制：将烘干烤熟的干巴坯送入捣制机器，以0.2~0.5MPa的压力捣散捶打成丝绒状，捣制10~15秒即得丝绒干巴。

（7）成品包装与质检：将捣制好的干巴绒按包装规格称量，然后真空包装，经感官、理化和卫生指标检验合格后装箱入库储存待售。

特点：本品的丝绒干巴采用傣族特色的香料腌制，并经炭火两段式工艺烤制而成，即首先低温热风烘干，然后再用炭火烤熟，提高了脱水效率，减少了木炭消耗。用机械捣制替代传统的手工木槌敲击制丝的方式，不仅使干巴绒丝较长，而且大大缩短了生产周期，提高了生产效率。本工艺稳定，标准化生产，产品风味口感一致、质量稳定。本品傣味丝绒干巴香味浓郁，是老少皆宜的旅游食品。

实例134　东坡牛肉

原料：牛肉187千克，木薯变性淀粉4.5千克，A料211.89千克，B料213.54千克，C料210.99千克。

A料配方：葱9.12千克，香叶0.0072千克，水200千克，姜2.64千克，黑胡椒粒0.12千克。

B料配方：胡萝卜4.3千克，食用碱0.1千克，洋葱5.5千克，日本清酒1.81（15度）千克，大葱1.8千克，黑胡椒粒0.03千克，水200千克。

C料配方：水160千克，姜1.6千克，酱油27千克，白糖5.2千克，蒜1.46千克，日本清酒（15度）2千克，黑胡椒粒0.055千克，味淋1.44千克，牛肉膏0.091千克，大葱6千克，鸡肉膏0.091千克，洋葱5千克，日式酱油1.05千克。

制法：

（1）原料准备：按上述质量比准备原料，其中牛肉切成条状，大葱切成段，姜切成片，胡萝卜切成块，洋葱切成块，切好后备用。

（2）A料煮肉：先将A料中的水加入锅中烧开，然后将A料中其他原料连同牛肉加入锅中，大火加热至开锅，然后小火加热25分钟，再将牛肉取出备用，锅内余料及汤汁排出。

（3）B料煮肉：先将B料中的水加入锅中烧开，然后将B料中的其他原料连同A料煮过的牛肉加入锅中，大火加热至开锅，然后小火加热30~40分钟，再将牛肉取出备用，锅内余料及汤汁排出。

（4）C料煮肉：先将C料中的各原料加入锅中，加热至开锅，然后将B料煮过的牛肉加入锅中，加热30分钟，再将牛肉取出备用，锅内的汤也取出备用，锅内余料排出。

（5）蒸肉：将C料煮过的牛肉放在锅内蒸60分钟。

（6）冷却：将蒸好的牛肉取出自然冷却18个小时，冷却温度为10℃以下。

（7）制汤汁：将C料煮肉后的汤再次放入锅内，大火加热至开锅，然后小火加热至汤的糖度为25，关火后向汤内加入木薯变性淀粉，搅拌均匀即得到汤汁。

（8）装袋：将冷却后的牛肉与汤汁装袋，每袋牛肉为98~100克，汤汁为

20 克，装袋后真空封口。

（9）流水冷却：装袋后流水冷却 30 分钟，冷却温度 15℃。

（10）速冻：流水冷却后放入冷冻室内进行速冻，速冻温度为 －35～－30℃，速冻时间为 40 分钟；速冻后即得到本产品。

（11）保存：本品产品在－18℃以下保存。

上述大火加热与小火加热基本与现有加热温度相同，大火加热温度为 320～380℃，小火加热温度为 110～130℃。

特点：本品与传统的东坡牛肉相比，采用全新的食材，无论是牛肉和汤汁都给食用者带来全新的口味，并且口感好，味道佳，营养丰富；由于采用全新食材、调味品以及全新的制作工艺，本品的东坡牛肉去除了牛肉的腥膻味却不失牛肉本身的香味，即使一般少吃或不吃牛肉的人也可以食用；此外，本品可开袋即食，省去家庭中烦琐的操作过程，节约时间，减少成本；生产厂家在加工过程中也非常方便，均采用现有的设备，整体加工周期短，提高产量的同时不影响产品质量。

实例 135　豆粒牛蹄肉

原料：黄牛牛蹄肉 1000 千克。

卤料包配方：八角 2.2 千克，小茴香 1.5 千克，肉桂 1.2 千克，花椒 1.0 千克，白芷 1.2 千克，丁香 0.3 千克，草果 1.2 千克，甘草 1.3 千克，陈皮 1.2 千克，山楂 1.0 千克，枸杞 1.0 千克，胡椒 0.6 千克，高良姜 0.5 千克，葱 1.0 千克，生姜 1.0 千克，肉蔻 0.6 千克，山柰 0.35 千克，砂仁 0.4 千克，小麦 0.4 千克，莲子 0.4 千克，仙人掌 0.2 千克，蒲公英 0.2 千克，玉米须 0.3 千克。

麻辣调味油配方：辣椒 0.8 千克，花椒 0.3 千克，八角 0.2 千克，小茴香 0.1 千克，炒大麦 0.3 千克，桂皮 0.2 千克，葱 0.5 千克，生姜 0.5 千克，植物油 10 千克。

麻辣调味料配方：牛肉味的食用香精 0.08 千克，胡椒粉 0.12 千克，黄酒 0.5 千克，酸枣仁提取物 0.04 千克，自制的调味油 2～3 千克，脱氢乙酸钠 0.01～0.03 千克。

制法：

（1）牛蹄的卤制。

①脱毛：取新鲜牛蹄，先进行脱毛处理，首先把牛蹄放入烫毛池用 65～70℃的清水进行浸烫脱毛，牛蹄在烫毛池内浸烫 5～10 分钟，去除蹄甲，再经过打毛机脱毛，要求牛毛和牛微绒毛全部脱净，然后冲洗干净。

②去骨：将脱净毛的牛蹄剖开，将筋和肉皮与骨头剥开，剔出大骨和脚爪，

保留肉筋和肉皮，要求肉筋与肉皮相连，无碎骨，剔除淤血和黑蹄皮。

③牛蹄修整处理：修去牛蹄表面的污物、大动物性脂肪、血污、伤肉、软骨，挑除变质肉，切块时不能连刀，切成200～300克的小方块形，放到清洁的不锈钢容器中，用净水漂洗到无血水析出。要求漂洗后的牛蹄肉色泽正常，块形良好，无动物性脂肪、碎骨、软骨、无死血、杂质。

④除臭：将脱毛去骨的牛蹄肉，投入滚揉桶中，加入牛蹄肉质量2.0%的香醋，0.4%的生姜末、0.15%的八角粉、0.2%的花椒末、0.2%的荷叶粉，0.2‰的肉桂油，在0～8℃下低温滚揉2～3小时。

⑤低温腌制：将除臭后的牛蹄肉放入容器中，加入牛蹄肉质量2.5%的盐，0.02%的茶多酚，0.45%的维生素C作为腌制料，添加时采用逐层腌制，一层肉一层腌料均匀地撒入，0～6℃下低温腌制20～24小时。

⑥滚揉软化：将腌制好的牛蹄肉投到滚揉机内控制温度在0～8℃的条件下，进行滚揉软化2～3小时。

⑦预煮、冷却：将滚揉软化好的牛蹄肉用清水冲洗干净，拌入牛蹄肉质量0.2%的生姜蛋白酶，静置10～15分钟后，放入沸水中预煮20～25分钟，当肉表面无血丝即可出锅，捞出通风冷却，修去不合格牛蹄肉皮及碎骨、软骨，每锅都要换水，预煮过程中要不断去除预煮水表面的浮沫。

⑧卤制：

a. 首先制备卤料包：将上述卤料包成分的原料切碎或切片后装入袋中，系紧袋口，制成卤料包。

b. 将步骤⑦冷却好的牛蹄肉放入卤锅内，加入预先配制好的卤料包，加入清水至牛蹄肉完全浸入水中，再加入牛蹄肉质量的2%的黄酒，1.5%的红茶，先大火烧沸，然后保持文火使卤汤保持沸腾，适时添水保持卤汤覆盖牛蹄肉，控制温度在90～110℃，卤制时间40～50分钟，每10分钟翻动一次牛蹄肉。

c. 卤制好的牛蹄肉迅速出锅，摆放在干净的台案上自然冷却至室温，完全冷却后，放入冷柜在0～4℃下冷却成型。

d. 用切丁机，将冷却成型的牛蹄肉切割成2～3厘米的肉丁。

（2）豆子的煮制。挑选优质的豆子，清洗干净，放入锅中加水煮制，并向水中加入豆子重量的2.5%的食盐、1.5%的白砂糖、0.5%的味精、0.55%的5′-呈味核苷酸二钠、0.4%的酵母抽提物、0.2%的甘蔗叶粉、0.05%的鸡汁粉、葱适量、生姜适量，常压下先大火煮沸后，改用文火煮沸30～50分钟，然后捞出自然冷却。

（3）调配。

①调味油和调味料的制备。麻辣调味油制备方法为：将植物油加热至80～

90℃时，再按比例加入辣椒、花椒、八角、小茴香、炒大麦、桂皮、葱、姜，文火炸至20分钟，将香料捞出，过滤冷却即可制得自制调味油。

将调味料中各组分按比例混合而成。

②当豆子完全冷却后拌入豆子质量5%的自制调味油、0.15%的老鹰茶粉末，充分拌匀。

③将拌油的豆子与卤制好的牛蹄肉按豆肉质量比为（70～60）:（30～40）的比例混合，再加入豆肉总质量3%的调味料，0.015%的荷叶提取物，混合均匀，得到豆粒牛蹄肉，然后按要求进行真空包装、封口。

④包装好的豆粒牛蹄肉，再进行高温蒸汽灭菌，要求在蒸汽温度为121℃的条件下，杀菌6～10分钟。

⑤灭菌后的豆粒牛蹄肉，送入保温间进行保温处理2～3小时。

⑥将保温结束的真空包装产品，擦去水分，检验、将合格品按要求装箱，入库，即可。

特点：本品采用正宗黄牛牛蹄肉和优质豆子为原料，辅加多种天然香辛料，利用分别卤制，然后再添加特制的调味油、调料，混合，再经高温灭菌、真空包装的特定工艺精制而成。本加工工艺制成的豆粒牛蹄肉，最大限度地保留了牛蹄肉和豆子的营养成分。

实例136　多味清火牛肉

原料：牛肉100千克，水100千克，草果35克，花椒25克，绿茶80克，小茴香75克，八角45克，金银花200克，白胡椒80克，夏枯草100克，甘草80克，菊花150克，盐1400克，老抽1500克，味精50克，葱900克。

制法：

（1）将牛肉清洗干净，切成100克左右的小块。

（2）取100千克牛肉放入锅中加入水40千克，加热至沸腾，去除汤表面的血沫，煮制20分钟后取出，倒掉锅内的水后，重新放入焯制好的牛肉，加入水60千克、草果、花椒、绿茶、小茴香、八角、金银花、白胡椒、夏枯草、甘草、菊花、盐、老抽、味精和葱，煮制两小时，取出牛肉，晾凉备用。

（3）将晾凉的牛肉切丁，根据口味加入相应的调味料（五香、香辣、麻辣、咖喱或沙嗲味），搅拌均匀。

（4）将配制好的牛肉装入包装袋中，放入高温灭菌釜中，灭菌温度121℃，压力0.2MPa；121℃保温40～60分钟；或进行烘干制成牛肉干。

（5）晾凉并风干包装袋表面的水分后，二次包装，即得产品。

特点：本品采用动物蛋白和清火中药材相结合，改变传统采用在卤水中卤制加入生姜、桂皮、良姜的加工方法，不添加任何色素、亚硝酸盐，更好地改善了牛肉的味道，消费者食用更加方便，并大大提高了产品的营养和风味，同时本加工工艺可进行121℃高温灭菌，产品可常温销售，易于工业化规模生产，并有不同的风味产品，五香味、香辣味、麻辣味、咖喱味、沙嗲味，食用方便，口味更美，营养更丰富。

实例137 风干手撕牦牛肉

原料：牦牛的后腿肉100千克。

腌制液配方：葡萄糖酸-δ-内酯0.3~0.7千克，酵母菌0.5~1.2千克。

腌制调味料配方：八角20克，桂皮60克，盐1900克，冰糖200克，味精45克，黄酒270克，白酒85克。

制法：

(1) 腌制：将牦牛肉在密闭条件下腌制，温度0~4℃，腌制时间1~2天，腌制液配方包含腌制调味料、葡萄糖酸-δ-内酯、酵母菌。

(2) 烘干：于60~70℃下烘制5~20小时。

(3) 烟熏：10~30小时。

(4) 蒸煮至肉熟。

步骤(1)中的酵母菌和乳酸菌使用前需要复活18~24小时。

步骤(4)的蒸煮时间为1.5~4小时。

蒸煮后的风干手撕牦牛肉可以根据所需口味加调味料拌匀。

特点：本产品通过添加葡萄糖酸-δ-内酯、酵母菌和乳酸菌，大大缩短了腌制时间，并增加了特殊的风味，制得的手撕牦牛肉具有口感滋润，肉质化渣，回味浓郁等特点。

实例138 风味牛肉

原料：牛肉1000千克，草果0.3千克，小茴香0.5千克，干辣椒0.5千克，肉桂0.2千克，肉蔻0.2千克，胡椒0.2千克，丁香0.2千克，姜0.5千克，八角0.5千克，陈皮0.3千克，黄酒0.5千克，白酒50千克，食盐0.5千克。

制法：

(1) 将牛肉在清水中清洗。

(2) 称取草果、小茴香、干辣椒、肉桂、肉蔻、胡椒、丁香、姜、八角、陈皮、黄酒；用温度为60℃的50度的白酒浸泡2小时，并加入0.5千克食盐，腌制好后将牛肉放入白酒中熬煮，时间控制在150~200分钟，温度由80℃慢慢升至100℃。

（3）将经上述步骤处理的牛肉捞出控干，包装。

特点：本品的技术方法在生产各个环节中的温度计时间控制，实行了产品嫩化，又不破坏产品营养成分，采用纯天然的辅料既除去牛肉固有的腥味又使产品鲜嫩可口，不油腻，所采用的香辛料草果、肉桂、肉蔻、胡椒、丁香、姜具有抗氧化作用，部分辛香料除了抗氧化作用外，还具有抗菌防腐作用；这样既使牛肉味美可口，又实现了其防腐保鲜的作用。

实例139　黑椒牛肉

原料：牛肉1000克，生抽25克，鸡精15克，淀粉14克，黑胡椒粉11克，食盐8克，白砂糖7克，鲜味王7克，白胡椒粉4克，碳酸氢钠5克。

制法：

（1）解冻：将冻牛肉放在解冻架上，同时目测牛肉的色泽，呈暗红色，自然解冻。解冻标准：夏季10～12小时、冬季24小时，牛肉完全解冻。中心温度控制在0～5℃。

（2）去皮、修筋：操作去皮机，去掉整块牛肉表面的筋膜。去表面筋膜合格的标准：筋膜去净达到99%。

（3）修割：去除牛肉表面剩余的筋膜。脍扒要去除肉内筋膜。手工切块，规格为长宽厚各3厘米，平均每块30克左右。

（4）称重：在称之前将电子秤的质量归零。每筐净重20千克。

（5）机器打片：在机器出口放置空盆。将称好的牛肉放入切片机内。切片标准为长宽厚为3厘米×3厘米×0.35厘米（血水无须控出）。

（6）滚揉：按滚揉工艺的配比标准进行滚揉，滚揉时间：15分钟。注：小滚揉机投料量为标准的2倍，大滚揉机为以上标准的4倍。滚揉标准：牛肉片搅拌均匀，配料无结块现象。

（7）称重：搅拌后倒入储物盆内，将储物盆移至推车上，并标记好品名、搅拌日期、搅拌时间及质量。

（8）腌制：将推车拉至腌制库自然腌制，腌制间温度控制在0～5℃，自然腌制时间为4～6小时。

（9）包装、速冻：按包装和速冻工艺操作，后入冷库。速冻：产品平整，冻硬。

特点：本品可以实现黑椒牛肉的原料标准化、产品标准化以及工艺标准化。在食用时，将本品制得的黑椒牛肉加热至熟即可，加热方式可以是微波加热、蒸汽加热、烘箱烤制或者油炒至熟。烘箱烤制是指：首先在烤盘上铺好锡纸，然后把腌制好的黑椒牛肉均匀地摆在锡纸上，并用锡纸完全盖好黑椒牛肉。送入烤箱，烤制10分钟即熟。

实例140　金龙牛肉

原料： 精牛肉100千克，食盐5千克，白糖1.5千克，白酒1千克，辣椒粉2千克，花椒粉3千克，香油5千克，味精1.8千克，桂皮0.1千克，丁香0.07千克，草果0.06千克，八角0.3千克，山柰0.06千克，茴香0.08千克。

制法： 选用去骨后的精牛肉，用肉片机先将其切成薄肉片状，加入食盐、白糖、白酒，并均匀混合后放置30小时以上，使其充分入味，然后再将其片片分离并置于钢丝网栏上，放入烘箱，烘干水分，烘干温度控制在50℃左右，将上述烘干的牛肉片再放入蒸汽锅内进行蒸煮两小时，然后取出冷却，最后将蒸熟的牛肉片撕成细丝。将锅中的色拉油加热烧熟，将牛肉丝放入炸至金黄色，再将牛肉丝捞起，在锅中放入辣椒粉、花椒粉、香油、味精、桂皮、丁香、草果、八角、山柰及茴香等调味品粉末，在锅内进行翻炒均匀后收汁，等冷却后即可进行真空袋密封包装。

特点： 采用上述配方制作的牛肉丝，色香味美，五味俱全，回味无穷，肉质松软，利于消化。本产品生产工艺简单，食用方便，是一种理想的方便食品。

实例141　咖喱牛肉

原料： 黄牛脊肉2.5千克，咖喱粉200克，姜黄粉10克，辣椒粉100克，孜然粉50克，姜100克，大蒜50克，洋葱1千克，盐100克，色拉油1200克，白糖水或红糖水50克。

制法：

（1）把黄牛脊肉切成厚约0.5厘米、长约3厘米、宽约2厘米的片，把姜和大蒜捣细待用，洋葱切碎待用。

（2）在切好的黄牛脊肉片中加入捣好、切碎的姜、大蒜、洋葱和姜黄粉、辣椒粉、孜然粉、盐和适量色拉油拌匀，放置腌制10分钟。

（3）把腌制好的黄牛脊肉片倒入剩下的色拉油中翻炒，至牛肉散发出香味时加入孜然粉、咖喱粉、白糖水或红糖水，煮涨5分钟后再改用文火煮20分钟，最后倒入高压锅中压煮10分钟即得。

特点： 本品制作方法简单、容易掌握，按照上述的调料配比和制作工序便能制作出口味相对稳定的咖喱牛肉，特别适合开办连锁快餐店时选用，用这种方法制作出的咖喱牛肉色泽金黄、味浓、香、辣，十分开胃，配以蔬菜和米饭即是一份营养丰富、口感上佳的中式快餐。

实例142　龙须牛肉（1）

原料：牛肉50千克，食盐1.5千克，糖1千克，黄酒1千克，亚硝酸钠10克，食用油7千克，调料3.2千克，五香粉215克。

糖配方：食糖0.5千克，葡萄糖0.5千克。

调料配方：辣椒粉1.5千克，花椒粉0.25千克，小磨麻油0.5千克，味精0.3千克，姜片0.15千克，大葱0.5千克。

五香粉配方：八角50克，山柰35克，小茴香25克，肉桂35克，丁香15克，甘松15克，干草25克，灵草15克。

制法：

（1）选择牛的前、后腿肉，经剔除筋皮后切为薄片；加入食盐、糖、黄酒及亚硝酸钠腌制18～48小时。

（2）将腌制好的牛肉片在40～70℃下烘干。

（3）将烘干的牛肉蒸制1～4小时，自然冷却至室温；撕裂成粗细均匀的肉丝；将肉丝置于温度为80～200℃的熟食油内油炸至金红色捞出。

（4）将炸好的牛肉丝连同调料、五香粉一同置于温度为50～80℃的熟食油内炒制，炒至油温升到50～150℃时将牛肉丝铲入容器内。

（5）冷却后将牛肉丝进行8～16小时的紫外线消毒，最后真空包装而成。

特点：采用本品的方法制作的龙须牛肉具有选料精细、制作考究、色型美观、味道正宗、真空包装、携带方便、卫生易存的特点，为高档宴会、家宴、外出旅游、馈赠亲友之理想佳肴。

本品的生产方法简单，无须特殊原料和设备，具有投资少，生产周期短的特点。

实例143　龙须牛肉（2）

原料：牛肉片100千克，食盐2千克，白酒2.5千克，亚硝酸钠0.02千克，白糖0.5～3.5千克，植物油5～18千克，花椒粉0.3～1.0千克，辣椒粉0.5～4.5千克，味精0.2～0.8千克，五香粉0.5～3.5千克。

制法：

（1）选料：选择牛的前、后腿肉。

（2）片制成形：将牛肉剔去筋、油后切割成0.3～1.5厘米厚的薄片。

（3）腌制：将食盐、白酒、亚硝酸钠混合均匀后，加入牛肉片中混合均匀，再送入温度控制在0～7℃的低温室内，腌制10～18小时后取出。

（4）烘烤：将腌制好的原料肉挂入烘烤房中，再推入炭火烘烤炉进行烘烤，烘烤温度维持在50～140℃，烘烤12～24小时至原料肉的水分降为40%左右，待冷却至室温后，取出原料肉进入下一道工序。

（5）蒸汽蒸制：将烘烤过的原料肉装入不锈钢蒸笼中，用旺火蒸制3～8小时至原料肉蒸透变软即可。

（6）撕丝：将蒸制过的原料肉冷却至50～100℃，再用撕丝机将牛肉片顺着肌肉纤维的方向撕成粗细均匀的肉丝。

（7）油炸或过油：将牛肉丝放入温度为80～200℃的植物油内过油或油炸，至牛肉丝变为金红色捞出。

（8）添加辅料炒制：将炸好的牛肉丝放入炒锅内，同时按比例放入白糖、植物油、花椒粉、辣椒粉、味精、五香粉一同进行炒制1分钟左右至牛肉丝金黄油亮后即可。

（9）将炒制好的牛肉丝转入容器内，让其迅速冷却至室温，即为成品。

（10）真空内包装：按其规定的重量，对成品进行真空包装。

（11）检验：按所规定的标准对产品进行检验。

（12）外包装出库：对产品进行外包装后，就可出库流入市场。

特点：采用本品的方法制作龙须牛肉不仅能大大地缩短腌制时间，提高生产效率，降低生产成本，而且还能增加产品价值，产品风味更加香美，产品口感更加舒适，产品的形状和色彩更加自然美观。

实例144　美式牛肉粒

原料：牛肉1000克，淀粉9克，鸡精15克，生抽20克，白砂糖13克，食盐6克，白芝麻7克，五香粉5克，孜然油1克，碳酸氢钠6克，肉制品腌制剂10克。

制法：

（1）解冻：将牛肉放在解冻架上，同时目测牛肉的色泽，呈暗红色，自然解冻。解冻标准：夏季10～12小时、冬季24小时，牛肉80%解冻。牛肉的中心温度控制在0～5℃。

（2）去皮、修筋：操作去皮机，去掉整块牛肉表面的筋膜。去表面筋膜合格的标准：筋膜去净达到99%。

（3）修割：去除牛肉表面剩余筋膜，剔除中间的牛筋。手工切块，牛肉块大小均匀，平均每块约500克，长宽高约为20厘米×20厘米×20厘米。

（4）称重：在称之前将电子秤的质量归零。根据一次投料量进行分装25千克/筐，称重并记录。

（5）机器切丁：将切好的牛肉块逐份倒入切丁机处切丁。牛肉丁呈正方形，其尺寸为1厘米×1厘米×1厘米，无碎肉，无连刀现象。因切丁时的牛肉保持形状未完全解冻，切丁后待完全解冻（血水无须控出）。

（6）滚揉：将牛肉和所有原料加入滚揉机内，按滚揉工艺配比在滚揉机进行滚揉，滚揉时间15分钟。注：小滚揉机投料量为标准的2倍，大滚揉机为以上标准的4倍。滚揉标准：牛柳搅拌均匀，配料无结块现象。

（7）称重：搅拌后倒入储物盆内，每盆净重30千克，将储物盆移至推车上，并标记好品名、搅拌日期、搅拌时间、重量。

（8）腌制：将推车拉至腌制库自然腌制；腌制间温度控制0~5℃；自然腌制时间为4~6小时。

（9）包装、速冻：按包装和速冻工艺操作，后入冷库。速冻：产品平整，冻硬。

特点：本品可以实现美式牛肉粒的原料标准化、产品标准化以及工艺标准化。

实例145　奶油甜味肉

原料：精瘦牛肉100千克。

辅料配方：白糖粉5千克，奶粉5千克，面包渣30千克，食用油200克，食用香精20克。

制法：

（1）精选原料：选经卫生检验合格的新鲜肉，切成0.5千克大小的块状；原料整形：将肉块去杂提纯成精瘦肉。

（2）滚揉嫩化：将精瘦肉放入滚揉机内进行滚揉，滚揉时间0.5~1小时，只滚断肉的纤维，而不损伤肉的细胞，保持肉的弹性，达到嫩化肉的作用，室内温度0~10℃。

（3）切块装模：把滚揉好的肉装进内部套有塑料袋的捣实筒内捣实10分钟，室内温度0~10℃，塑料袋大小应和不锈钢筒直径一致，捣实筒为圆柱形不锈钢筒，长25~30厘米，直径为5~8厘米。

（4）冷冻脱模：将捣实的肉柱带着塑料袋从捣实筒一头压出来，进行冷冻，冷冻温度-10~0℃，时间2小时。

（5）刨削肉片：将冷冻肉柱脱去塑料袋，在刨削机上刨削成条形肉片。

（6）洒料卷制：把辅料调匀，均匀地洒在铺开的条形肉片上，然后将条形肉片一条一条地从一头折叠制成肉方，肉片要折叠十层。

（7）压扁整形：将肉方用冲压机压成扁片，再切成大小一致的肉片，成为半成品。

（8）装袋杀菌：将半成品装入铝箔袋抽气封口，再放进杀菌锅进行低温蒸煮，水温达到85～90℃，使中心温度达到80～85℃，保持水温2小时。

（9）成品：将煮好的铝箔袋包装放进冷水中降温30～40分钟，取出后待包装上的水分沥干，即为成品。

特点：本品香甜可口、回味久长、营养丰富、形状美观、食用方便、携带方便，是一种肉类零食，受到儿童和成年人的广泛喜爱，制作工艺简单易行。

实例146　牛扒香丝肉

原料：牛的珍扒、烩扒、尾龙扒部位的生牛肉100千克。

A组调料配方：花椒0.6～0.7千克，八角1～1.2千克，桂皮3～4千克，茴香2～3千克，丁香0.5～0.8千克，肉蔻0.3～0.6千克，白芷0.5～0.7千克，香叶0.2～0.3千克，水洗盐3～4千克。

B组调料配方：红粒粉12～14千克，姜粉1～2千克，孜然粉0.5～0.6千克，嫩肉粉0.2～0.3千克，牛肉粉0.1～0.5千克，白胡椒粉0.4～0.5千克，辣椒粉0.3～0.5千克，白糖4～5千克，味精2～3千克，精盐3～4千克。

制法：

（1）调料的配制：

A组调料：把较大的料，人工打碎后，除食盐外，分多份装入布袋中。

B组调料：把上述粉状调料，进行充分混合后，取其质量的一半，与12个鸡蛋汁加0.5千克蜂蜜的混合液相混合，充分搅拌，混匀。

C组调料：取B组调料未加鸡蛋、蜂蜜混合物的另一半量，与（30±0.5）千克、温度为150～160℃的食用植物油相混合冷却成为黏稠的糊状物。

（2）取牛的珍扒、烩扒、尾龙扒部位的生牛肉100千克，用自来水冲洗干净；把洗净的牛肉，放入白钢制作的釜式蒸煮锅内，同时均匀地把A组调料袋放入肉层中加水、食盐，用筛板压在肉上，至水面高出牛肉层100毫米，盖上盖，加热升温，常压沸煮160分钟左右，至肉熟为止，取出室温晾晒；把晾晒好的熟牛肉，用辊压式撕条机撕成厚3～5毫米，宽6～10毫米的肉丝。

在搅拌机内，加入肉丝和B组调料，充分混合，搅拌速度每分钟35转，至调料完全黏附于肉丝上。

把黏附着调料的牛肉丝，放入温度为150～160℃的食用植物油中，炸10分钟左右，至肉丝呈半透明状，之后捞出置于筛网上，沥去油、冷却。

经油炸后的肉丝，再放入搅拌机内加入C组调料，搅拌充分混合，使调料全部黏附在肉丝上。

以品尝的方法检查合格，根据需要，分为50克、100克、250克不同的质量，用塑料袋盛装，真空封口，之后放入密封式杀菌罐内，在110～120℃的温度下保持15分钟杀菌，取出后冷却，即为成品。

使用本品的方法，可以生产香牛筋：牛筋以白水沸煮160分钟，不加A组调料，撤条后，加B组调料，炸后加C组调料，包装、真空封口，高温杀菌，即为成品。

特点：这种牛扒香丝肉，风味独特，微甜中略有辣意，口感好、不腻、不柴、香味浓郁，食后余味留长，食法简便、多样、可作菜肴，可作旅游食品，可供野外作业人员食用，尤其为儿童提供一种新型的小食品。

实例147　牛肉酥

原料：牛肉150千克。

基础配料：白砂糖200克，味精13克，I+G 0.7克，食盐37.5克，淀粉30克，糊精320克，蔗糖酯1.5克，食品调和油100克，D－异抗坏血酸钠2克。

辅助配料：五香味：牛肉精2克，花椒4克，桂皮4克，八角7克，小茴香3克，甘草6克，辣椒红5克。

芝麻味：芝麻150克，花椒3克，八角5克，小茴香2克，姜黄6克，牛肉粉精2克。

麻辣味：花椒10克，辣椒40克，桂皮5克，八角8克，小茴香3克，辣椒红20克，牛肉粉精2克。

制法：

（1）浸泡：将牛肉浸泡在同等质量的水中，浸泡温度为2℃，浸泡时间为17小时，浸泡期间要定时搅拌。

（2）分割：修割掉牛肉表面的动物性脂肪、筋膜、大血管、淋巴、腺体、血污、碎骨、伤残组织及污物等，切割成1.5～2厘米厚的肉片。

（3）煮制：将分割好的牛肉片140千克倒入沸水中，沸水量以刚好浸没牛肉片为准，加7千克洁净的生姜继续煮沸50分钟，捞出沥水。

（4）取煮制后的熟牛肉100千克放于蒸锅或蒸车中，高压汽蒸2小时，蒸锅或蒸车中蒸汽压力为0.13MPa。

（5）加配料：将蒸制好的100千克肉料置于配料机中，加入配制好的基础配料，边加边搅拌，配制完基础配料后，加入辅助配料，辅助配料选择三种辅助配料配方的一种如五香味或芝麻味或麻辣味之一，边加边搅拌，直至均匀。

（6）装模：将搅拌好的肉料置于定制的模盒内，要求中心及周边厚薄均匀一致，用压板挤压，使得肉料紧密，肉料及模盒之间须用塑料薄膜铺隔，肉料表面须用塑料膜覆盖，防止冰霜凝结及污染。

（7）定型：用成型机对肉料进行切割，切割成5～6克重的方形或圆柱形，要求刀口锋利，切口整齐，不毛边，无缺损，大小均匀一致。

（8）铺筛：将成形的肉料均匀摊放于烘烤筛网上，筛网要求清洁，肉料不重叠挤压。

（9）烤制：铺好的肉料及时送入烘烤箱内，烤制温度65℃，烤制时间5.5小时，烘烤时每两小时翻动一次，使出烘肉水分保持在15.5%左右。

（10）杀菌：烤制好的肉料及时送入微波杀菌隧道调节移动速度，控制好温度，经过微波杀菌隧道后的半成品水分控制在13.2%为最好。

（11）冷却：杀菌后的半成品及时转入洁净冷却间内冷却，冷却时间0.5～1小时，全部降至室温为止，注意冷却间卫生及风速，空气过滤器严禁损坏，防止杂物混入。

（12）包装：严格包装间卫生管理制度，准确定量。

（13）成品：内外包装合格产品及时转送到清洁、干燥、通风的成品库分类堆放。

特点：本品生产的产品风味较好，组织软硬适口，柔软易嚼，入口化渣，甜咸可口，香气浓郁纯正，色泽鲜明，满口溢香，口味绵长，完全克服了牛肉干质地偏硬，咀嚼困难的缺点，让不同年龄段的人都能享受，甚至老人，小孩都能咀嚼。

实例148　牛肉香菇柄能量棒

原料：牛肉85千克，香菇柄1千克，胡萝卜1千克，蒜瓣1千克，生姜1千克，八角0.05千克，香叶0.05千克，老抽0.8千克，红糖0.5千克，老酒0.5千克，味精0.3千克，凉开水2.5千克。

制法：

（1）原料处理：将1千克香菇柄浸在温水中浸泡约24小时后待用；将牛肉中的瘦肉绞碎，肥肉切成1厘米见方的粒后待用。

（2）肉料制作：将步骤（1）中浸泡后的香菇柄与绞碎后的瘦肉馅、肥肉粒搅拌制作成肉料。

（3）搅拌：除香菇、牛肉以外的调料放入肉料中，搅拌均匀。

（4）灌装：用漏斗将拌好的肉料灌进肠衣内，一面用针在肠衣上戳眼放出空气，一面用手挤抹充实，当灌至6～7厘米长时，用细绳将两头扎牢，如此边灌边扎，直至灌满全肠。

（5）漂洗风干：将灌好的香肠漂洗后依次挂在竹竿上在温度20℃、湿度60%以下的风干室中风干72小时，使其水分降至15%。

（6）蒸煮：使用110～115℃的高温蒸汽将香肠蒸煮10分钟。

（7）冷却：风冷至40℃以下。

（8）真空包装：用真空包装机包装，包材使用耐蒸煮膜。

（9）二次蒸煮杀菌：使用110～115℃的高温蒸汽将香肠蒸煮15分钟。

（10）水冷却、风干：产品二次蒸煮杀菌后使用循环冷却水冷，水冷后使用风干线吹干包材表面水分即可。

特点：本方法是采用香菇柄、牛肉为原料，通过粉碎、灌肠、风干、蒸煮、真空包装、二次蒸煮等技术，制成高纤维高蛋白即食型能量棒不仅香味浓郁，保质期长，而且具有工艺简单，投资成本低的优势。

实例149　清蒸茶香牛肉（1）

原料：牛肉500克。

腌制调料配方：食盐14克，辣椒3.5克，白胡椒1克，生抽3克，花椒1.5克，生姜1克，大蒜1.5克，白糖0.3克。

调味料包的配方：鸡精3克，味精1.5克，盐11克，生抽7克，黄酒5克，花椒1.5克，良姜1.5克，小茴香3.5克，八角1.5克，桂皮1.5克，砂仁0.2克，丁香1.5克。

清蒸料配方：每100克的水中加入毛峰5.5克，菊花3.5克，茉莉花1.5克，草果1.0克，甘草1.2克，地榆1.6克。

制法：

（1）牛肉，切块、洗净后在清水中浸泡3～6小时。

（2）向腌制调料中加入适量大麦一起炒香。

（3）将浸泡好的牛肉控水后与炒香的腌制调料一起搅拌搓揉腌制25分钟，再加入调味料包浸泡28分钟。

（4）先在蒸笼底部铺上干净的毛峰，毛峰以铺满蒸笼底部为限，再将步骤（3）浸泡好的牛肉捞出铺放在绿茶上，将调味料包摊平覆盖于牛肉上，盖上蒸笼，最后在清水中放入清蒸料，一起清蒸至牛肉八成熟，停止加热，自然冷却。

（5）将冷却后的牛肉装袋，真空包装，每袋450克。

（6）袋装的牛肉再进行高压蒸煮灭菌，即可。

特点：

（1）本方法在加工牛肉时，首先用盐和调料一起揉搓腌制牛肉，比单纯用盐腌制的去腥效果好，去腥的同时，可起到提香效果。

（2）清蒸时，用绿茶垫底，同时将调味料包覆盖于牛肉上层，蒸出的牛肉带有浓浓的茶香味，滑嫩可口。

(3) 在清水中放入清蒸料，起到进一步提香的作用。

本方法加工出的牛肉既保留了牛肉的原汁原味，又还含有浓浓的茶香味，入口绵柔，滑嫩爽口，口感鲜美，回味无穷，且颜色清新爽目。

实例150　清蒸茶香牛肉（2）

原料：牛肉500克。

腌制调料配方：食盐14克，辣椒3.5克，白胡椒1克，生抽3克，花椒1.5克，生姜1克，大蒜1.5克，白糖0.3克。

调味料包配方：鸡精3克，味精1.5克，盐11克，生抽7克，黄酒5克，花椒1.5克，良姜1.5克，小茴香3.5克，桂皮1.5克，砂仁0.2克，丁香1.5克。

清蒸料配方：每100克的水中加入太平猴魁5.5克、菊花3.5克、茉莉花1.5克、藿香1.0克、甘草1.2克。

制法：制作方法同“清蒸茶香牛肉”。

特点：特点同“清蒸茶香牛肉”。

实例151　清蒸茶香牛肉（3）

原料：牛肉500克。

腌制调料配方：食盐14克，辣椒3.5克，白胡椒1克，生抽3克，花椒1.5克，生姜1克，大蒜1.5克，白糖0.3克。

调味料包配方：鸡精3克，味精1.5克，盐11克，生抽7克，黄酒5克，花椒1.5克，良姜1.5克，小茴香3.5克，八角1.5克，桂皮1.5克，砂仁0.2克，丁香1.5克。

清蒸料配方：每100克的水中加入毛峰5.5克，菊花3.5克，栀子花1.5克，草果1.0克，甘草1.2克。

制法：制作方法同“清蒸茶香牛肉”。

特点：特点同“清蒸茶香牛肉”。

实例152　清蒸茶香牛肉（4）

原料：牛腱肉500克。

腌制调料配方：食盐14克，辣椒3.5克，生抽3克，花椒1.5克，生姜1克，大蒜1.5克，白糖0.3克。

调味料包配方：鸡精3克，味精1.5克，盐11克，生抽7克，黄酒5克，花椒1.5克，良姜1.5克，小茴香3.5克，八角1.5克，桂皮1.5克，砂仁0.2

克，丁香1.5克。

清蒸料配方：每100克的水中加入毛峰5.5克，菊花3.5克，茉莉花1.5克，酸角1.0克，黄芥子1.8克。

制法：制作方法同“清蒸茶香牛肉”。

特点：特点同“清蒸茶香牛肉”。

实例153　清蒸荷香牛肉

原料：牛腱肉500克。

腌制调料配方：食盐8克，辣椒3.5克，胡椒粉1克，生抽3克，花椒1克，生姜1克，大蒜1～2克，糖0.3克。

调味料包配方：鸡精3克，味精2克，盐12克，生抽4克，黄酒5克，花椒2克，良姜2克，小茴香3克，八角1克，桂皮1.5克，砂仁0.2克，丁香1.5克。

清蒸料配方：每100克的水中加入荷叶5克，绿豆3.5克，桂花1.5克，草果1.5克，酸角1.5克。

制法：制作方法同“清蒸茶香牛肉”。

特点：特点同“清蒸茶香牛肉”。

实例154　手撕牛肉（1）

原料：牛肉1000千克，食盐50千克，黄酒30千克，五香粉3千克，花椒3千克，白砂糖2千克。

制法：

（1）切条：将上述配比的牛后腿鲜肉，顺纹竖切成2～5厘米粗的自然肉条。

（2）腌制：加入上述配比的食盐、黄酒、五香粉、花椒、白砂糖混匀，腌制7天以上。

（3）烘烤：将腌好的肉条在50～80℃下烘烤2～4天。

（4）蒸煮：洗净后蒸煮3～6小时。

（5）分装：冷却后将肉条横切成3～15厘米长的短条，然后包装。

上述制作手撕牛肉的方法，肉条在烘烤后，洗净、蒸煮前还可用30～50℃的水浸泡3～6小时。

上述切条步骤中，将牛肉后腿肉顺纹竖切成自然肉条，是指将牛肉后腿肉沿牛肉自然纹路方向切成条状，能切成多长就多长，最长的可与整个后腿一样长。

上述分装步骤中，肉条横切是指沿牛肉自然纹路垂直方向将肉条切断成短条。

特点：优质鲜牛肉经腌制、烘烤、洗净加工后，调料的味道充分渗入肉内，食之味道香美、回味悠长；表面却无油、水、料渣附着，手拿不脏手，无须用筷食用；温水浸泡，蒸煮的独特工艺，使其软硬适度，方便手撕，入口化渣；顺纹小肉条便于用手沿肉纹撕下少许细条肉或细丝肉，边吃边撕，既可豪爽地大快朵颐，又可悠闲地细嚼慢咽，极富情趣；是一种男女都爱、老少皆宜的大众情趣食品，尤其适宜观球赛、看影视、外出旅游及居家时休闲食用，它开辟了牛肉制品用手撕着吃的新吃法，具有广阔的市场前景。

实例155　手撕牛肉（2）

原料：牛肉100千克，食盐5千克，白糖2.5千克，花椒1千克，五香粉0.7千克，亚硝酸钠0.02千克。

制法：

（1）选料：选择牛的前、后腿肉。

（2）片制成条：将牛肉剔去筋、油后切割成3~8厘米宽，0.3~1.5厘米厚的肉条。

（3）腌制：将食盐、白糖、花椒、五香粉、亚硝酸钠混合均匀后，加入牛肉条中混合均匀，再送入其温度控制在0~7℃的低温室内，腌制18~48小时后取出。

（4）烘烤脱水：将腌制好的原料肉挂入烘烤房中，再推入烘烤炉进行烘烤，其烘烤温度维持在50~90℃，烘烤24~48小时至原料肉的水分降为40%，待冷却至室温后，取出原料肉进入下一道工序。

（5）沸水卤制：在80~100℃的水中，先加入适量白糖、花椒后，再将已烘烤过的原料肉放入其中卤制1~2小时。

（6）冷却：将卤制后的牛肉条冷却至室温。

（7）切制成块：将冷却后的牛肉条切成长为4~8厘米的扁块，即为成品。

（8）真空内包装：按其规定的重量，对成品进行真空内包装。

（9）高温灭菌：对真空包装后的成品在110~121℃的温度下，0.1~0.3MPa的压力下进行高温高压灭菌。

（10）检验：按所规定的标准对产品进行检验。

（11）外包装出库：对产品进行外包装后，就可出库进入市场。

特点：采用本品的方法制作手撕牛肉不仅能大大地缩短加工周期，提高产量，降低生产成本，而且还能增加产品价值，降低产品的营养损失，增加产品风味，提高产品口感，增加食品卫生安全性，使产品形状更加自然美观。

实例156　坛子肉

原料：生牛肉15千克，食用油0.25千克，番茄酱1千克，酱油1千克，水适量。

调料配方：八角10克，花椒5克，草果5克，白芷5克，桂皮5克，肉蔻5克，良姜5克，椒干3克，大蒜5克，大葱10克，味精5克，精盐50克，砂仁5克。

制法：

（1）原料制备：首先将生牛肉切成一块约25克的块状，放入热水锅中漂净血色，去污物后捞出沥干水待用。另用一锅注入250克食用油，将番茄酱用油炒出香味，加入酱油，然后注水5千克，加入其余调料熬40分钟至汁液浓缩。

（2）煮肉：将牛肉块放入锅内汁液中。先用大火烧开，再改用慢火（即维持汁液沸腾的最低火候）烧30分钟，捞出沥汁。

（3）装坛：按500克生牛肉经煮熟收缩后的重量，经实际测定约为350克，即按350克一份装入陶质坛内。

（4）加汁：用老汤，即煮肉剩余的汁液加满坛口，盖上坛盖。

（5）笼蒸：将盖盖的坛子放入蒸笼内，用慢火蒸4小时，出笼即为成品。根据笼的大小一次可蒸数十坛或上百坛。笼采用铁箱式，前开门，无须抬下，坛子取放用铁夹子进行。

特点：

（1）本品基本保持了现烹肉食的新鲜口味，口感好；特别是采用粗糙多孔的陶质坛子盛装经蒸后，肉食在与陶质坛壁发生一些目前尚难测定的化学变化，使肉味鲜美；肉成型性好，色泽鲜亮。

（2）由于在笼蒸时，坛子盖盖，笼中的蒸馏水不会进入坛内，而坛内上浮的动物性脂肪油经蒸后从盖儿缝隙溢出，故坛肉既保持了原汁原味，又将多余的油脂排出，食用起来毫无腻感，非常可口。

（3）工艺简单。罐头生产需在高温高压下蒸煮，一般采用玻璃瓶装。而坛子肉生产则在常温常压下笼蒸即可，特别是坛子本身对肉质特性形成起到较大作用，这是罐头或其他类食品包装所不能比拟的。同时采用500克（按生肉计算，煮熟后应为350克左右）一坛包装，可直接上餐桌食用，且携带非常方便，对于现代家庭即买即食，招待亲朋，非常实用，作为一种快餐肉食制品可广泛进入家庭、饭店，使人们在紧张的工作之后也能毫不费力吃到鲜美的肉食。

实例157 泡椒牛肉

原料：牛肉75千克，泡椒10千克，燕麦15千克。

制法：

（1）剔除牛肉的筋腱和筋膜，将牛肉修整为表面无明显动物性脂肪块、重量为350克的不松散长条块状。

（2）取适量食盐、白糖、味精、酵母抽提物、香辛料和燕麦膳食纤维，混合配制成注射剂，均质后注射入牛肉中，所述燕麦膳食纤维的粒度为100目，注射剂的温度为8℃以下，注射剂与牛肉的质量比为1∶5。

（3）将牛肉投入滚揉机进行滚揉，滚揉的具体过程为每运行30分钟后停止，静置腌制30分钟，滚揉总时间为4小时，真空度为－0.09MPa。

（4）在夹层锅内加入水烧开，先放入生姜煮制2分钟，再煮制所述牛肉，牛肉的煮制具体过程为：先水浴98℃煮制15分钟，再70℃煮制20分钟。

（5）将煮制完毕的牛肉转移至缓冲冷却间，在5℃下冷却2小时。

（6）将冷却后的牛肉分割成重量为7克的牛肉方块。

（7）将泡椒和所述牛肉方块装入塑袋中，将添加乳酸和醋酸的泡椒液加入所述塑袋中，真空包装；在煮制牛肉的前一天配制泡椒液，泡椒液的配制方法为：在夹层锅内加入水，所述水与所述牛肉的重量比为1∶3，将所述水烧开后放入泡椒，煮制10分钟后倒入经消毒的桶内，得到泡椒液。

（8）杀菌的具体过程为：将包装好的牛肉放入水浴中，于95℃保温30分钟，然后用自来水冷却后，再转入冷库冷却至5℃以下，在所述冷库冷却结束后的12小时内进行辐照杀菌，所述辐照剂量为6千戈瑞。

特点：本品由于采用注射滚揉法将燕麦膳食纤维混入泡椒牛肉中，改变了泡椒牛肉制品不含膳食纤维的特点，有效改善了泡椒牛肉产品的质构，达到动植物营养协调互补，提高了泡椒牛肉的嫩度，而且提高了出品率，降低了成本，有利于扩大消费人群和广泛推广。

实例158 五香牛肉（1）

原料：排酸牛肉1000千克，八角0.2千克，花椒0.3千克，山柰0.1千克，辣椒0.15千克，良姜0.3千克，香叶0.05千克，桂皮0.3千克，小茴香0.1千克，肉蔻0.2千克，丁香0.2千克，陈皮0.3千克，生姜0.3千克，食盐33千克。

制法：

（1）按上述质量配比选取配料，配制香料袋，加入适量牛棒骨，一并放入锅内进行预煮30分钟去沫汁。

(2) 鲜牛肉经过排酸后，修去表面动物性脂肪、淤血、内伤及污物、杂质。

(3) 将牛肉放入锅中，保持锅内温度在100℃蒸煮，加热1小时后要翻锅。整个蒸煮时间为2.5~3小时，保证各肉块均匀熟透，出锅后放入冷却间放凉，凉肉间温度应在4~6℃范围内。

(4) 盐水注射，用冷却后的香料水将盐溶解后，采用盐水注射法将盐水均匀注入肉块中，注射率控制在8%~10%。

(5) 注射后的肉块正面向上平整放置在腌肉池内，压上不锈钢架，放到腌肉间腌制，腌肉间温度严格控制在0~4℃以内，腌制72小时，成品后的五香牛肉肉色呈现玫瑰红色。

(6) 腌制后的五香牛肉按质量称取，装入真空包装袋，抽气封口，然后放入高温杀菌锅蒸煮，温度达到120℃，蒸煮30~40分钟，冷却后即可装箱出厂。

特点：原料采用的生牛肉是经过排酸处理的牛肉，其制作的五香牛肉嫩度提高17%~21%，质量好，肉质瘦而不柴、肥而不腻，可以进行规模化工业生产。

实例159　五香牛肉（2）

原料：牛肉10千克，食盐300克，白糖150克，花椒10克，八角10克，丁香2.5克，草果5克，陈皮5克，鲜姜50克，硝酸钠5克。

制法：

(1) 选用卫生合格的鲜牛肉，剔去骨头、筋腱，切成500克左右的肉块并腌制。

(2) 将切好的牛肉块加入食盐、硝酸钠，拌和均匀，放入缸内在低温下腌制12天，每隔3天均匀翻拌一次，12天后将牛肉取出，将腌好的肉块在清水中浸泡2小时，再冲洗干净。

(3) 将洗净的肉块放入锅内，加入牛肉质量5倍的水，煮沸30分钟，撇去汤面上的浮沫，再加入花椒、八角、丁香、草果、陈皮、鲜姜，并用文火煮制4小时。

(4) 在煮制4小时中，每隔一小时翻锅一次，最后一小时加入白糖150克。

特点：本产品色泽鲜亮油润，切片后保持完整不散，切面呈豆沙色，肌肉中的少量牛筋，色黄而透明红润、口味适中、酥嫩爽口、五香浓郁、回味深长，且制作方法简单，储存时间久。

实例160　五香牛肉（3）

原料：牛肉4000~6000克，食盐300克，海藻酸钠溶液3~6克，白糖150

克，花椒10克，八角10克，丁香2.5克，陈皮5克，生姜50克。

制法：

（1）取牛肉切成肉块，每块150~250克。

（2）向肉块中加入食盐、海藻酸钠溶液，拌和均匀，腌制1~3天。

（3）将腌制好的肉块在清水中浸泡1~3小时，再冲洗干净。

（4）将洗净的肉块在锅中煮沸20~40分钟，在锅中加入白糖、花椒、八角、丁香、陈皮、生姜。

（5）用文火煮3~6小时，翻锅2~4次，冷却。

向牛肉块中加入食盐，有利于牛肉的保鲜，加入海藻酸钠溶液，拌均匀，让海藻酸钠溶液覆盖牛肉块，保持牛肉块色泽红润；腌制1~3天，让食盐进入牛肉块内部，有利于牛肉保鲜；将腌制好的肉块在清水中浸泡1~3小时，再冲洗干净，清洗掉牛肉块表面的食盐和海藻酸钠溶液；将牛肉块和白糖、花椒、八角、丁香、陈皮、生姜一同放入锅中煮沸，将牛肉块煮熟，同时使各种佐料的味道进入牛肉块中。

特点：用海藻酸钠溶液替代硝酸钠溶液，保持牛肉的色泽红润，无毒、无刺激。

实例161　香甜麻酥肉

原料：精瘦牛肉100千克，麻酥棒50千克，白糖粉5千克，奶粉3千克，面包渣10千克，古月面1千克，食用油0.2千克，食用香精0.02千克。

制法：

（1）精选原料：选经卫生检验合格的新鲜肉，切成拳头大小的块状。

（2）原料整形：将肉块去杂提纯成精瘦肉。

（3）滚揉嫩化：将精瘦肉放入滚揉机内进行滚揉，滚揉时间0.5~1小时，只滚断肉的纤维，而不损伤肉的细胞，保持肉的弹性，达到嫩化肉的作用，室内温度0~10℃。

（4）切块装模：把滚揉好的肉装进内部套有塑料袋的捣实筒内捣实10分钟，室内温度0~10℃，塑料袋大小应和不锈钢筒直径一致，捣实筒为圆柱形不锈钢筒，长为25~30厘米，直径为3~6厘米。

（5）冷冻脱模：将捣实的肉柱带着塑料袋从捣实筒一头压出来，进行冷冻，冷冻温度-10~0℃，时间2小时。

（6）刨削肉片：将冷冻肉柱脱去塑料袋，在刨削机上刨削成条形肉片。

（7）撒料卷制：把白糖粉、奶粉、古月面、面包渣、食用香精、食用油调匀，均匀地洒在铺开的条形肉片上，然后将条形肉片一条一条地从一头紧缠在麻酥棒上制成肉棒，麻酥棒上卷两层肉片。

（8）压扁整形：将肉棒用冲压机压成扁片，再切成大小一致的肉片，成为半成品。

（9）装袋杀菌：将半成品装入铝箔袋抽气封口，再放进杀菌锅进行低温蒸煮，水温达到85～95℃，使中心温度达到80～85℃，保持水温2小时。

（10）成品：将煮好的铝箔袋包装放进冷水中降温30～40分钟，取出后待包装上水分沥干，即为成品。

特点：本品不仅酥甜郁香，而且营养丰富、回味久长，将肉类食品和糖果食品相结合，是专门为少年儿童研制的一种肉类糖果，虽是小产品，却有大市场。

实例162　牙签牛肉

原料：鲜精牛肉末500克，肉用食品添加剂适量，食盐20克，鲜精牛肉末500克，油炸王3克，鸡蛋200克，膨松剂10克，味精2克，香精1.5克，五香粉10克，胡椒粉13克，咖喱粉4克，绵白糖15克，食用胭脂红少量（仅为着色，适量即可），淀粉100克，熟芝麻400克，食用纤维素7克。

制法：取肉用食品添加剂、食盐，兑适量水溶解成溶液，将鲜精牛肉末放入该溶液，在－10～0℃的条件下，腌制12～24小时；再取油炸王、120克鸡蛋、膨松剂、味精、香精、五香粉、胡椒粉、咖喱粉、绵白糖、少量食用胭脂红，加适量水充分溶解成粥状液，把上述腌制后的鲜精牛肉取出，放入上述粥状液中搅拌使其充分混合均匀成肉馅；把鸡蛋、淀粉、熟芝麻放进肉馅内，然后搅拌均匀，再加入食用纤维素兑和均匀，（食用纤维素应在冷水中泡制12小时后取出使用），即成为牙签肉的肉料。把加工后的肉料按一定量串在牙签上待用，牙签沾肉料后长5厘米左右、直径1～1.5厘米。将棕榈油或花生油烧热，把串有牙签的肉料放在热油锅，用旺火炸约5分钟，再用温火复炸直至肉熟，即得成品，也可以将成品晾置10～20分钟后装入塑料袋，密封即可。

所用肉用食品添加剂为市场已有产品，主要含蛋白质、大豆蛋白质等；油炸王主要含碳酸氢钠、膨松剂，使牙签肉在加工过程中省油，而且成品膨松；膨松剂，主要成分为淀粉、脱脂豆粉、食用矾、碳酸氢钠等。

特点：本品牙签肉的主要原料为鲜精肉末，鲜精肉可为猪肉、羊肉或牛肉，添加适量肉用食品添加剂后，鲜精肉在油炸过程中不失水分和鲜肉味。本品选用组分及配比合理，是具有香、酥、脆、麻辣、甜、味道鲜美、口感好，低动物性脂肪高蛋白，食用方便等特点的营养食品，且不宜变味变质，保质期长。

实例163　野菌牛肉丝

原料： 牛腿肉100千克，香菇6千克，白砂糖15千克，干泡椒10千克，蜂蜜2千克，食盐1千克，花椒粉0.6千克，白胡椒0.6千克，味精0.6千克，五香粉0.2千克，八角粉0.1千克。

制法：

（1）牛肉的处理：剔除牛腿肉上的筋膜、碎油和血污，取处理后的牛腿肉放入夹层锅中煮至断生，如果肉块过大，在煮制前可顺肌纤维将其划开。煮制后趁热顺牛肉肌纤维将肉块拍散，然后将牛肉撕成直径为2毫米的丝条。

（2）取干燥的香菇在清水中浸泡50分钟至泡透发软撕成丝条，然后捞出后滤干，用植物油将野菌丝炸至金黄色。

（3）炒制：取辅料白砂糖、干泡椒、蜂蜜、食盐、花椒粉、白胡椒、味精、五香粉和八角粉放入锅中，混匀，加入15千克清水将辅料煮开，然后放入牛肉丝和炸好的野菌丝并翻炒。

（4）烘烤：将炒制好的牛肉丝和干菌丝均匀地铺在铁筛中，每单位面积铺45千克，在55℃下烘烤90分钟。

（5）包装及灭菌：将经过二次入味的牛肉丝和野菌丝真空包装，用微波杀菌机杀菌，成品经感官检验、理化指标检验和微生物检验后，用外包装袋定量包装即可。

特点： 所得产品口感脆辣，脆香中还带有十分特殊的酸辣味，清香宜人，香脆可口，口齿留香。

实例164　营养牛肉

原料： 牛柳肉部位50千克。

浸泡液配方：葛根160克，千里光250克，肉苁蓉150克，桑葚250克，黄酒650克，食盐450克，水7450克。

制法： 取牛柳肉部位，洗净，控干水，并切成约100克的薄块，放入浸泡液中，在70～75℃下浸泡10小时，然后升温至100℃，浸泡20分钟捞出，风凉24小时再放入原浸泡液中，在25℃下保持48小时，捞出，自然风凉36小时，然后放入凉白开水中浸4小时，经风凉12小时即为成品。

特点： 本品的所用牛肉选料精细，主要选用2～3岁的公黄牛的牛背肋肉，切成薄块，而且选用合适的中草药配方，采用两次浸泡，较低温度处理，不加任何化学添加剂、硝酸盐、色素、兴奋剂、防腐剂，因此制得的牛肉制品香、软、脆、不塞牙；由于所采用的中草药可自然保鲜，保质其长，在自然温度下蚊蝇不叮咬，两个月不变质；由于制得的牛肉制品都切成薄块，容易入味，也便于运输和包装。

实例 165　玉米汁泡牛肉

原料：牛肉 180 千克，玉米 100 千克，绿豆 40 千克，蔓越莓 30 千克，西瓜 40 千克，生粉 40 千克，何首乌 5 千克，决明子 4 千克，钩藤 3 千克，地龙 4 千克，牡蛎 3 千克，万寿菊 4 千克，冬瓜叶 3 千克，葡萄籽 3 千克，食用盐 30 千克，白砂糖 30 千克，味精 15 千克，红酒 100 千克，白醋 20~30 千克，蜂蜜 50 千克，水适量。

制法：

（1）将牛肉洗净，切成牛肉粒，放入高压锅中，加入红酒、白醋、蜂蜜，加热焖煮 2 小时，取锅中所有物料备用。

（2）将玉米、绿豆洗净，与蔓越莓果肉、西瓜瓤一起倒入打汁机中，加入适量的水，打成玉米汁备用。

（3）将何首乌、决明子、钩藤、地龙、牡蛎、万寿菊、冬瓜叶、葡萄籽用 6 倍量的水加热提取，将提取液加热浓缩，得到中药浓缩液。

（4）将步骤（1）中的所有物料与玉米汁、中药浓缩液、生粉混合，加入食用盐、白砂糖、味精调味，边加热边搅拌，待汤汁变浓时，停止加热、搅拌，冷却后，封装即可。

特点：本品的玉米汁泡牛肉，优选牛肉，富含动物蛋白，利用玉米汁浸泡牛肉，使其具有独特的风味，改变牛肉传统的食用方法，结合决明子、钩藤、地龙等中药材的提取物，对人体有一定的益处。

实例 166　滋补方便牛肉

原料：牛肉 100 千克，辣椒 0. 25 千克，干姜 0. 25 千克，花椒 0. 35 千克，八角 0. 35 千克，小茴香 0. 3 千克，良姜 4. 2 千克，葱段 1. 0 千克，胡椒 0. 8 千克，孜然 0. 35 千克，丁香 0. 75 千克，红枣 1. 3 千克，甘草 1. 5 千克，枸杞 1. 1 千克，砂仁 1. 6 千克，陈皮 1. 4 千克，云苓 1. 5 千克。

制法：

（1）将牛肉洗净、切块，加入辣椒、干姜、花椒、八角、小茴香、良姜、葱段、胡椒、孜然、丁香；水的加入量为漫过牛肉即可，牛肉煮制七成熟后将调料残渣捞出。

（2）向牛肉中加入滋补药材，红枣、甘草、枸杞、砂仁、陈皮、云苓，将牛肉煮熟后捞出备用。

（3）将适量土豆洗净、切片、炸熟，与适量木耳、黄花、脱水蔬菜（白菜、芫荽、胡萝卜）、粉丝、纯牛油、辣椒油、花生油、味精、精盐、胡椒粉、枸杞和香油混合均匀制成辅料。

（4）采用真空包装技术将熟制牛肉和辅料分别装袋，再将牛肉袋和辅料袋装入一袋即可。滋补方便牛肉食用方便，营养丰富。

所述脱水蔬菜为白菜、菠菜、芫荽、香葱、胡萝卜和白萝卜中的一种或两种以上的组合。

特点：本制品集牛肉、蔬菜、滋补药材于一体，具有浓郁的西北风味，一个包装袋内分装熟制牛肉和蔬菜，食用时只需将两袋物料混倒入同一容器，用沸水冲泡3~5分钟即可食用，是人们出差和旅游携带的理想食品。

实例167　紫兰牛肉

原料：生牛肉20千克，酱油55千克，五香料0.6千克，紫兰香料24.4千克。

紫兰香料粉配方：地瓜粉40%～55%，五香粉0.006%，黑胡椒粉0.003%，盐0.003%，紫兰香料40%~55%。

制法：

（1）先将牛大腿肉分段切成带骨肉块，除去肉内的大腿筒骨、筋膜，取净肉，切成条状。

（2）用清水清洗肉料，去除肉质中的血水，捞起一层去水分，放置在盘内。

（3）将除牛肉外的配料加入肉料中捞拌均匀，并在低温下腌制2小时。

（4）捞起腌制入味的牛肉，再加入香料粉，轻柔拌匀使香料粉均匀粘在牛肉条上。

（5）高油温浸炸5~7分钟后滤起，均匀地铺放在盘内，温度280~450℃加热10分钟，冷却后即成。

特点：本品具有光泽好，呈块/条状，易夹起，口感好，不油腻，携带方便，可直接上餐桌食用等优点。

（三）风味羊肉

实例168　八珍垛子羊肉

原料：羊肉100千克，食用盐6千克，常用腌肉料粉250克。

“八珍料包”配方：冬虫夏草10克，桂圆肉30克，罗汉果50，枸杞200克。

“全料包”配方：花椒 200 克，八角 200 克，丁香 5 克，白芷 30 克，山柰 30 克，白果 25 克，草果 25 克，桂皮 50 克，良姜 100 克，香叶 5 克，小茴香 100 克，红枣 200 克。

制法：

(1) 选料：本品的选料考究，要求选用绿色食品专业基地饲养的一岁龄左右的山羊，宰杀剔骨后，整羊肉面无须切块。

(2) 腌制：将精选的山羊肉入缸腌制，以每 100 千克羊肉为例，加食用盐 6 千克，常用腌肉料粉 250 克，混合撒于肉上，用手加以揉搓，使盐和佐料粉散布均匀，入缸腌制，夏季 3 天，冬季 7 天，每 4 小时翻动一遍为宜。

(3) 烹煮：将腌制羊肉洗净后，整羊对折放入铁锅内烹煮，凉水入锅，同时放入锅内两种料包，一种为“八珍料包”，另一种为“全料包”。先大火烹煮，水沸半小时后改为文火煨炖，从而使料味充分渗入肉质，半小时后出锅。

(4) 成形：将煮好的羊肉，剔去膘油，整羊肉面逐个放在案板上码放整齐，用细白棉布裹起后，用机械挤压，将水分挤去成为坨型，放入冷仓凝固，储存 12 小时以上，即可用刀切片上菜。传统刀法是用薄片快刀，将垛子羊肉片成 1 毫米左右的薄片，其薄如纸，入口绵软，老少皆宜。八珍垛子羊肉，由于选料考究，佐料组分融入药膳功效，加之工艺规范独特，因而营养丰富，肉味醇厚，使这一富有西域特色的肉食更加脍炙人口。

特点：本品是将传统美食垛子羊肉的制作方法进一步优化规范，以增强其营养含量，改善肉质口感，使垛子羊肉的技术品位进一步提高，使之成为滋补食品。

实例 169　栗香羊肉

原料：羊肉 500 克，板栗 200 克，胡萝卜 100 克，酱油 20 克，白砂糖 20 克，味精 2 克，醋 20 克，淀粉 2 克，水 400 克，黄酒 20 克，香油适量。

制法：先将羊肉洗净切成块状，放入沸水中十分钟后取出，将板栗放入沸水两分钟后捞出，去皮待用。将油锅烧热，放入肉块，然后加水。将黄酒、酱油、糖、胡萝卜也同时放入，烧 20 分钟左右，取出胡萝卜弃用，倒入板栗、醋，移至小火焖烧 1 小时左右，再移至旺火，待汤汁收浓后，放味精、水淀粉勾芡，洒入香油，出锅即可。

特点：用本方法制作的栗香羊肉营养丰富，具有壮腰健肾、补阳、肢寒畏冷、冬季养生等调理功效。

实例 170　手抓羊肉

原料：羊肉 100 千克，葱为 3 千克，姜 1.5 千克，八角 0.3 千克，花椒 0.5

千克，食用盐1.3千克。

制法：将精选出的羊肉用火焰消毒后，用自来水清洗，将清洗后的羊肉，剔去腿骨、去脖、去棒骨、去掉大骨头，去淋巴以及切除不能加工的部分，将羊肉切成宽为1.5～3厘米，长为8～12厘米的条状，将切好的肉条放入夹层锅或铁锅内，煮沸后清除浮沫，放入所有配料后，再煮20～30分钟，然后计量、称重，将计量好的羊肉装入包装袋中，立即用真空包装机在真空度为0.085MPa的条件下封口，将经过真空封口的包装袋迅速放入卧式杀菌锅中，在温度为121℃的条件下杀菌，将杀菌后的产品放入冷却水储罐中冷却，然后擦干净袋外的水分，放入恒温库，恒温7天，检验合格后，包装出厂。

包装袋是用塑料薄膜与铝箔复合薄膜制成的蒸煮袋。

特点：

（1）生产出的手抓羊肉既保持了原有的风味，又实现了工业化的生产：本品提供的方法，包装材料选用塑料薄膜与铝箔复合薄膜制成的蒸煮袋，产品采用抽真空包装，高温灭菌，反压冷却。

（2）调味品容易渗入肉内，且调味品分布均匀：本品将验收合格的羊肉清洗后，去掉大骨头，去淋巴以及切除不能加工的部分，按照工艺技术中的要求切块，切块后进行预煮，预煮时，肌肉中的蛋白质受热后逐渐凝固，肌肉组织紧密，使肌肉中的水分脱除，肌肉脱水后，能使调味品渗入肌肉并对成品固形物的含量提供了保证。预煮后的处理能杀灭肉上附着的一部分微生物，有助于杀菌效果。

（3）杀菌效果好：肉类软罐头内主要有肉毒芽孢杆菌，肉毒芽孢杆菌属厌氧性菌，它不仅是腐败菌而且易引起食物中毒，其芽孢的耐热性很强，能分解蛋白质，并伴有恶臭的化合物产生，引起胀袋，由于肉毒芽孢菌最适于在罐头中生长，在罐头食品中是不允许这种细菌生长繁殖，根据试验，肉毒芽孢菌在pH低于4.8时就不能生长繁殖，所以当pH低于4.6时就可以采取沸水的杀菌方法，本品采用的杀菌温度为121℃，正好是肉毒芽孢菌的致死温度。

（4）加工出来的产品肉质酥烂、可口、形态完整、块形大小均匀，并能保持原有手抓羊肉的色、香、味。本品提供的加工方法中严格的控制整个工艺过程中的微生物污染、尽量缩短加工时间，保证了产品的质量。

（5）保质期长：采用本品提供的制作方法加工出来的产品与采用传统的方法加工的产品相比，保质期大大延长，传统方法加工出的手抓羊肉保质期一般为2天左右，而采用本品提供的方法，加工出的产品其保质期为10个月以上。

实例171　熟制羊肉串

原料：羊精腿肉98～100份，腌制料1.618～2.036份，香辛料0.6～

0.82 份。

腌制料配方：盐 0.15 份，味精 0.07 份，白糖 0.17 份，磷酸盐 0.02 份，一级大豆油 1.00 份，羊油 0.10 份，牛肉香精 0.02 份，孜然粉 0.30 份，60 万斯高威尔的辣椒粉 0.006 份，60 万斯高威尔的辣椒片 0.20 份。

香辛料配方：小茴香 8 份，桂皮 6 份，八角 6 份，砂仁 4 份，甘草 4 份，草果 6 份，白芷 6.5 份，丁香 6.5 份，山柰 6 份。

制法：

（1）原料接收：按标准检验羊腿肉的感官形状、颜色、气味及新鲜程度，检验合格后方可接收使用。

（2）缓化：将检验合格的羊腿肉入缓化池内放流动水缓化，缓化时间为 12 小时以上，直至完全解冻。

（3）切分：将缓化后的羊腿肉切分成 3～4 克呈正方形或者长方形的小块，要求肉块大小均匀。

（4）配料腌制：向羊腿肉中添加腌制料并搅拌均匀，腌制 12～14 小时。

（5）熟制：将腌制好的所述羊腿肉用烟熏炉在 78～82℃下蒸煮 6～9 分钟，然后在 82～85℃下蒸煮 8～10 分钟进行熟制，采用低温熟制，能够保留羊肉串营养价值不流失。

（6）干燥：将蒸熟的所述羊腿肉用烟熏炉在 58～62℃下干燥 18～22 分钟。

（7）配料拌制：将干燥后的所述羊腿肉中添加香辛料进行拌制，要求拌制均匀，口味一致。

（8）穿串：将羊肉块按从大到小的顺序串成羊肉串，穿串要求上不露签，签末端与最下边的羊肉块之间距离为 2～2.2 厘米，合理搭配，保证串型美观。

（9）包装制得成品：将串好的羊肉串按标准灭菌包装制得成品。

所述羊腿肉为羊精腿肉。羊精腿肉细嫩，容易消化，含高蛋白、低动物性脂肪，含磷脂多、胆固醇少，作为食疗，为优良的强壮去疾食品，有益气补虚，温中暖下，补肾壮阳，生肌腱力，抵御风寒之功效。

所述辣椒粉与辣椒片均由 60 万斯高威尔的辣椒制成。60 万斯高威尔的辣椒的辣度较强，含有对人体健康很有益的物质——辣椒素，具有防止前列腺癌细胞生长的作用。

特点：本品采用低温熟制工艺，按梯度蒸煮程序操作，能够保留羊肉串营养价值不流失；本品熟制羊肉串，低热量、低动物性脂肪、低糖，能够满足人们追求健康饮食的需求；本品熟制羊肉串所用的香辛料能够抑制羊肉本身的腥膻味，有较强的呈香、呈味作用，不仅能够促进食欲，改善风味，也具有杀菌作用。

实例172 五香羊肉（1）

原料：羊肉100千克，羊油5~7千克，黄酒0.8~1.2千克，和油五香料0.3~0.6千克，花椒0.12~0.2千克，八角0.1~0.17千克，桂皮0.12~0.2千克，开水10~13千克，精盐0.4~0.7千克，白砂糖4~6千克，酱油4~8千克，味精0.13~2.3千克。

制法：当羊肉经去杂后，切成10毫米×10毫米×30毫米的片，或20毫米×20毫米×20毫米的块，选100千克羊肉料洗净后，投入100℃的开水中浸2~3分钟，捞出脱水，再投入沸腾的羊油中，在加热的同时，使其油肉混匀，此时，加入黄酒、和油五香料、花椒、八角、桂皮；再加入精盐、白砂糖，进行拌匀；最后加入酱油、味精拌匀，上述调制后的羊肉块、条、片，再脱油包装，高压灭菌和进行冷却处理。用此法制成的羊肉块、片、条，具有五香风味，营养丰富，卫生无菌，方便食用，易于储存和在市场流通。

特点：本品具有用料较少，工艺简单，易于操作，无菌卫生，营养丰富，味道鲜美，适于工业生产的特点。

实例173 五香羊肉（2）

原料：羊肉5千克，五香粉200克，食盐50克，酱油300克，鸡精50克，红糖50克，生姜片20克。

制法：

（1）将羊肉切成长条形的块，每块长15厘米、宽5厘米、厚1厘米，然后将羊肉放入水中清洗干净，将羊肉中多余的血渍清洗掉，然后捞起来放入筛子中沥干多余的水分后备用。

（2）将五香粉装入纱布包里，然后用针线将纱布包缝制好，防止五香粉从纱布包中漏出来。

（3）将清洗干净的羊肉放入锅中，加入适量的清水，水的量要将羊肉完全淹没，然后加温烧开后加入食盐、酱油、鸡精、红糖、生姜片，然后改用小火煮2小时，煮的过程中要用勺子翻动3次，然后再将五香包放入锅里，将火关闭后焖煮1小时，等煮到香气扑鼻时即可起锅，晾冷后即可食用。

特点：该产品具有营养丰富、皮酥肉嫩、鲜香适口的优点。

实例174 油炸羊腿

原料：羊肉25千克，八角100克，肉蔻40克，桂皮30克，盐适量。

制法：

（1）选取体重为20～25千克的放养的羊肉作为原料。

（2）将羊宰杀后清洗干净，再在清水中浸泡3小时。

（3）制作老汤：先宰杀清洗山羊，将羊的各部位包括内脏、羊蹄等投入锅中，加入各种调料。大火烧沸后小火炖2～3小时，去除浮沫。

（4）将羊前腿置于老汤中大火煮沸后小火炖3小时。

（5）将羊前腿从老汤中捞出，沥水后先在羊腿表皮拍一层淀粉，然后再拍一层蛋液，最后再拍一层面包糠，入五成热的植物油中炸至金黄色时捞出即得到制成品。

特点：本品形式新颖，色泽鲜亮，能增强食欲；羊肉入味鲜美，肉质酥烂；不仅适合家庭或餐馆食用，而且可以大批量生产并作为经济快餐出售，同时也可以包装后出售。

实例175　香辣羊肉

原料：羊肉腿500克，大葱50克，生姜25克，辣椒面2.5克，八角2克，酱油50克，白糖50克，芝麻油25克，芝麻面3克，羊肉汤100克，胡萝卜100克。

制法：将羊肉洗净，切成四块。再将羊肉放入清水锅中，加入胡萝卜煮3分钟捞出，胡萝卜弃用。取一个砂锅，锅底放上蒸架，用大葱段、生姜块垫底，再把羊肉放在上面，加糖、酱油、辣椒面、八角、芝麻油，再倒入清水，淹没羊肉。将砂锅盖紧，放在旺火上烧开后，改为小火上焖5小时左右。待羊肉熟烂时，起锅盛在汤盆内，浇上羊肉汤汁，撒上焙好的芝麻面。

特点：用本方法制作的香辣羊肉营养丰富，可以增加人体热量，抵御寒冷，起到抗衰老的作用。

实例176　新疆风味的肉类食品

原料：羊肉50千克，丁香25克，肉蔻10克，砂仁10克，桂皮10克，小茴香20克，八角10克，桂芝10克，陈皮15克，高良姜25克，干姜25克，肉桂10克，枸杞15克，白芷15克，胡椒10克，孜然2.75千克，辣椒粉2.5千克，食盐2.5千克，啤酒5千克。

辅料：淀粉10千克，芝麻2.5千克，面包屑4千克。

新疆风味的肉类食品其配：方中的羊肉可用兔肉、牛肉、鸡肉、鸭肉、马肉、驴肉、猪肉代替。

制法：

（1）用清水熬制丁香、肉蔻、砂仁、桂皮、小茴香、八角、桂芝、陈皮、高良姜、干姜、肉桂、枸杞、白芷、胡椒的调料液。

（2）将精选的羊肉块浸泡在加入食盐和啤酒的调料液中。

（3）将浸泡后的羊肉块淋干。

（4）将淋干后的羊肉块蘸淀粉糊后，滚上面包屑和芝麻。

（5）将蘸滚后的羊肉块放入热食用油中炸成金黄色。

（6）将炸好的羊肉块撒上孜然、辣椒粉。

（7）也可将羊肉块用扦子穿成串，再将其制成品包装在真空包装袋内。

特点：本品易保存，不变质，食用方便，便于在多种场合销售，食用。

实例177　羊肉藏鱼

原料：鲜鲫鱼100条（每条500克），精羊肉9千克，葱末800克，姜末800克，黄酒1000克，食盐350克，酱油350克，味精300克，花椒40克，八角40克，丁香5克，葱段20克，姜块20克，香菜10克，调味料50克。

调味料配方：酱油500克，黄酒500克，白酒150克，味精300克，五香粉150克，食盐300克。

制法：

（1）选鲜鲫鱼，去鳃、内脏、鳞，清洗干净，于常温下风干表皮。

（2）选精羊肉切成4毫米厚的薄片，加入葱末、姜末、黄酒、食盐、酱油、味精、花椒、八角、丁香腌制1小时。

（3）将羊肉加入鱼腹内。

（4）将鱼油炸至表皮黄亮，不破皮为准，冷却至室温。

（5）装入500克铝箔包装衣加入葱段、姜块、香菜，混合后加入调味料50克，高压高温灭菌至商业无菌要求。灭菌时，鱼背朝下。

特点：该配方工艺制作的羊肉藏鱼，其味道特别鲜美、醇厚，可让人们久食不厌。

实例178　羊肉小肚

原料：猪小肚2千克，羊肉10千克，五香粉100克，花椒粉50克，味精100克，食盐500克。

制法：

（1）将猪小肚放入盆中，加入适量的食盐后用力搓揉，然后用水清洗3遍后放入沥筛中沥干多余的水分。

(2) 将羊肉去掉皮和筋骨，然后用搅拌机将羊肉搅拌成小粒，将搅拌好的羊肉倒入盆里，加入五香粉、花椒粉、味精、食盐，然后用手和均匀制成羊肉馅。

(3) 将清洗干净的猪小肚翻开，然后将羊肉馅装入猪小肚里，并用针线将猪小肚的口缝制好。

(4) 将灌好的猪小肚放入锅里，加入适量的水加温煮30分钟后捞起来晾凉，用刀切成片后即可食用。

特点：羊肉小肚的制作方法，该产品具有营养丰富、清香味美、外形美观的特点。

实例179 银杏红草羊肉

原料：羊肉1000克，红草10克，银杏10克，桂圆10克，莲子5克，甘草10克，枸杞10克，淮山15克，红枣20克，薏米5克，陈皮5克，生姜50克，香菇50克，银耳25克，新疆葡萄50克，纯正陈年米酒（50度）3000克。

制法：取羊肉和所有调料相互混合后再用纯正陈年米酒3000克浸泡1小时，放进砂锅文火慢炖6小时，然后去掉药渣取出羊肉，用塑料袋真空包装成500克一袋和罐头包装成500克一罐。

特点：该羊肉含有丰富蛋白质、碳水化合物、灰分、钙、磷、铁、动物性脂肪、糖、无机盐、维生素A、维生素B、烟酸，能舒筋通络、补气养阴、清火生津、养血安神、开胃健力、活血去淤。

（四）风味禽肉

实例180 杏仁鸡肉丸

原料：鸡肉15千克，南杏仁0.5千克，黄豆1.4千克，盐250克，味精100克，菜籽油适量。

制法：将鸡肉剁成肉泥，南杏仁、黄豆打磨成粉，与盐、味精加入适量水混合，将鸡肉泥搅拌均匀备用。将菜籽油烧至六成熟，将鸡肉泥用手捏挤成丸子入油锅，炸至金黄即可捞出，将鸡肉丸沥干油，冷却即可袋装冷藏。

特点：本品制作简单，原材料为纯天然食品，南杏仁含丰富的矿物质和无机盐，多脂润肠。

实例181 葱油鸡肉条

原料：新鲜的精鸡胸肉50千克，葱白0.5～0.7千克，精盐1.5～2千克，白砂糖4～6千克，酒0.4～0.7千克，味精150～300克，胡椒80～120克。

制法：

（1）选料及原料整理：选用新鲜的精鸡胸肉，用刀具修去筋皮、鸡油及淤血，定量装盘，送入冷库进行预冷。以防止腐败变质，预冷的温度掌握在0～4℃，时间为4～6小时。

（2）预煮：可用不锈钢夹层锅，先将水温升至88～100℃，然后将步骤（1）备好的鸡胸肉加入锅内。使温度保持在90～100℃条件下，煮10～15分钟捞出，以便于用手撕成肉条为准。

（3）撕条：将步骤（2）预煮的胸肉。晾凉至8～15℃，用手撕成肉条，肉条的长度可约为5厘米，宽度可约为0.3～0.5厘米。

（4）煮制：可用不锈钢夹层锅先将水温升至80～105℃，然后将步骤（3）备好的肉条加入锅中，将温度保持在80～105℃的条件下，煮制3～8分钟捞出，并进行强制降温，6分钟内使温度降至10～15℃。煮制的目的是降低肉条的含水量，增加肉条的弹性和韧性。

（5）调料腌制：将步骤（4）备好的内条放入腌制机，同时将备好的葱白适量绞碎加入，并加入精盐、白砂糖、酒、味精、胡椒等调味品，拌匀，在5～15℃的条件下腌制3～5小时，以白砂糖溶化及其他辅料全部浸入被腌制肉条内为准。

（6）膨化：可用不锈钢电热锅。先将生油温度升至120～150℃。再将步骤（5）腌制好的肉条加入锅中，均匀搅拌，在油温保持在110～130℃的条件下，5～10分钟快速捞出并空油。膨化的目的是增加食品的口感，吃起来脆嫩。

（7）烘烤：将步骤（6）备好的肉条摊放于烤盘上，送入电烤箱内烘烤，温度掌握在55～85℃，时间4～7小时取出，并降至室温，以肉条中的含水量在10%～15%为宜，保证在储存期内不变质。

（8）包装：根据用户要求进行包装，包装材料应符合国家规定。

特点：本品技术工艺简单，设备投资少，加工的葱油鸡肉条属高档鸡肉食品。风味好，味道鲜美，营养丰富，老幼皆宜。为人们日益增长的生活水平增添了一种新的鸡肉食品品种。

实例182　豆香卤鸡肉

原料：鸡肉1000千克。

卤料包配方：八角2.2千克，小茴香1.4千克，肉桂1.2千克，花椒1.1千克，白芷1.2千克，丁香0.4千克，草果1.2千克，甘草1.3千克，陈皮1.2千克，山楂1千克，枸杞1.1千克，胡椒0.6千克，高良姜0.7千克，葱1千克，生姜1千克，肉蔻0.6千克，山柰0.4千克，砂仁0.4千克，甘松0.4千克，罗汉果0.3千克，何首乌0.4千克。

制法：

（1）鸡肉的处理。

①修整处理：取新鲜或冷冻的检验合格的原料鸡肉，直接清洗或解冻后清洗干净，修去表面及内部动物性脂肪、淋巴、血管、淤血及污物，再用清水漂洗至无血水析出为止，沥干待用。

②低温浸泡：将清洗沥干的鸡肉放入容器中，加入鸡肉质量的2.5%的食盐、0.8‰的D－异抗坏血酸钠、0.4%的生姜末、0.2%的荷叶粉、0.2%的香茅粉，添加时采用逐层腌制，一层肉一层腌制料地均匀撒入，常温下腌制10～12小时。

③煮制：将腌制好的鸡肉用清水冲洗干净，拌入鸡肉质量0.2%的菠萝蛋白酶，充分拌匀后，放置10～15分钟，然后放入沸水中煮10～20分钟，每100份水中加入香椿树叶0.15份、木香0.03份，当鸡肉表面无血丝即可出锅，捞出通风冷却，每锅都要换水，预煮过程中要不断去除预煮水表面的浮沫。

④卤制：

a. 首先制备卤料包：将卤料包中的各原料切碎或切片后装入袋中，系紧袋口，制成卤料包。

b. 将步骤③冷却好的鸡肉放入卤锅内，加入预先配制好的卤料包，加清水至完全淹没鸡肉，再加入鸡肉质量1%的黄酒、适量的生姜片，先大火烧沸，然后文火使卤汤保持沸腾，适量添水保持卤汤覆盖过鸡肉，控制温度在90～110℃，卤制时间40～50分钟，每10分钟翻动一次鸡肉。

c. 卤制好的鸡肉迅速出锅，摆放在干净的台案上自然冷却至室温。

d. 切丁：将冷却后的肉块，用自动切丁机将肉切成0.8厘米×0.8厘米×0.8厘米的肉丁。

⑤烘制：将切好的肉丁放入底部铺有荷叶和橙皮的不锈钢盘子里，再将盘子放入烘箱中，在150～200℃的温度下，烘烤30～50分钟。

（2）豆子的煮制。挑选优质豆子，清洗干净，放入锅中加水煮制，并向水中加入豆子质量2%～3%的食盐、1%～2%的白砂糖、0.3%～0.6%的味精、0.5%～0.6%的5′－呈味核苷酸二钠、0.3%～0.5%的酵母抽提物、0.1%～0.3%的老鹰茶粉、0.03%～0.08%的鸡汁粉、葱、生姜适量，常压下先大火煮沸后，改用文火煮沸30～50分钟，然后捞出自然冷却。

（3）调配。

①调味油和调味料的制备。

调味油由下列质量份的原料制成：辣椒0.5份（或者不加辣椒）、花椒0.3份、八角0.2份、小茴香0.1份、桂皮0.2份、葱0.5份、生姜0.5份、炒香的大麦粉0.6份、植物油10份。

制备方法：将植物油加热至80～90℃时，再按比例加入辣椒、花椒、八角、炒香的大麦粉、小茴香、桂皮、葱、姜，文火炸至20分钟，将香料捞出，过滤冷却即可制得自制调味油。

调味料由下列质量份的原料混合制成：肉味香精0.08份、胡椒粉0.1份、黄酒0.5份、自制的调味油2.5份、脱氢乙酸钠0.02份、D－异抗坏血酸钠0.3份。

②当豆子完全冷却后拌入豆子质量5%的自制调味油，3%的调味料，0.3%的抹茶粉，充分拌匀，然后按要求真空包装入袋。

③将卤制好的鸡肉丁和袋装豆一起装入袋中，要求豆与肉的质量比为（7～6）:(3～4)，然后进行真空封口。

④包装好的豆香卤鸡肉真空袋装品，再进行高温蒸汽灭菌，要求蒸汽灭菌，要求蒸汽温度在121℃的条件下，恒温杀菌6～10分钟。

⑤灭菌后的豆香卤鸡肉真空袋装品，送入保温间进行保温处理2～3小时。

⑥将保温结束的真空包装产品，擦去水分，检验，将合格品按要求装箱，入库，即可。

特点：本品采用优质鸡肉和优质豆子为原料，辅加多种天然香辛料，分别卤制，然后再添加特制的调味油、调料调配，再经高温灭菌、真空包装的特定工艺精制而成，本加工工艺制成的豆香卤鸡肉，最大限度地保留了鸡肉和豆子的营养成分，同时在卤制鸡肉时，卤料包中添加了中草药，使卤制出的鸡肉具有醇厚的滋味；腌制时添加了香茅粉和荷叶粉，在去腥的同时，吸收了香茅粉和荷叶的营养，腌制出的鸡肉具有荷叶的清香和香茅粉的营养；豆子在卤制结束时，拌上自制的调味油和调味料，同时添加了茉莉花粉，具有了麻辣香味，还含有茉莉花的芳香味。将鸡肉和卤豆混合食用，克服了常规卤鸡中的中草药味道，本品的豆香卤鸡肉，具有营养丰富，肉质软嫩熟烂，气香浓郁，咸淡适宜，风味独特，肉含高蛋白，低动物性脂肪、高钙质，具有健脾开胃，润肺，降脂，增强免疫力等功效。

实例183　菇香鸡肉

原料：鸡肉1000千克。

卤料包配方：八角2.2千克，小茴香1.4千克，肉桂1.2千克，花椒1.1千克，白芷1.2千克，丁香0.4千克，草果1.2千克，甘草1.3千克，陈皮1.2千克，山楂1.1千克，枸杞0.8~1.2千克，胡椒0.8千克，高良姜0.6千克，葱1.1千克，生姜1.1千克，肉蔻0.6千克，山柰0.35千克，砂仁0.3千克，甘松0.3千克，罗汉果0.3千克，沙棘0.4千克。

制法：

（1）鸡肉的处理。

①修整处理：取新鲜或冷冻的检验合格的原料鸡肉，直接清洗或解冻后清洗干净，修去表面及内部动物性脂肪、淋巴、血管、淤血及污物，再用清水漂洗至无血水析出为止，沥干待用。

②低温浸泡：将清洗沥干的鸡肉放入容器中，加入鸡肉质量2.5%的食盐、0.25‰的亚硝酸钠、0.8‰的D-异抗坏血酸钠、0.4%的生姜末、0.2%的荷叶粉、0.2%的柠檬粉，添加时采用逐层腌制，一层肉一层腌制料地均匀撒入，常温下腌制10~12小时。

③煮制：将腌制好的鸡肉用清水冲洗干净，拌入鸡肉质量0.2%的木瓜蛋白酶，充分拌匀后，放置10~15分钟，然后放入沸水中煮10~20分钟，每100份水中加入香椿树叶0.15份、木香0.03份，当鸡肉表面无血丝即可出锅，捞出通风冷却，每锅都要换水，预煮过程中要不断去除预煮水表面的浮沫。

④卤制：

a. 首先制备卤料包：将调料原料切碎、或切片后装入袋中，系紧袋口，制成卤料包。

b. 将步骤③冷却好的鸡肉放入卤锅内，加入预先配制好卤料包，加清水至完全淹没鸡肉，再加入鸡肉质量的1%的黄酒、适量的生姜片，先大火烧沸，然后文火使卤汤保持沸腾，适量添水保持卤汤没过鸡肉，控制温度在90~110℃，卤制时间40~50分钟，每10分钟翻动一次鸡肉。

c. 卤制好的鸡肉迅速出锅，摆放在干净的台案上自然冷却至室温。

d. 切丁：将冷却后的肉块，用自动切丁机将肉切成0.8厘米×0.8厘米×0.8厘米的肉丁。

⑤烘制：将切好的肉丁放入底部铺有荷叶和橙皮的不锈钢盘子里，再将盘子放入烘箱中，在150~200℃的温度下，烘烤50~60分钟。

（2）菇的处理。

①挑选优质菇，修去菇上的泥根、硬化组织及其他杂质，清洗干净，用切片机沿菇柄的垂直方向切成厚2~4毫米的片状或段状，然后放入含1‰的柠檬酸、1‰氯化钙的水中浸泡10~15分钟。

②煮制：浸泡好的菇片或段放入锅中，加入清水，再加入菇质量1‰的柠檬酸，在常压下煮沸10~15分钟，煮制后及时捞出，放入流动水中冷却漂洗至

常温。

③脱水：冷却后的菇片沥水后放入离心机内脱水，脱水时间2~5分钟，设备转速不低于100转/分钟。

（3）调配。

①调味油和调味料的制备：调味油由下列质量份的原料制成：辣椒0.8份、花椒0.3份、八角0.2份、小茴香0.1份、桂皮0.2份、炒香的大麦粉0.7份、葱0.5份、生姜0.5份、植物油10份。

制备方法：将植物油加热到80~90℃时，再按比例加入辣椒、花椒、八角、炒香的大麦粉、小茴香、桂皮、葱、姜，文火炸至20分钟，将香料捞出，过滤冷却即可制得自制调味油。

调味料由下列质量份的原料混合制成：肉味香精0.08份、胡椒粉0.12份、黄酒0.5份、油菜花粉0.04份、自制的调味油2.5份、脱氢乙酸钠0.02份、D-异抗坏血酸钠0.4份。

②当菇片脱水后与烘烤后的鸡肉丁按比例投入滚揉机里，菇肉的质量比为6.5∶3.5，同时加入菇肉总质量5%的调味油，3%的调味料，0.4%的辣木粉，一起滚揉混合均匀，然后按要求包装入袋，真空封口。

③包装好的菇香鸡肉真空袋装品，再进行高温蒸汽灭菌，要求蒸汽温度在121℃的条件下，恒温杀菌6~10分钟。

④灭菌后的菇香鸡肉真空袋装品，送入保温间进行保温处理2~3小时。

⑤将保温结束的真空包装产品，擦去水分，检验，将合格品按要求装箱，入库，即可。

特点：本品采用优质鸡肉和优质菇类为原料，辅加多种天然香辛料，分别卤制，然后再添加特制的调味油、调料调配，再经高温灭菌、真空包装的特定工艺精制而成，本加工工艺制成的菇香卤鸡肉，最大限度地保留了鸡肉和菇类物质的营养成分。腌制时添加了柠檬粉和荷叶粉，在去腥的同时，吸收了柠檬粉和荷叶的营养，使腌制出的鸡肉具有荷叶的清香和柠檬粉的营养。将鸡肉和卤菇混合食用，克服了常规卤鸡中的中草药味道，本品的菇香卤鸡肉，具有营养丰富，肉质软嫩熟烂，气香浓郁，咸淡适宜，风味独特，肉含高蛋白，低动物性脂肪、高钙质。

实例184　骨肉相连

原料：鸡胸肉300千克，干红葡萄酒6千克，鸡肉膏10千克，番茄酱5千克，生姜1千克，洋葱5千克，蒜2千克，食盐2千克，鸡精0.5千克，白砂糖7千克，变性淀粉4千克，水57.5千克。

制法：

（1）备主料：将鸡胸肉洗净、沥干，切成2厘米×2厘米~3厘米×3厘米肉块，然后用12%的色拉油将鸡胸肉块滑油，油温120℃，滑油时间1~2分钟，然后冷却至18℃，将鸡胸软骨洗净、沥干切成长2~2.5厘米的段状。

（2）制调味汁：用干红葡萄酒、鸡肉膏、番茄酱、生姜、洋葱、蒜、食盐、鸡精、白砂糖、变性淀粉、水等，烹制骨肉相连特有的调味汁，冷却至18℃。

（3）制成品：将主料和调味汁按3:1的比例装入包装袋内充入氮气封口，灭菌，冷却后即得成品。

食用时，将袋子撕开，把主料、调味汁放入容器，蒸、煮或微波加热3~5分钟，即可食用。

特点：本品将餐饮骨肉相连的传统餐饮技艺和现代食品工程技术相结合，形成了工业化生产工艺，产品不含任何化学添加剂和防腐剂，既保留了传统骨肉相连的风味和营养，又即食、方便、卫生。

实例185　鸡肉虾仁卤制品

原料：鸡腿肉250克，鲜虾仁200克，麻山药片（0.3厘米厚）50克，葱段100克，甜面酱75克，大枣80克，海鲜酱25克，白糖25克，蚝油12克。

制法：将切成丁的鸡肉、麻山药片和虾仁分别在120℃的油中炸40秒后捞出，然后向炸制后的鸡丁、麻山药和虾仁中按比例放入上述调味料组合物中的葱段、甜面酱、大枣、海鲜酱和白糖，加水使鸡丁、麻山药和虾仁为浸没状态后，用猛火煮沸10~15分钟，加入蚝油后，再用中火煮沸10~15分钟后制得成品。

所述鸡肉与虾仁的份数比为（2:1）~（1:1）。所述鸡肉最好为鸡腿肉。

特点：

（1）本品是在挖掘整理并借鉴康熙年间宫廷盛行并一度成为直隶总督官方宴请的名菜“鸡里蹦”的基础上研发卤制出的一道美食，既有鸡肉的鲜香，又具有虾仁之脆嫩鲜美，甜咸醇香，食用后使人感觉唇齿留香，回味无穷。

（2）本品可制作即开即食的真空包装方便食品，保存期长，使人们可随时随地品尝到这一具有丰富历史饮食文化的美食。

实例186　鸡胸肉串

原料：鸡胸肉100千克，滚揉液35千克。

滚揉液配方按以下质量份的调味料组成：盐1.4千克，糖2.0千克，味精2.0千克，小苏打0.2千克，鸡肉香精0.3千克，以辣椒粉作为风味特征香辛料3.0千克，水25.8千克。

制法：

（1）备料：选取整块或切割成块的鸡大胸肉、鸡小胸肉，备用。

（2）配制滚揉液：将滚揉液组分中各种调料混合均匀即可。

（3）滚揉：将鸡胸肉与滚揉液按重量比100:（20～50）的比例加入真空滚揉机内，真空滚揉20～60分钟。

（4）速冻、包装：将滚揉后的鸡胸肉穿串，在－35℃环境条件下速冻，在产品中心温度≤－18℃结束，常规包装。

所述的风味特征香辛料为辣椒粉、孜然粉、黑胡椒粉、花椒粉、五香粉或十香粉或咖喱粉等，因产品风味不同而选用不同的香辛料，可以是一种香辛料，也可以是几种香辛料的混合物。

滚揉液中可用苏打代替小苏打。

特点：采用上述方法制得的鸡胸肉串，由于在滚揉液中加入小苏打或苏打，而小苏打或苏打呈弱碱性，通过滚揉使其深入鸡胸肉组织内部，解决了鸡胸肉味道酸、口感干柴的缺陷，使鸡胸肉串口味鲜美、多汁而富有弹性。

实例187　咖喱鸡肉

原料：鸡肉2千克，土豆500克，大蒜500克，洋葱1000克，姜黄粉10克，咖喱粉50克，盐50克，味精30克，辣椒粉80克，色拉油600克，柠檬3个。

咖喱粉配方：孜然500克，香菜籽（芫荽籽）250克，茴香籽250克，丁香83克，肉蔻83克，肉蔻仁膜83克，八角83克，胡椒83克，桂皮20克，香叶20克，香果3个。

制法：

（1）将孜然、香菜籽、茴香籽洗净晒干后入锅略炒6～8分钟后和其他配料搅拌匀即得咖喱粉。

（2）取鸡肉洗净切成大丁，土豆削皮洗净切成大丁，取少许大蒜、姜捣碎，洋葱100克切碎，柠檬3个榨成汁；并将剩余的大蒜、洋葱分别在50克和100克的色拉油中炸黄，将姜黄粉、咖喱粉、盐、味精、辣椒粉、捣好的大蒜和姜、切好的土豆和洋葱和剩余的色拉油放入鸡肉中拌匀腌制10分钟；锅烧热后将鸡肉和土豆倒入其中翻炒15分钟，之后加入适量水，并加入炸好的大蒜和洋葱煮熟至汁变浓即可。

特点：本品的这种咖喱鸡肉咖喱味浓、味辣、食用方便快捷，美味可口，而且制作工艺统一，方便推广和开展连锁。

实例188 香熏肉制品

原料：鸡肉100千克。

熏烤材料配方：柏树枝5份，橘树枝4份，橘皮5份，花生壳5份，蔗渣6份。

卤液配方：水100份，八角3份，橘皮3份，桂圆3份，砂仁2份，广香2份，香叶2份，肉蔻2份，生姜3份，草果2份，丁香1份，沙姜1份，香菘2份，罗汉果1份，鱼露1份，良姜1份，白芷1份，陈皮3份，胡椒2份，花椒1份，红曲米0.2份，小茴香1份，甘草1份。

制法：

（1）备料：选用鸡肉100千克（800～1000克/只）作为原料，并将选好的原料采用－18℃以下的冷冻车运输或储存于－25℃以下的冷冻库内。

（2）原料解冻、整理成型：将合格鸡肉解冻后去边角、疤痕和杂质，并根据品种要求切块成型。

（3）漂洗：将成型后的鸡肉放入清水中漂洗至干净为止，晾干备用。

（4）配制腌制上色液：上色液按以下质量份的调味料配制而成：盐0.2份、花椒0.1份、老抽0.1份、黄酒0.3份。

（5）腌制：将配制好的腌制上色液按以下质量份均匀涂抹在原料上：鸡肉100份，腌制上色液30份，并置于10℃下腌制72小时。

（6）熏烤：将已腌制好的鸡肉取出分别晾挂于架子上晾干后放入熏烤炉中，点燃熏烤材料，在45℃下熏烤4小时。

（7）清洗晾干：将熏烤好的鸡肉用热水清洗干净后晾干备用。

（8）卤制：将晾干后的鸡肉放入已调制好的卤液中卤制40分钟后取出冷却晾干，所述的卤液保持98℃的温度。

（9）包装：将已卤制好并冷却的鸡肉装入高温蒸煮袋，并真空封口。

（10）杀菌：将已包装好的产品平放于杀菌盘中，在115℃下灭菌25分钟后取出冷却晾干。

（11）将已杀菌晾干后的产品装箱入库待检。

（12）检验：将入库后的产品进行抽样检验，检验合格后，出厂销售。

所述的黄酒包括白酒、黄酒或葡萄酒。

特点：本品通过隔绝空气低温加热，肉制品的营养成分不被破坏，调味料的风味不变。且兼具有熏肉制品风味和卤肉制品风味。本品采用天然香料制作，采用塑料软包装便于携带，开袋即食，存放时间达1年以上，不变色、口味浓厚独特。

实例189　菠萝鸡肉串

原料：鸡胸脯肉95千克，黄豆9千克，红豆4千克，菠萝肉10千克，苹果肉4千克，云雾果2千克，柠檬5千克，中药粉5千克，淀粉8千克，孜然粉3千克，白胡椒粉2千克，冰水36千克，山药粉0.4千克，白芷粉2千克，生姜泥0.6千克，大蒜泥0.4千克，黄酒0.9千克，色拉油1.0千克，米糠油0.15千克。

中药粉由下列质量份的原料组成：菠萝皮4份，榴莲肉5份，玫瑰花1份，鱼腥草2份，苦菊2份，灵芝1份，枸杞2份，向日葵花盘2份，杏仁1份。

制法：

（1）将黄豆、红豆、菠萝肉、苹果肉、云雾果、柠檬按质量份混匀后，用相当于上述原料总质量5%的糖腌制2小时后，搅碎，干燥后，膨化，得膨化粉备用。

（2）将中药粉各原料混匀后，用食醋浸泡2小时，取出，洗净，油炸5分钟后，取出，干燥后磨粉，即得中药粉备用。

（3）将鸡胸脯肉解冻。

（4）将鸡胸脯肉有规则地切成3厘米见方的肉丁。

（5）将鸡胸脯肉放入滚揉机，同时加入其余原料滚揉50分钟。

（6）将滚揉后的肉静置2小时后，进行穿签。

（7）将穿签后的菠萝鸡肉串送入速冻库速冻。

（8）速冻后的菠萝鸡肉串用封口机分别进行内包装和外包装。

（9）总检，入库即得。

食用时，将该鸡肉串解冻后，烤制，即可。

特点：本产品利用滚肉将肉料进行轻微缓慢的运动，让肉料的组织结构产生缝隙，充分吸收料液，经过腌制后，使得肉串具有外香里嫩、肉质细嫩、咸淡适中、营养丰富香味醇厚。本品的膨化粉营养丰富，口感香醇。

实例190　油炸香酥鸡肉

原料：去骨后鸡肉10千克，面粉1千克，五香粉10克，辣椒粉30克，花椒面20克，芝麻50克，味精40克，食盐50克，白糖100克。

制法：

（1）选料：选用去骨后鸡肉10千克。

（2）分切：将牛肉分割为高3~5厘米，宽3~8厘米的条块。

（3）裹粉：将已分切的鸡肉片或丝放入1千克面粉内使鸡肉均匀裹上一层

面粉，并压紧。

(4) 油炸：将已裹粉的鸡肉片（丝）放入油锅内炸，油菜温控制在110～160℃之间炸5～8分钟捞出。

(5) 脱油、拌料、包装：将炸熟的鸡肉放入离心机中，脱油3分钟左右，取出后添加五香粉、辣椒粉、花椒面、芝麻、味精、食盐、白糖，搅拌均匀后称重包装，即成产品。

特点：本品成品率高，具有崭新口感，酥脆化渣，含水量低，易于保存，鸡肉与面粉营养互相搭配，适合佐餐休闲的肉制品。

实例191　孜然鸡肉串

原料：鸡胸肉15千克，鸡腿肉15千克，鸡皮25千克，盐0.6千克，磷酸盐0.05千克，焦糖0.1千克，40℃的热水0.2千克，白面包粉3.5千克，马铃薯淀粉1.5千克。

制法：

(1) 取鸡胸肉、鸡腿肉和鸡皮，搅碎后与盐、磷酸盐混合搅拌均匀。

(2) 将焦糖溶解于40℃的热水里，将白面包粉和马铃薯淀粉加入溶液中混合均匀。

(3) 加入肉馅搅拌均匀后，在模具中制成长10厘米、宽2厘米的长方形扁状肉串。

(4) 以一端凸出的方式向该肉串插入消毒过的长12厘米的竹签，并使竹签有3厘米外露。

(5) 孜然经筛选后倒入水中，在其完全浸水后捞出孜然，该孜然经小火彻底炒干后，研磨成颗粒状，取0.52千克孜然与0.08千克黑胡椒、0.28千克辣椒粉混合均匀制成混合调味料0.88千克。

(6) 将该调味料均匀撒在肉串的单面后，将该面放在120℃的烧烤板上加热至颜色淡黄，翻转至另一面加热至颜色淡黄，加热时间为2分钟。

(7) 将肉串送入蒸箱加热，加热温度120℃，中心温度为100℃，加热时间为3分钟。

(8) 最后将肉串进行速冻，温度降至-5℃，灭菌、真空包装即得成品。

特点：本品制出的孜然鸡肉串口感良好，料理方式多样且快捷，营养丰富，可长期存放，易储存，适合日常生活、野外出游和快餐经营。该孜然鸡肉串制作方法的工艺合理，成本低，可操作性强，易实现规模化生产。

实例192　豆香卤鹅肉

原料：鹅肉1000千克，八角2.2千克，小茴香1.4千克，肉桂1.2千克，花椒1.1千克，白芷1.2千克，丁香0.4千克，草果1.2千克，甘草1.3千克，陈皮1.2千克，山楂1千克，枸杞1.1千克，胡椒0.6千克，高良姜0.7千克，葱1千克，生姜1千克，肉蔻0.6千克，山奈0.4千克，砂仁0.4千克，葛根0.4千克，佛手0.4千克，灵芝0.3千克，莲子芯0.3千克，洋葱0.6千克，小麦0.6千克。

制法：

（1）鹅肉的处理。

①修整处理：取新鲜或冷冻的检验合格的原料鹅肉，直接清洗或解冻后清洗干净，修去表面及内部动物性脂肪、淋巴、血管、淤血及污物，再用清水漂洗至无血水析出为止，沥干待用。

②低温浸泡：将清洗沥干的鹅肉放入容器中，加入鹅肉质量的2%～3%的食盐、0.5‰～1‰的D－异抗坏血酸钠、0.1%～0.5%的生姜末、0.1%～0.3%的荷叶粉、0.1%～0.3%的香茅粉，0.4%～0.5%的维生素C，添加时采用逐层腌制，一层肉一层腌制料地均匀撒入，常温下腌制20～24小时。

③煮制、去腥：将腌制好的鹅肉用清水冲洗干净，拌入鹅肉质量0.2%的无花果蛋白酶，充分拌匀后，放置10～15分钟，然后放入沸水中煮10～20分钟，每100份水中加入香椿树叶0.15份、木香0.04份，当鹅肉表面无血丝即可出锅，捞出通风冷却，每锅都要换水，预煮过程中要不断去除预煮水表面的浮沫。

④卤制：

a. 制备卤料包：将卤料包中的各原料组分切碎或切片后装入袋中，系紧袋口，制成卤料包。

b. 将步骤③冷却好的鹅肉放入卤锅内，加入预先配制好的卤料包，加清水至完全淹没鹅肉，再加入鹅肉质量的1%的黄酒、适量的生姜片，先大火烧沸，然后文火使卤汤保持沸腾，适量添水保持卤汤覆盖过鹅肉，控制温度在90～110℃，卤制时间60～90分钟，每10分钟翻动一次鹅肉。

c. 卤制好的鹅肉迅速出锅，摆放在干净的台案上自然冷却至室温。

d. 切丁：将冷却后的肉块，用自动切丁机将肉切成0.8厘米×0.8厘米×0.8厘米的肉丁。

⑤烘制：将切好的肉丁放入底部铺有荷叶和橙皮的不锈钢盘子里，再将盘子放入烘箱中，在150～200℃的温度下，烘烤30～50分钟。

（2）豆子的煮制。挑选优质的豆子，清洗干净，放入锅中加水煮制，并向水中加入豆子质量2%～3%的食盐、1%～2%的白砂糖、0.3%～0.6%的味精、0.5%～0.6%的5′－呈味核苷酸二钠、0.3%～0.5%的酵母抽提物、0.1%～0.3%的老鹰茶粉、0.03%～0.08%的鸡汁粉、葱、生姜适量，常压下先大火煮沸后，改用文火煮沸 30 ~ 50 分钟，然后捞出自然冷却。

（3）调配。

①调味油由下列质量份的原料制成：辣椒 0.5 份、花椒 0.3 份、八角 0.2 份、小茴香 0.1 份、桂皮 0.2 份、葱 0.5 份、生姜 0.5 份、炒香的大麦粉 0.6 份、葡萄籽油 0.03 份、植物油 10 份。

制备方法：将植物油加热到 80 ~ 90℃时，再按比例加入辣椒、花椒、八角、炒香的大麦粉、小茴香、桂皮、葱、姜，文火炸至 20 分钟，将香料捞出，过滤冷却，加入葡萄籽油混合均匀，即可制得自制调味油。

调味料由下列质量份的原料混合制成：肉味香精 0.08 份、胡椒粉 0.1 份、黄酒 0.5 份、蒲公英花粉 0.04 份、自制的调味油 2.5 份、脱氢乙酸钠 0.02 份、D－异抗坏血酸钠 0.3 份。

②当豆子完全冷却后拌入豆子质量 5% 的自制调味油，3% 的调味料，0.3% 的抹茶粉，充分拌匀，然后按要求真空包装入袋。

③将卤制好的鹅肉丁和袋装豆一起装入袋中，要求，豆肉质量比为(7 ~ 6)：(3 ~ 4）的比例，然后进行真空封口。

④包装好的豆香卤鹅肉真空袋装品，再进行高温蒸汽灭菌，要求蒸汽灭菌，要求蒸汽温度在 121℃的条件下，恒温杀菌 6 ~ 10 分钟。

⑤灭菌后的豆香卤鹅肉真空袋装品，送入保温间进行保温处理 2 ~ 3 小时。

⑥将保温结束的真空包装产品，擦去水分，检验、将合格品按要求装箱，入库，即可。

特点：本品采用优质鹅肉和优质豆子为原料，辅加多种天然香辛料，分别卤制，然后再添加特制的调味油，调料，调配，再经高温灭菌、真空包装的特定工艺精制而成，本加工工艺制成的豆香卤鹅肉，最大限度地保留了鹅肉和豆子的营养成分，同时在卤制鹅肉时，卤料包中添加了中草药，卤制出的鹅肉滋味醇厚；腌制时添加了香茅粉、荷叶粉和维生素 C，去腥的同时，吸收了香茅粉和荷叶的营养，腌制出的鹅肉具有荷叶的清香和香茅粉的营养；豆子在卤制结束时，拌上自制的调味油和调味料，同时添加了蒲公英花粉，具有了麻辣香味，将鹅肉和卤豆混合食用，克服了常规卤鹅中的中草药味道。

实例 193　鹅肉培根

原料：鹅胸脯肉 100 千克，腌制液 22 千克。

腌制配方：食盐 2.5 千克，白糖 0.8 千克，磷酸盐 0.4 千克，卡拉胶 0.3 千克，味精 0.2 千克，亚硝酸钠 0.05 千克，异抗坏血酸钠 0.08 千克，红曲素 0.1 千克，冰水 22 千克。

制法：

（1）鹅胸脯肉的制备：将健康无病害的鹅宰杀放血，烫退毛，去内脏，取鹅胸脯肉，剔除表面的动物性脂肪、污血，用流水清洗干净，即得到用于加工的鹅胸脯肉。

（2）腌制液配制：将食盐、白糖、磷酸盐、魔芋胶和乳清蛋白粉的混合物或卡拉胶（指魔芋胶和乳清蛋白粉的混合物、卡拉胶两者中选一种）、味精、亚硝酸钠或硝酸钠（指亚硝酸钠、硝酸钠两者中选一种）、异抗坏血酸钠、红曲素和冰水按比例混合，完全溶解后，即得到腌制液。

（3）注射：先将鹅胸脯肉的一面铺在注射机传送带上注射鹅肉重10%～15%的腌制液，然后翻过来在另一面注射鹅肉重5%～7%的腌制液。

（4）滚揉腌制：将注射腌制液后的鹅胸脯肉在0～4℃的条件下，进行真空滚揉7～15分钟得到肉块，其中滚揉机转速为7转/分钟，真空度为-0.03～-0.06MPa。

（5）发酵：将滚揉腌制得到的肉块置于成熟间内发酵，将保加利亚乳杆菌、木糖葡萄球菌与戊糖片球菌按体积比1∶(0.3～0.5)∶(0.2～0.7)的比例混合后得到的发酵菌液，按肉块质量0.5%～1.2%的添加量接种于肉块上，35℃恒温发酵24小时。

（6）终止发酵：在75℃下处理2小时，以便杀灭发酵终止后的乳酸菌。

（7）成型：将塑料薄膜铺于成型模具内，将发酵后得到的肉块平整地码于成型模具内，将成型模具盖上盖后扎孔排除肉内空气，然后在真空度为-0.08MPa的条件下放置2小时。

（8）干燥：将成型后的肉块在60～65℃的条件下，干燥40分钟，产品表面干爽即可，主要目的是使表面蛋白质凝固，促进发色。

（9）蒸煮：将干燥后的肉块在80～85℃的条件下，蒸煮至中心温度75℃后，再蒸煮20分钟，得到鹅肉培根半成品，主要作用是使蛋白质变性，形成风味和气味特征，同时可以杀灭部分微生物。

（10）烟熏：将蒸煮后的鹅肉培根半成品冷却后揭去塑料薄膜，在30～55℃的条件下，烟熏4小时，主要是起到让产品形成特有的烟熏风味和烟熏色的作用。

（11）冷却：将烟熏后的鹅肉培根半成品送入0～4℃的冷却间冷却。

（12）包装：按一定质量称取后，真空包装，即得到鹅肉培根。

特点：本品鹅肉培根无土腥味、肉质鲜嫩，发酵与烟熏风味浓郁，产品具有较长的保质期。

实例194　风味鸭肉

原料：生鸭肉600～700克，白糖9克，白芷2.5克，山奈1.8克，桂丁1.6克，良姜1克，枝子0.7克，甘草0.8克，小茴香1.5克，山药1.3克，罗汉果0.5克，陈皮1.6克，干姜1.4克，桂皮0.8克，八角0.9克，草果仁0.3克，孜然1.3克，香叶1.5克，丁香1.2克，千里香0.4克。

制法：

(1) 将除白糖外的调料粉碎混合制成料袋。

(2) 蒸煮：将水煮沸以后，放入料袋，然后按份放入屠宰分割（或整体去杂）后的生鸭肉600～700克，小火煮40分钟。

(3) 素制上色：将素房的铁制底板加热至75吨，将经步骤（2）得到的鸭肉悬放在熏房内，在底板上撒上白糖水，闭炉门熏制1.5分钟，取出即为成品熟食鸭肉。

特点：本品工艺不含任何色素，成品鸭肉色、香、味俱佳，口感别具一格，符合现代营养滋补的需求，工艺方法简便。

实例195　菇香鹅肉

原料：鹅肉1000克，香菇2333克。

卤料包配方：八角2.2克，小茴香1.4克，肉桂1.2克，花椒1.1克，白芷1.2克，丁香0.4克，草果1.2克，甘草1.3克，陈皮1.2克，山楂1.1克，枸杞0.8～1.2克，胡椒0.8克，高良姜0.6克，葱1.1克，生姜1.1克，肉蔻0.6克，山奈0.35克，砂仁0.3克，甘松0.3克，葛根0.4克，忍冬藤0.3克，迷迭香0.3克。

制法：

(1) 鹅肉的处理。

①修整处理：取新鲜或冷冻的检验合格的原料鹅肉，直接清洗或解冻后清洗干净，修去表面及内部动物性脂肪、淋巴、血管、淤血及污物，再用清水漂洗至无血水析出为止，沥干待用。

②低温浸泡：将清洗沥干的鹅肉放入容器中，加入鹅肉质量2%～3%的食盐、0.5%～1‰的D－异抗坏血酸钠、0.1%～0.5%的生姜末、0.1%～0.3%的荷叶粉、0.1%～0.3%的柠檬粉，加入适量的生抽以能浸泡鹅肉为限，加入鹅肉质量0.2%～0.4%的黄酒，在1～5℃下浸泡20～24小时。

③煮制：将浸泡好的鹅肉取出，拌入鹅肉质量0.1%～0.3%的木瓜蛋白酶，充分拌匀后，放置10～15分钟，然后放入沸水中煮10～20分钟，每100份水中

加入香椿树叶0.1~0.2份、花椒0.02~0.05份，当鹅肉表面无血丝即可出锅，捞出通风冷却，每锅都要换水，预煮过程中要不断去除预煮水表面的浮沫。

④卤制：

a. 制备卤料包：将卤料包中的各原料切碎或切片后装入袋中，系紧袋口，制成卤料包。

b. 将步骤③冷却好的鹅肉放入卤锅内，加入预先配制好卤料包，加清水至完全淹没鹅肉，再加入鹅肉质量1%~3%的黄酒、适量的生姜片，先大火烧沸，然后文火使卤汤保持沸腾，适量添水保持卤汤温过鹅肉，控制温度在90~110℃，卤制时间60~90分钟，期间翻动两次鹅肉，卤制过程中要撇去浮在卤汤表面的浮油。

c. 卤制好的鹅肉迅速出锅，摆放在干净的台案上自然冷却至室温。

d. 切丁：将冷却后的肉块，用自动切丁机将肉切成0.8厘米×0.8厘米×0.8厘米的肉丁。

⑤烘制：将切好的肉丁拌入荷叶浆料混合物，放入底部铺有橙皮的不锈钢盘子里，放入烘箱中，在150~200℃下，烘烤100~130分钟。

所述的荷叶浆料混合物由下列质量份的组分混合制成：新鲜的荷叶45份、大麦粉12份、荞麦粉12份、淮山药粉10份、枸杞粉5份、银杏叶粉2.5份、金银花粉4份、山楂粉4份、辣木籽粉4份，将荷叶打浆，加入其他粉状物料，再加水调成浆状物。

（2）菇的处理。

①挑选优质菇，修去菇上的泥根、硬化组织及其他杂质，清洗干净，用切片机沿菇柄的垂直方向切成厚约2~4毫米的片状或段状，然后放入含1‰的柠檬酸、1‰氯化钙的水中浸泡10~15分钟。

②煮制：浸泡好的菇片或段放入锅中，加入清水，再加入菇质量1‰的柠檬酸，在常压下煮沸10~15分钟，煮制后及时捞出，放入流动水中冷却漂洗至常温。

③脱水：冷却后的菇片沥水后放入离心机内脱水，脱水时间2~5分钟，设备转速不低于100转/分钟。

（3）调配。

①调味油和调味料的制备：调味油由下列质量份的原料制成：辣椒0.8份、花椒0.3份、八角0.2份、小茴香0.1份、桂皮0.2份、炒香的大麦粉0.7份、葱0.5份、生姜0.5份、植物油10份。

制备方法：将植物油加热至80~90℃时，再按比例加入辣椒、花椒、八角、炒香的大麦粉、小茴香、桂皮、葱、姜，文火炸至20分钟，将香料捞出，过滤冷却即可制得自制调味油。

调味料由下列质量份的原料混合制成：肉味香精 0.08 份、胡椒粉 0.12 份、黄酒 0.5 份、油菜花粉 0.04 份、自制的调味油 2.5 份、脱氢乙酸钠 0.02 份、D－异抗坏血酸钠 0.4 份。

②当菇片脱水后与烘烤后的鹅肉丁按比例投入滚揉机里，菇肉的质量比为 7∶3，同时加入菇肉总质量 4%～6% 的调味油，2%～4% 的调味料，0.2%～0.5% 的辣木粉，0.01%～0.02% 的迷迭香提取物，一起滚揉混合均匀，然后按要求包装入袋，真空封口。

③包装好的菇香鹅肉真空袋装品，再进行高温蒸汽灭菌，要求蒸汽温度在 121℃ 的条件下，恒温杀菌 6～10 分钟。

④灭菌后的菇香鹅肉真空袋装品，送入保温间进行保温处理 2～3 小时。

⑤将保温结束的真空包装产品，擦去水分，检验，将合格品按要求装箱，入库，即得成品。

特点： 本品具有营养丰富，肉质软嫩熟烂、气香浓郁、咸淡适宜，风味独特，肉含高蛋白，低动物性脂肪、高钙质的特点。

实例 196　枸杞鸭肉酥

原料： 鸭胸肉 1000 克，按摩配料 70 克。

按摩配料：盐 80～100 克，甘草 70～90 克，山楂粉 8～12 克，藿香 4～6 克，花椒 8～12 克，小茴香 40～60 克，葱、姜适量。

卤料包配方：绿豆 45 克，木瓜 15 克，枸杞 12 克，茯苓 9 克，蒲公英 12 克，啤酒 5 克，桂皮 5 克，良姜 5 克，木瓜 5 克，丁香 5 克，小茴香 5 克，白芷 5 克，花椒 5 克，辣椒 5 克，莲子芯 5 克，草果 4 克，甘草 4 克，白胡椒 5 克，孜然 4 克，香叶 4 克，南瓜花 4 克，香菇 1 克，木糖醇 25 克，鸡精 12 克。

调味料：木糖醇 120 克，味精 25 克，食盐 35 克，淀粉 30 克，β－环糊精 100 克，山梨醇酯 1 克，玫瑰油 90 克，荷叶粉 0.1 克，花椒 3 克，桂皮 2 克，八角 0.5 克，小茴香 2 克，甘草 4 克，红葡萄酒适量。

制法：

（1）首先清洗鸭胸肉，沥干水分。

（2）将盐，甘草，山楂粉，藿香，花椒，小茴香，适量葱、姜一起混合炒香，即得到按摩配料。

（3）将沥干水分的鸭胸肉称重 1000 克，称取 70 克步骤（2）所得的按摩配料，对鸭肉进行真空按摩，边按摩边加配料，按摩 45 分钟后，在－1℃ 低温下密封腌制 1～2 天。

（4）将步骤（3）腌制好的鸭肉放入锅中，并加入卤料包和适量的水，并在腹腔内装入3片姜，3片党参，3颗绿豆，先用大火烧开，然后改用小火蒸煮60分钟，最后改用大火煮制14分钟，当加入的水体积减少80%时，停止加热，自然冷却至室温。

（5）将上述蒸煮好的鸭肉，放入蒸锅中，高压汽蒸26分钟，蒸汽压力为0.15MPa。

（6）将蒸制好的鸭肉拌上调味料，调成浆状。

（7）装模、定型：将拌好调味料的鸭肉置于定制模盒内，用压板挤压，使肉料紧密，压紧成型后，切割成块状，每块重5~6克。

（8）将切割成型的肉料及时送入烧烤箱内，温度75℃，烘烤，肉料水分保持在12%左右。

（9）杀菌：将烤制好的肉料再进行微波杀菌处理。

（10）冷却：杀菌后的半成品转入洁净冷却间冷却至室温。

（11）包装：包装，入库。

特点：腌制时，将盐和调味料一起炒香，然后采用真空揉搓的方式进行揉搓腌制，这样去腥效果好，加工出的鸭肉香味浓。在鸭肉配料中，采用荷叶粉，代替化学防腐剂，食用更健康。

实例197　乌梅鸭肉酥

原料：鸭胸肉1000克，按摩配料70克。

按摩配料：盐80~100克，甘草70~90克，橘皮8~12克，藿香4~6克，花椒8~12克，小茴香40~60克，葱、姜适量。

卤料包配方：以鸭肉重1000克计量，乌梅45克，陈皮15克，鸡内金12克，山楂12克，啤酒5克，桂皮5克，良姜5克，陈皮5克，丁香5克，小茴香5克，白芷5克，花椒5克，辣椒5克，莲子芯5，草果4克，甘草4克，白胡椒5克，孜然4克，香叶4克，大蒜5克，沉香1克，木糖醇25克，鸡精12克。

调味料配方：木糖醇120份，味精25份，食盐35份，淀粉30份，β-环糊精100份，山梨醇酯1份，橄榄油90份，荷叶粉0.1份，花椒3份，桂皮2份，八角0.5份，小茴香2份，甘草4份，红葡萄酒适量。

制法：

（1）首先清洗鸭胸肉，沥干水分。

（2）将盐，甘草，橘皮，藿香，花椒，小茴香，适量葱、姜一起混合炒香，得到按摩配料。

（3）将沥干水分的鸭胸肉称重1000克，称取70克步骤（2）所得的按摩配料，对鸭肉进行真空按摩，边按摩边加配料，按摩45分钟后，在-1℃低温密封腌制1~2天。

（4）将步骤（3）腌制好的鸭肉放入锅中，并加入卤料包和适量的水，并在腹腔内装入3片姜，3片人参，3颗乌梅，先用大火烧开，然后改用小火蒸煮60分钟，最后改用大火煮制14分钟，当加入的水体积减少80%时，停止加热，自然冷却至室温。

（5）将上述蒸煮好的鸭肉，放入蒸锅中，高压汽蒸26分钟，蒸汽压力为0.15MPa。

（6）将蒸制好的鸭肉拌上调味料，调成浆状。

（7）装模、定型：将拌好调味料的鸭肉置于定制模盒内，用压板挤压，使肉料紧密，压紧成型后，切割成块状，每块重5~6克。

（8）将切割成型的肉料及时送入烧烤箱内，温度75℃，烘烤，肉料水分保持12%左右。

（9）杀菌：烤制好的肉料再进行微波杀菌处理。

（10）冷却：杀菌后的半成品转入洁净冷却间冷却至室温。

（11）包装：包装，入库。

特点：同“枸杞鸭肉酥”。

实例198　桑葚鸭肉酥

原料：鸭胸肉称重1000克，按摩配料70克。

按摩配料：盐80~100克，陈皮8~12克，藿香4~6克，花椒8~12克，小茴香40~60克，葱、姜适量。

卤料包的配方：以鸭肉重1000克计量，桑葚45克，桑叶15克，葛根12克，荞麦9克，山楂12克，南瓜叶9克，啤酒5克，桂皮5克，良姜5克，陈皮5克，丁香5克，小茴香5克，白芷5克，花椒5克，辣椒5克，莲子芯5克，草果4克，白胡椒5克，孜然4克，香叶4克，大蒜5克，沉香1克，木糖醇25克，鸡精12克。

调味料：木糖醇120克，味精25克，食盐35克，淀粉30克，β-环糊精100克，山梨醇酯1克，橄榄油90克，荷叶粉0.1克，花椒3克，桂皮2克，八角0.5克，小茴香2克，红葡萄酒适量。

制法：

（1）首先清洗鸭胸脯肉，沥干水分。

（2）将盐，陈皮，藿香，花椒，小茴香，适量葱、姜一起混合炒香，得到按摩配料。

(3) 将沥干水分的鸭胸脯肉称重1000克，称取70克步骤(2)所得的按摩配料，对鸭肉进行真空按摩，边按摩边加配料，按摩45分钟后，在-1℃低温密封腌制1~2天。

(4) 将步骤(3)腌制好的鸭肉放入锅中，并加入卤料包和适量的水，先用大火烧开，然后改用小火蒸煮60分钟，最后改用大火煮制14分钟，当加入的水体积减少80%时，停止加热，自然冷却至室温。

(5) 将上述蒸煮好的鸭肉，放入蒸锅中，高压汽蒸26分钟，蒸汽压力为0.15MPa。

(6) 将蒸制好的鸭肉拌上调味料，调成浆状。

(7) 装模、定型：将拌好调味料的鸭肉置于定制模盒内，用压板挤压，使肉料紧密，压紧成型后，切割成块状，每块重5~6克。

(8) 将切割成型的肉料及时送入烧烤箱内，温度55℃，烘烤，肉料水分保持12%左右。

(9) 杀菌：烤制好的肉料再进行微波杀菌处理。

(10) 冷却：杀菌后的半成品转入洁净冷却间冷却至室温。

(11) 包装：包装，入库。

特点：

(1) 腌制时，将盐和调味料一起炒香，然后采用真空揉搓的方式进行揉搓腌制，这样去腥效果好，加工出的鸭肉香味浓。

(2) 卤制时，采用水中加具有降血糖功能的中草药卤料包，鸭腹中放入姜片和少量的保健中草药片，共同卤制，具有减肥降血糖功能的中草药水煮容易将有效成分释放到水中，再被鸭肉充分吸收，降血糖效果更好。

(3) 本品方法配方独特，用料科学，腌制和卤制时，添加了各种调味料的同时增加了多种中草药，加工出的鸭肉酥具有芳香油润、咸中带鲜、味道醇郁、口味独特，口感极佳的特点。

(4) 在鸭肉配料中，采用荷叶粉，代替化学防腐剂，食用更健康。

实例199 鸭肉棒

原料：解冻后去毛、骨、血污的冷冻鸭肉100千克。

辅料配方：非碘盐0.75千克，三聚磷酸盐0.27千克，洋葱9.18千克，姜汁0.18千克，蛋液6.10千克，白砂糖0.42千克，味精0.25千克，蛋白粉0.54千克，白胡椒粉0.17千克，白面包糠2千克，玉米淀粉0.30千克。

制法：

(1) 原料处理：将冷冻鸭肉在17~20℃下解冻24小时后，得到原料鸭肉。

（2）拌料：将步骤（1）得到的鸭肉投入搅拌机，加入辅料搅拌，得到搅拌料。

（3）灌肠：将步骤（2）的搅拌料投入灌肠机进行灌肠，得到鸭肉棒。

（4）热加工、冷却：将步骤（3）得到的鸭肉棒放入高温炉，升温至70～74℃，恒温2分钟，然后冷却至鸭肉棒中心温度低于10℃。

（5）包装、速冻：将步骤（4）的鸭肉棒进行真空包装后在－25℃下速冻，并于－18℃下冷藏。

特点：冷冻鸭肉经过上述方法处理后获得的鸭肉棒，外表干爽，肉质殷红，有鸭肉固有的香味，质地致密，可谓色、香、味俱全。

实例200　鸭肉培根

原料：鸭胸肉400千克，大豆蛋白6.8千克，葡萄糖酸钙1千克，食盐10千克，酱油1.6千克，糖8.4千克，味精0.8千克，卡拉胶1.35千克，羧甲基纤维素钠（CMC）0.5千克，柠檬酸钙0.35千克，亚硝酸钠0.045千克，香精香料1.15千克，火腿注射剂6.6千克，乳酸链球菌素0.105千克。

制法：

（1）按产品要求选择原料品种，优选带皮鸭胸肉。

（2）采用自然解冻法，解冻间温度控制在15～20℃，湿度70%～80%，解冻后表层的肉温要求低于10℃，中心温度为－2～2℃。

（3）选料修割：鸭肉增根原料选用鸭胸肉，修去筋腱、碎骨、大块动物性脂肪及局部坏肉、淤血等，然后按要求修成自然块，修整时肉面要平整，不能造成大的伤口。

（4）首先将磷酸盐溶解于预设的适量的冰水中，迅速搅拌，使其充分溶解，再加入亚硝酸钠、色素及其他辅料，使其充分溶解，最后加入分离大豆蛋白和剩余冰水，迅速搅拌，使其完全溶解。注射液温度应控制在6℃以下。

（5）鸭肉注射：注射前，先调整好注射压力和速度，一般将注射压力调整到0.25～0.45MPa，注射前肉温应小于8℃。

（6）滚揉：所装料重的滚揉机总容量的1/3～2/3，滚揉前料温应控制在低于8℃。

装料后先抽真空，要求≥0.08MPa，滚揉过程中每隔2～3小时检查一次真空度，真空度不足时应及时抽真空，滚揉间温度应控制在0～4℃。

滚揉方式：采用低速间歇式滚揉，一般工作20～40分钟，休息5～10分钟，总滚揉16～20小时。

（7）灌装：选择固定的模具，用玻璃纸或塑料膜铺在模具内，将滚揉好的肉馅装入模具，装肉块时，要将肉块摆平，并使肉块间结实紧密，装好后用玻璃纸或塑料膜包好，压紧。

（8）热加工：

①将灌装好的产品装入固定模具。

②蒸煮：采用烟熏炉进行蒸煮，温度为65～75℃，到中心温度达到65～70℃即可。

③干燥：将成品去除包装膜，温度60～70℃，时间15～25分钟。

④烟熏：温度70～80℃，时间25～30分钟，要求最终成品颜色呈金黄色，外形饱满，有光泽。

（9）冷却包装：装成品推入强冷炉，冷却至中心温度20℃以下，即可包装，不切片产品用收缩袋真空包装，要求真空、热封良好。火腿类切片产品包装定量为120克。

（10）二次杀菌和冷却：将包装后的成品放入88～92℃的水中，杀菌10分钟，然后用冷水冷却至室温。

（11）将通过金属探测仪的产品按标准装筐并挂上标识单，入成品库冷藏保存。

特点：本品鸭肉培根外表有亮光，呈金黄色，有淡淡的烟熏味，口感香嫩，切面紧密，肥瘦相间，本品创新了新式鸭肉培根，弥补了现有技术鸭肉食品单一的不足，扩散了鸭子形成新肉类食品的途径，提高了养鸭农户的经济收入。

实例201　鸭肉火腿（1）

原料：带皮鸭胸肉350千克，大豆蛋白8千克，食盐11.5千克，糖8千克，黄酒0.5千克，味精0.8千克，卡拉胶1.75千克，魔芋胶0.5千克，亚硝酸钠0.045千克，香精香料1.2千克，火腿注射剂1.7千克，乳酸链球菌素0.12千克。

所述火腿注射剂采用注射用磷酸盐。所述乳酸链球菌素为防腐剂。

制法：

（1）按产品要求选择原料品种，优选带皮鸭胸肉。

（2）采用自然解冻法，解冻间温度控制在15～20℃，相对湿度70%～80%，解冻后表层的肉温要求小于10℃，中心温度－2～2℃。

（3）选料修割：鸭肉火腿原料选用鸭胸肉，修去筋腱、碎骨、大块动物性脂肪及局部坏肉、淤血等，然后按要求修成自然块，修整时肉面要平整，不能造成大的伤口。

（4）首先将磷酸盐溶解于预设的适量冰水中，迅速搅拌，使其充分溶解，再加入亚硝酸钠、色素及其他辅料，使其充分溶解，最后加入分离大豆蛋白和剩余冰水，迅速搅拌，使其完全溶解。注射液温度应控制在6℃以下。

(5) 鸭肉注射：注射前，先调整好注射压力和速度，一般将注射压力调整到250~450kPa，注射前肉温小于8℃。

若注射一遍不能达到要求的注射率，可以注射两遍，在一个循环内不得改变压力和速度等参数。

鸭肉火腿的注射率均为30%，其注射误差不得超过±5%，不足部分应补足料水，注后肉温小于8℃。

(6) 滚揉，所装料重为滚揉机总容量的1/3~2/3，滚揉前料温应控制在<8℃。

装料后先抽真空，要求≥0.08MPa，滚揉过程中每隔2~3小时检查一次真空度，真空度不足时及时抽真空，滚揉间温度应控制在0~4℃。

滚揉方式：采用低速间歇式滚揉，一般工作20~40分钟，休息5~10分钟，总滚揉16~20小时。

(7) 灌装：选择固定的模具，用粉透塑料薄膜定型真空包装，装肉块时，要将肉块摆平，并使肉块间结实紧密，包装完毕后，进一步摆放定型，抽真空并封口交下一步工序。

(8) 热加工：将灌装好的产品装入固定模具；蒸煮：温度为65~75℃；干燥：将成品去除包装膜，温度60~70℃，时间15~25分钟；烟熏：温度70~80℃，时间25~35分钟，要求最终成品颜色呈金黄色，外形饱满，有光泽。

(9) 冷却、包装：将成品推入强冷炉，冷却至中心温度20℃以下，即可包装。不切片产品用收缩袋真空包装，要求真空、热封良好。火腿类切片产品包装定量为120克。切片包装产品要求外形美观，厚度一致，用蒸煮袋真空包装，要求真空、热封良好。切片过程要求在无菌室操作。

(10) 二次杀菌和冷却：将包装后的成品放入88~92℃的水中，杀菌10分钟；然后用冷水冷却至室温。

(11) 将通过金属探测仪的产品按标准装筐并挂上标识单，入成品库冷藏保存。

特点：本品鸭肉火腿具有独特的面包外形和独特的烟熏风味，切面紧密，肉感鲜嫩，肥而不腻。本品创新了新式鸭肉火腿，弥补了现有技术鸭肉食品单一的不足，扩展了鸭子形成新肉类食品的途径，提高了养鸭农户的经济收入。

实例202 鸭肉火腿（2）

原料：鸭胸肉400千克，大豆蛋白7千克，淀粉1千克，葡萄糖酸钙1千克，食盐10.5千克，酱油1.5千克，糖8千克，味精0.6千克，卡拉胶1.25千克，羧甲基纤维素钠0.5千克，柠檬酸钙0.35千克，亚硝酸钠0.04千克，香精香料1.05千克，火腿注射剂1.5千克，乳酸链球菌素0.1千克。

制法：

（1）按产品要求选择原料品种，优选带皮鸭胸肉。

（2）采用自然解决法，解冻间温度控制在15~20℃，相对湿度70%~80%，解决后表层的肉温要求小于10℃，中心温度-2~2℃，应防止解决过度或不足。

（3）选料修割：鸭肉火腿原料选用鸭胸肉，修割前应先将工作台及器具消毒并清洗干净，修去筋腱、碎骨、大块动物性脂肪及局部坏肉、淤血等，然后按要求修成自然块，修整时肉面要平整，不能造成大的伤口。

（4）首先将磷酸盐溶解于预设的适量冰水中，迅速搅拌，使其充分溶解，再加入亚硝酸钠、色素及其他辅料，使其充分溶解，最后加入分离大豆蛋白和剩余冰水，迅速搅拌，使其完全溶解。注射液温度应控制在6℃以下。

（5）鸭肉注射：注射前，先调整好注射压力和速度，一般将注射压力调整到250~450kPa，注射前肉温<8℃；

若注射一遍不能达到要求的注射率，可以注射两遍，在一个循环内不得改变压力和速度等参数。

鸭肉火腿的注射率均为30%，其注射误差不得超过±5%，不足部分应补足料水，注后肉温小于8℃。

（6）滚揉，所装料重为滚揉机总容量的1/3~2/3，滚揉前料温应控制在小于8℃。

装料后先抽真空，要求≥0.08MPa，滚揉过程中每隔2~3小时检查一次真空度，真空度不足时及时抽真空，滚揉间温度应控制在0~4℃。

滚揉方式：采用低速间歇式滚揉，一般工作20~40分钟，休息5~10分钟，总滚揉16~20小时。

（7）灌装：选用130#纤维肠衣灌装，用前先用清水浸泡清洗。5千克（10斤）意大利灌装质量为5680~5720克；1.5千克（3斤）意大利灌装定量为1700~1740克。灌装过程中如发现肠体有气泡，用针扎孔使其排出。

（8）热加工：将灌装好的火腿首先升温至64~66℃，时间8~12分钟，然后干燥，干燥温度为68~72℃，时间85~95分钟；然后烟熏，烟熏温度为68~72℃，时间25~35分钟；然后蒸煮，蒸煮温度68~72℃，时间110~130分钟，最后再烟熏10分钟，使最终产品颜色呈烟熏色，外形饱满，有光泽。

（9）冷却、包装：将成品推入强冷炉，冷却至中心温度20℃以下，方可下架。下架后将产品进行切割，要求定量在325~330克，每个产品不能多于2块，外观规整，如不能马上包装应推入预冷间待用。包括后要求真空良好，热封良好无气泡，裁边整齐，并剔除次品及有异物产品。

（10）二次杀菌和冷却：1～5 月期间，将包装后的成品放入 83～87℃的水中，杀菌 12～18 分钟；6～10 月期间，将包装后的成品放入 93～97℃的水中，杀菌 12～18 分钟；然后用冷水冷却至中心温度 20℃以下。

（11）将杀完菌的产品过金属探测仪，将通过的金属探测仪的产品按标准装筐并挂上标识单，入成品库冷藏保存。

特点：本品鸭肉火腿产品外表有光泽，呈金黄色，有淡淡的烟熏味，外形饱满，口感香嫩，切面紧密，肥瘦相间。本品创新了新式鸭肉火腿，弥补了现有技术鸭肉食品单一的不足，扩展了鸭子形成新肉类食品的途径，提高了养鸭农户的经济收入。

实例 203　高纤维禽肉制品

原料：

配方 1：去皮鸭肉 67 克，鸭肉皮 8 克，玉米麸皮 6 克，辅料 9.4 克，冰水 15 克。

辅料：大豆分离蛋白 2 克，食盐 2 克，卡拉胶 0.25 克，磷酸三钠 0.15 克，黄酒 3 克，香辛调味料 2 克，（适量的大蒜粉、生姜粉、黑胡椒粉、花椒粉、肉桂粉）。

配方 2：去皮鸡肉 70 克，鸡肉皮 4 克，玉米麸皮 8 克，辅料 11 克，冰水 13 克。

辅料：大豆分离蛋白 5 克，食盐 1.5 克，卡拉胶 0.3 克，磷酸三钠 0.2 克，黄酒 2 克，香辛调味料 2 克，（适量的辣椒粉、大蒜粉、生姜粉、五香粉）。

配方 3：去皮鹅肉 68 克，鹅肉皮 7 克，玉米麸皮 6 克，辅料 11 克，冰水 14 克。

辅料：大豆分离蛋白 2.5 克，食盐 2.5 克，卡拉胶 0.2 克，磷酸三钠 0.15 克，黄酒 3 克，香辛调味料 2.5 克（适量的辣椒粉、大蒜粉、生姜粉、五香粉、花椒粉），味精 0.15 克。

制法：

（1）将玉米麸皮粉碎、水洗，于 60℃下干燥 4～6 小时，再粉碎至 80 目以下，得到不溶性膳食纤维含量 80%以上的细玉米麸皮。

（2）将瘦禽肉和禽肉皮分别绞制成糜，混合；再加入所制细玉米麸皮、辅料和水，在 0～10℃环境中斩拌混匀，得混合肉糜。

（3）将混合肉糜制成丸状或其他形状，并采用两段式加热煮制熟化工艺煮制 20～40 分钟，得熟化品。

(4) 将熟化品快速风冷至中心温度8℃以下，包装；-18℃冷藏，即得到高膳食纤维重组食品。

特点： 本品利用玉米淀粉加工业副产物玉米麸皮，开发出低脂含量不高于10%、不溶性膳食纤维含量不低于4%的功能性禽肉食品，符合肉制品发展方向，可改善传统禽肉食品的结构，促进人类健康；添加植物性大豆分离蛋白可提高产品中的蛋白质含量并改善蛋白质组成结构，使用卡拉胶和磷酸三钠可改善产品的保水性和质构性能；对禽肉与禽肉皮进行分割和有效复配，有利于形成多种风味，不同动物性脂肪含量和质构特点的禽肉食品。

此外，本品工艺技术中的低温斩拌和两段式蒸煮熟化相结合的新工艺，有利于提高混合肉糜的均匀性，促进盐溶蛋白溶出，加快腌制时间，制备出类似于低温肉制品品质的熟肉制品。

(五) 其他

实例204　风味兔肉

原料： 兔肉700克，白芷2.5克，山柰1.8克，桂丁1.6克，良姜1克，枝子0.7克，甘草0.8克，小茴香1.5克，山药1.3克，罗汉果0.5克，陈皮1.6克，干姜1.4克，桂皮0.8克，八角0.9克，草果仁0.3克，孜然1.3克，香叶1.5克，丁香1.2克，千里香0.4克，白糖9克。

制法：

(1) 配料：将除兔肉以外的调料粉碎混合制成料袋。

(2) 蒸煮：将水煮沸以后，放入料包，然后按配比放入屠宰分割（或整体去杂）后的生兔肉700克，小火煮40分钟。

(3) 熏制上色：将熏房的铁制底板加热至80℃，将由步骤（2）得到的兔肉悬放在熏房内，在底板上撒上白蔗糖水，闭炉门熏制1.5分钟，取出即为成品熟食兔肉。

特点： 本品的兔肉熟食加工方法综合了兔肉营养成分及中医学知识，使成品兔肉不含任何色素，口感别具一格，色、香、味俱佳，符合现代营养滋补的要求，且工艺方法简便。

实例205　麻辣兔肉

原料： 兔肉5000份，八角20份，花椒20份，盐2份，香叶5份，茴香10份，白糖1份，水800份，莳萝或千里香20份，肉蔻10份，桂皮20份，生姜5份，大葱5份，白芷3份，胡椒5份。

制法：

（1）煮制料水：取八角、花椒、盐、香叶、茴香、白糖、水混合后放入锅中，大火加热，待水开后小火煮10小时后关火，过滤后即得到料水。

（2）腌制兔肉：将兔肉切块后在第一步制得的料水中腌制15小时，所述兔肉与料水的用量比例为保持料水淹没兔肉。

（3）制作料包：取莳萝、肉蔻、桂皮、沙参、生姜、大葱、白芷、胡椒，将上述材料混合后装入网状的袋子中即为料包。

（4）蒸煮：将步骤（2）中腌制好的兔肉和步骤（3）制作好的料包一起放入锅中，加水至没过兔肉，大火加热，待水开后小火煮60分钟，所述料包内材料与兔肉的质量份之比为1∶1000，且蒸煮过程中，应一直保持水没过肉。

（5）油炸：将步骤（4）中煮好的兔肉捞出备用，在锅中倒入过量的油，待油热后放入5份麻椒，将麻椒炒黄后，放入25份辣椒面和5000份步骤（4）中煮好的兔肉，边炸边搅拌，10分钟后盛出。

（6）包装：将步骤（5）中炸好的兔肉用铝箔包装袋真空包装好后，在1.212×10^5Pa和110℃的高压高温环境中灭菌处理60分钟。

特点：本品先将兔肉经过料水腌制，并与料包一起蒸煮，使得兔肉入味，口感好，再和麻椒、辣椒面一起经过油炸，中和了兔肉的凉性；另外，由于料包中加入了莳萝或千里香，油炸时加入了麻椒和辣椒面，使得制作出来的兔肉齐聚香、麻、辣，口感独特；本产品包装后，经过高压高温处理，起到了很好的灭菌效果，可以长期存放。

实例206　手撕兔肉

原料：兔肉1000克，食盐60克，白糖50克，辣椒50克，酱油60克，花椒15克，亚硝酸钠0.5克，五香粉20克，味精12克。

制法：

（1）分割切条：将兔肉进行分割，分割好以后的兔腿肉或者背脊肉，顺纹竖切成2～5厘米粗细，横切成5～15厘米长度的兔肉条。

（2）腌制：将上述质量份的原料食盐、白糖、辣椒、酱油、花椒、五香粉、味精、亚硝酸钠混合均匀，与兔肉条充分混合，腌制1～4天。

（3）烘烤：将腌制好的兔肉在50～80℃下烘烤12～72小时。

（4）蒸煮：将兔肉洗净后沸水蒸煮2～6小时。

（5）二次烘干：将兔肉于50～80℃下烘烤10～60分钟。

（6）包装杀菌：将兔肉包装后抽真空，杀菌。食用时，撕成丝状。

上述方法中的竖切是指顺着兔肉的肌纤维纹理进行切割，横切是指垂直于肌纤维的方向进行切割。

特点： 本品制作的手撕兔肉，其优点在于精选的兔肉，经过科学的方法进行分割、腌制、烘烤、蒸煮、二次烘干，调料味道充分进入兔肉，风味独特，回味悠长，表面无油无水，手拿不脏手，尤其是采用较长的蒸煮工艺，让烘烤后的兔肉充分复水，加上二次烘干的工艺搭配，使肉质鲜嫩，外干里嫩，软硬适中，方便手撕。

实例207　五香兔肉（1）

原料： 兔肉1380克，八角5克，小茴香3克，桂皮2克，丁香3克，香叶3克，草果1克，大葱5克，生姜10克，辣子角0.6克，白酒5克，猪大骨100克，土老鸡30克，食盐10克。

制法：

（1）制作调料包：将八角、小茴香、桂皮、丁香、香叶和草果用自来水冲洗干净后用棉质纱布袋包在一起，封口备用，制成调料包。

（2）煮前处理：在烧锅内放入自来水、兔肉和猪大骨，再加入食盐、调料包、土老鸡、生姜、大葱、辣子角和白酒。

（3）加热烧煮：加热烧煮温度由高温、中温、恒温依次逐渐进行，其中高温是在100℃以上进行加热烧煮10～20分钟，中温是在80～90℃之间进行加热烧煮10～15分钟，恒温是在80～85℃之间进行加热烧煮50～70分钟。

（4）保鲜处理：兔肉煮熟后方可出锅，兔肉出锅后去掉兔肉表面上的水分，再在兔肉表面上涂上熟纯菜籽油，装入保鲜袋内，抽真空密封，放入－8℃的冷藏室进行存放和食用。

特点： 原料搭配科学合理，制造成本低廉，做出的兔肉色泽淡红，肉质纤细鲜嫩，葱油香味扑鼻，既具有烧烤兔肉的醇香，又具有焖烧兔肉所具有的丰富的营养，吃起来口感非常鲜美。调料组分比较少，制备方法简单，营养成分丰富，生产出的兔肉老嫩容易掌握，兔肉吃起来口感非常好。

实例208　五香兔肉（2）

原料： 净兔肉100千克，五香粉500克，精盐100克，黄酒5千克，酱油5千克，冰糖6千克，硝水100克，熟麻油3千克，葱花适量，姜汁适量。

制法：

（1）将净兔肉洗净后，切成块状。

（2）将五香粉装袋扎口，放入锅内，再加清水适量，放入精盐、黄酒、酱油和冰糖，在旺火上煮成卤水。

（3）浸卤：将兔肉块放入卤锅，以旺火煮透后捞出，抹去浮汁；晾凉后用清水漂洗1小时，职出沥干。用硝水、葱花、姜汁配成溶液，放入肉块浸泡30分钟后，取出沥干；再用熟麻油涂抹肉表面即得成品。

食用方法：取本品的五香兔肉食用时，如洒上蒜泥、麻油、酱油或醋制成调料，其味更佳，肉质细嫩，鲜美可口，味异香，为下酒佳肴。

特点：本品的五香兔肉制品其制作工艺简单，原料来源广泛、营养丰富、食用方便、易消化吸收，是我国城乡人民普遍欢迎的畜肉食品，适合于各类人群食用。

实例209　闹汤驴肉

原料：驴肉100千克，花椒120克，八角100克，小茴香80克，良姜50克，肉桂80克，丁香20克，草果40克，肉蔻40克，胡椒60克，白芷80克，盐2700克，水120千克，老汤100千克。

制法：

（1）生（鲜）驴肉分割：环境温度要求0～4℃，先将生驴肉分割为0.5～1千克，分割成的要求表面光洁度高，分割的肉块均匀，生鲜驴肉为现杀现煮用的驴肉或保鲜的生驴肉（不得有任何变质）。

（2）解酸除血：环境温度要求0～4℃，将分割成型的生鲜驴肉放入卫生的水池中，用清洁的自来水浸泡24小时，然后晾肉待用。

（3）腌制增香：环境温度要求0～4℃，将晾好的驴肉装入滚揉机中，加入精盐（细粉食盐）进行腌制，时间为8～12小时。

（4）开锅煮制：煮制锅可选择蒸汽夹层锅或电控煮制锅。

按煮制锅的大小设定每次的煮制量和锅内的加水量，加入煮制佐料（即组分中的其余调料），设定煮制温度为95～100℃，水开后加入腌制好的生驴肉，待再次开锅后延续煮制20分钟，肉成形后，再微火煮2～5小时，直至肉达到七八成熟。

（5）定量包装：使用工具：电子天平、不锈钢凉肉架、不锈钢刀、切肉板将煮制好的熟驴肉，出锅放置在不锈钢的晾肉架上，晾肉时间20～40分钟，待肉表面红润后，进行定量包装。

将熟驴肉分剔去表面的不规则肉，其余的改刀计量、装包。

（6）真空包装：将上述计量包装好的袋装驴肉进行真空包装，真空包装机的真空温度及温度调整应在专业技师的指导下进行。

（7）产品杀菌：将上述真空好的包装驴肉放入杀菌锅中杀菌。

高温杀菌：高温杀菌的时间一般为20～40分钟，杀菌温度120～150℃，压

力 $1.212\times10^5 \sim 1.818\times10^5$ Pa。

低温杀菌：低温杀菌的设备应选用微波杀菌和水浴杀菌，微波杀菌的时间定为10分钟，杀菌温度为95℃；水浴杀菌的时间应定为30分钟，杀菌温度为98℃。

（8）降温冷却：将杀好菌的包装驴肉产品待冷却至20～35℃后，送至冷却室的水池（或恒温库）中，冷却2～4小时，温度降至8～18℃后，晾去包装袋上的水分入库。

（9）产品检验：

①粗检：在库中存放7天后，进行粗检（指检查是否有松袋、胀袋等现象，若发现不合格要另行存放或处理）。

②细检：实验室的微生物或生化指标的检验是否合格或达到标准要求。检验结果符合产品标准，准许出厂，不合格产品禁止出厂。

（10）二次包装：将检测好的产品装入自己厂里的外包装彩袋，编制日期封口。

（11）成品入库：按照企业拟定包装标准装箱入成品库。

闹汤的制备方法为：老汤120千克、水5千克、盐200克、芝麻酱100克、肌苷酸二钠8千克、鸟苷酸钠8克、魔芋胶80克和芡粉适量，芡粉用于调和色调与汤的浓度，酌情加入后，煮沸20分钟即可，闹汤浇熟驴肉，构成闹汤驴肉食之。闹汤可同熟驴肉一样，在0～4℃下，由液体包装机进行定量包装，与熟驴肉一起配套销售，实现批量化生产。

食用时，可以用闹汤浇肉或用驴肉蘸闹汤。

特点：本品驴肉口感好，风味独特，营养丰富，老少皆宜，其制备方法科学，易操作，克服了传统的闹汤驴肉品味差之不足。

实例210　泡椒肉丝

原料：鲜猪肉15千克，鲜红辣椒20千克，鲜生姜2.5千克，大蒜2.5千克，食盐①2千克，米酒0.8千克，冰糖0.4千克，鲜肉15千克，酱油0.45千克，茴香0.03千克，味精0.045千克，食盐②0.6千克，白糖1千克。

制法：

（1）泡辣椒的制作：取鲜红辣椒20千克清洗干净，用淡盐水浸泡5分钟，再清洗干净备用，取鲜生姜2.5千克和大蒜2.5千克去皮清洗干净备用，将洗净的鲜红辣椒、鲜生姜和大蒜混合用食品粉碎机绞成0.02～1厘米的块状，加入食盐①、米酒和冰糖，搅拌均匀装坛密封发酵20天即得泡椒备用。

（2）泡椒肉丝的制作：取鲜猪肉切成丝状，加入酱油、茴香和味精进行腌制4分钟备用；用60千克优质菜籽油放入锅内高温加热至油温高于220℃后，放入腌制好的肉制品，油炸至含水分30%时，放入泡椒，炒至含水分25%，再加入食盐②和白糖，炒10分钟后起锅，进行无菌罐装，即得成品。

特点：本品不但保留了辣椒中的营养物质，而且食品保质时间长，色泽鲜亮，具有酸辣鲜醇的香味，口感独特，是一种风味独特的辣椒食品。

五、肉干类

（一）猪肉干

实例211　低温风干猪肉

原料： 肉条100千克。

腌制浸泡液：食盐2.3千克，葡萄糖0.2～0.5千克，米酒5～10千克。

制法：

（1）选料：选择经检疫合格的优质活猪，按《中华人民共和国食品卫生法》要求宰杀去骨留皮烧毛清洁。

（2）制肉条：选择肥瘦相宜的猪肉（最好为五花肉），切成宽4～10厘米、厚2～5厘米、长度不限的肉条（不宜过厚以免风干不透）。

（3）制腌制肉条：将肉条放入腌制浸泡液中腌制浸泡1～2天，沥干成腌制肉条。

（4）风干：将上述肉条或腌制肉条悬挂在8℃以下的自然低温风干房或工业化低温风干房内风干；风干时最好采用链条式悬挂，即将链条的上端悬挂于房顶，将肉条用S形不锈钢钩悬挂在链条上，肉条上下不相搭接，前后左右保留15～40厘米的间距，其表面要全部裸露在空气中，风干房内保证有效通风和清洁卫生，并避免阳光直射和有关动物猎食，利用8℃以下的流动冷风对其进行低温去湿，待肉条含水量在8%～10%时即成风干猪肉。

（5）自然低温风干房要求：风干房须选在干燥阴凉无空气污染处，东西向要求全墙遮阳，南北向要求全部敞口通风以使空气有效对流，地面、墙壁、房顶要求平整无凹凸不平以便使空气能顺畅无阻地流动，南北向进、出风口必须用不锈钢纱窗网遮蔽，以防止烟尘杂物飞入和鼠、猫、狗及其他动物进入猎食。

（6）工业化低温风干房要求：工业化低温循环风干房可按实际情况因地制宜采用混凝土结构、或金属板结构、或木结构，大小可根据制冷系统功率因地制宜确定。建造时可按（15～40）厘米×（15～40）厘米上下的间隔预置好不锈钢挂钩，预置挂钩前应计算好顶部的承受应力，为了绝对保证安全，整个顶部的承受力至少应4倍于所挂重量之和。

(7) 消毒、真空包装：根据市场需求，可把风干猪肉切成肉片或肉块或肉丁，经消毒、包装后供食堂、酒店、家庭直接烹饪；也可把风干猪肉直接消毒、真空包装后上市，让烹饪爱好者随自己意愿切料烹饪，此产品真空包装后，可在常温下长期储藏。

特点：本品利用8℃以下的流动冷风低渗透肉质内部使水分蒸发，能保持肉制品原有的营养成分和特殊的清香风味，与其他加工方法相比，既简化了加工工艺，更减少了加工过程中人工添加色素、调味、防腐等化学原料及由此而产生的二次污染，原汁原味，口味适应广，清洁卫生无污染，便于大批量加工，且保质期长、食用方便、可常温储藏。本肉制品中只添加了少许咸味和酒香味，其主要风味可完全任由食用者的爱好去烹饪。

实例212　风干肉干

原料：猪肉（或牛肉或羊肉）500克，食盐3～3.5克，十三香① 24～28克，白糖32～42克。

卤料：盐9.5～11克，白糖4～6克，十三香② 15～18克，辣椒粉4～6克，生姜10～13克，茴香5～9克，丁香5～7克。

制法：将500克牛肉洗净，切成截面长、宽为7毫米的条状，放入锅内加水煮去肉丝表面的血水。去水滤干后，加入食盐、十三香①和白糖拌匀，腌制15小时。避免太阳直晒，风干至九成干。

卤煮牛肉：取盐、白糖、十三香②、辣椒粉、生姜、茴香和丁香，大火煮20分钟，加适量黄酒小火煮30分钟出锅；风干至十成干即得成品。

特点：本品方法工艺简单、易实施，制成品香味浓郁，口感良好，同时具有营养丰富、开胃助食的特点，符合现代人们追求营养、方便和纯天然的饮食方式。

实例213　富硒肉干

原料：净瘦猪肉5000克，麻油50克，葱20克，生姜35克，酱油400克，白砂糖200克，盐150克，红糟300克，黄酒200克，丁香2克，八角3克，小茴香3克，花椒2克，橘皮3克，白芷3克，有机硒（以硒计）0.008克，清水2000克，味精适量。

制法：

(1) 配制香粉，按份量配好香粉，即将丁香、八角、小茴香、花椒、橘皮、白芷碾成粉状。

（2）将麻油倒入铁锅烧沸，加生姜、葱、红糟炒透，再放酱油、盐，先加一半香粉及清水烧开后，用文火煮25～35分钟，除去渣，把切好的肉片（或条）下锅，浸泡25～35分钟。

（3）放炉上以旺火煮开，除去浮沫，以文火将汤烧制半干。

（4）将白糖、适量味精、余下的香粉及有机硒倒入黄酒中化开，再一起倒入半干的肉片（条）中搅拌均匀，用微火烘干，即为肉干；将肉干磨碎可制成肉松。

特点：本产品为人们喜爱的一种风味食品，历来得到人们的广泛爱好，本品采取独特配方，将肉干中加入有机硒，有补硒的功能。

实例214　玫瑰猪肉干

原料：猪肉块40000克，盐700克，生姜50克，花椒3克，八角3克，白芷3克，香叶3克，小茴香3克，丁香4克，砂仁3克，生姜20克，干玫瑰10克，玫瑰酒80克，水适量。

玫瑰酒由下述质量的原料制得：白酒1200克，干玫瑰花250克，桑葚50克，白糖80克。

制法：

（1）将新鲜猪肉洗净后切成3厘米见方的肉块，将切好的肉块放入沸水中预煮35～45分钟，撇去浮沫，再将预煮后的肉块捞出冷却备用。

（2）再将预煮后的肉块放入汤料中熬煮35分钟，熬煮完全后，取出沥干水分；配入由调料原料制成的汤料。

（3）将沥干水分的肉块经烘烤后即得。

所述的玫瑰酒的制备方法为：将各原料按质量比混匀后，于阴凉处密封静置1个月以上，过滤去渣即得。

特点：

（1）生姜的杀菌力强，可以延长猪肉干保质期，同时可以使得猪肉干风味独特，香气宜人。

（2）玫瑰酒的酒香芬芳馥郁，玫瑰花香突出，花香酒香协调，饮之口爽神怡，愉悦舒适，可以使得猪肉干的香味和口感更好，其配伍合理。

（3）本品制得的猪肉干口感香醇，食用后唇齿留香，回味无穷。

实例215　软肉干

原料：冻猪肉块100千克，盐3.5千克，糖3千克，酱油1.5千克，黄酒1.8千克，五香粉0.6千克，生姜汁1.4千克，维生素C 60克，亚硝酸钠9克，甘油3千克，含30%乳酸的乳酸+乳酸钠混合液70克，辣椒粉0.1千克，红米曲20克，水48千克，蛋白粉10千克，明胶液6千克。

制法：冻肉块在5℃下解冻，解冻程度以机械切片易成形为宜，肉片厚0.6厘米，立即轧延或挤压，肉片面积扩展1.2倍，将肉片置入调味料中。将盐、糖、酱油、黄酒、五香粉、生姜汁、维生素C、亚硝酸钠、甘油、含30%乳酸的乳酸+乳酸钠混合液、辣椒粉、红米曲，加水混匀，肉片在调味料内拌匀，浸4小时。取出后向肉内加入蛋白粉，蛋白粉组成为大豆蛋白∶骨粉=5∶10，拌匀，再向其中加入明胶液，明胶液组成为明胶∶水=35∶100（质量比），于55℃下拌匀。再静置浸透半小时，将肉片取出以最大面积形式摊放在孔筛上，90℃烘45分钟，取出翻动，再继续放入，并于90℃烘烤3～5小时，取出，在无菌室冷却、回潮3小时，包装。

特点：按照以上过程所生产的肉干柔软易嚼，水分含量小于20%。丙二醇或甘油是胶原蛋白的交联剂，能保持胶原的柔韧性。所加入的乳酸除调节pH和作为防腐剂外，对蛋白质有增塑和柔软作用，使肉干增塑、柔软和溶胀。肉干的柔软性可能主要与上述有关。在整个生产过程中，从冻肉至5℃解冻，切肉，浸料，烘烤，除干燥过程中去除水分外，无其他汁液丢失。所有调味料液均浸入肉内。因此保持了肉的成分和营养，并在浸料过程中加入大豆蛋白，骨粉、明胶等蛋白成分，提高肉干的蛋白质含量，也提高了产量。

由于在肉干的外面有一层外加蛋白，防止了肉干氧化，延长了保质期和货架寿命。

本品色泽适宜，口感好，味道鲜，营养丰富。

肉片浸料所用的调味料配方中加有使肉干柔软的成分，在肉片浸料完全后加入蛋白粉、黏合液，使调味料液和黏合液浸入肉中，所生产的肉干柔软，蛋白含量高，味道鲜美，口感好，产率提高20%～50%。以上生产过程及添加成分和量适用牛、猪、兔等肉干品生产。

实例216　五香肉干

原料：猪里脊肉10千克，食盐500克，白糖500克，三聚磷酸钠50克，大豆蛋白粉50克，葡萄糖50克，酱油250克，白酒500克，味精100克，安息香酸钠60克，五香粉100克（丁香、八角、桂皮、砂仁、白芷各20克）。

制法：取新鲜的猪里脊肉，除去动物性脂肪及筋腱，在冷水中浸泡1～2小时，洗净沥干，放入清水中沸煮2～3分钟，在脱水机中脱水3～4分钟，转速120～140转/分，切成4厘米×3厘米的薄片，浸没在卤渍液中卤渍，温度2～5℃，时间24小时，将食盐、白糖、三聚磷酸钠、大豆蛋白粉、葡萄糖、酱油、白酒、味精、安息香酸钠全溶于水，五香粉装入纱布袋扎紧，洋葱、姜适量，卤渍后放入不锈钢按摩机内，加盖后按摩1小时，停机开盖，加入卤渍液，再按摩0.5～1小时，温度2～4℃，pH6～7.2，含水量40%～50%，取1/3原液加入配料，煮沸后取用文火，将按摩后的猪肉片放入锅内，待肉七成熟后收汁，出锅冷却，送入烤箱烘烤，温度200～250℃，时间20～30分钟，通风冷却至成品。

特点：本品肉干色泽酱红、松嫩爽口、甜咸适度、五香味浓。

实例217　香辣青豆猪肉干

原料：猪瘦肉100份，香辣青豆50份。

辅料配方：白砂糖14份，食用甘油6份，葡萄糖6份，食盐1.5份，酱油1.0份，大豆油5份，辣椒粉2份，孜然粉0.05份，花椒粉0.4份。

制法：

（1）猪肉处理：将猪肉表面筋膜进行剔除，将大块猪肉分割为每块巴掌大小，放入蒸汽锅中煮至断生，趁热捏时表面会自然散开，并且肉纤维之间没有明显的筋膜相连，用手掰肉中心能明显分开，但是肌肉纤维之间又不会散开。冷却至常温，然后用切丁机将猪肉分切成长、宽、高均为0.5厘米的颗粒。

（2）猪肉干炒制：将配好的辅料放入锅中，混匀，加入猪肉量15%的清水，将辅料汤汁烧开熬煮15分钟后，放入猪肉颗粒浸泡30分钟，再一边加热一边滚动翻炒，直到将汁收干，猪肉干颗粒表面起绒毛为止。

（3）猪肉干烘烤：将炒制好的猪肉干颗粒均匀地铺在不锈钢筛中，厚度为1.5厘米左右，在55～65℃下烘烤70～90分钟，直到表面金黄开始发褐为止。

（4）猪肉干冷却：将烘烤好的猪肉干放入洁净的环境中冷却12～24小时，直到产品表面有一定的光泽，咀嚼有弹性且有轻微的黏性为止。

（5）香辣青豆的处理：将香辣青豆用破碎机破碎，去皮，筛选后备用。

（6）香辣青豆与猪肉干的混合炒制：将筛选好的香辣青豆与已冷却的猪肉干按照一定比例混合放入蒸汽锅中，按照顺时针和逆时针交替搅拌的方式边炒制边均匀地加入辅料，搅拌25分钟后，再不断翻炒10分钟，使猪肉干与香辣青豆充分混匀，辅料充分融入产品。

（7）成品冷却：将炒制好的香辣青豆猪肉干放入洁净的环境中冷却24～48小时，直到产品完全冷却，且色泽均匀一致。

（8）产品可灭菌包装即得成品，成品经感官检验、理化指标检验和微生物检验后，用外包装袋定量包装即可。

特点：与现有技术相比，本品利用香辣青豆与猪肉干合理搭配，先将猪肉分切成颗粒，经过煮制、炒制、烘烤等生产工艺加工而成肉干，再与经过初步调味然后破碎、去皮的青豆经过调味充分混合。本产品既有猪肉的自然醇香，又有香辣青豆的酥脆，食用时产生奇妙的美味及丰富的咀嚼感，不上火、不油腻。生产出的产品采用先进的充入食品级氮气的办法保质，并利用新颖的三角包装方式，在满足时尚感的同时还有营养丰富、保质期长、易于携带等优点，是居家旅游的绿色营养、新型时尚的休闲食品。

实例218　新型肉干

原料：主料：猪肉40千克，鱼肉20千克，鸡肉15千克，虾肉5千克，蟹肉0.9千克。

辅料配方：桂皮0.8千克，花椒0.8千克，八角1.3千克，丁香0.7千克，小茴香1.0千克，姜片3千克，白酒1.0千克，味精0.4千克，盐5千克，酱油5千克，糖4千克。

制法：

（1）将猪肉、鱼肉、鸡肉、虾肉和蟹肉去骨、去刺、去杂，洗净晾干后切成1~2厘米的方块或长方块。

（2）将固体状辅料用纱布包好后放入用纱布包好的辅料总和的至少2倍的水中烧煮1.5小时。

（3）将备好的主料放入步骤（2）的料水和其他各液体状辅料的混合液中腌制6小时。

（4）将腌制后的主料送入绞肉机粗绞后，再送入斩拌机内斩拌并送入搅拌机内搅拌混合。

（5）将步骤（4）的主料送入烘烤箱内，在110℃温度的烘烤箱内烘烤至熟及烘烤至水分含量减少到5%。

（6）将步骤（5）的肉干冷却后再真空无菌包装即得成品。

特点：本品以猪肉为主的营养成分多样化，生产方法简单，滋味鲜美，食用方便由多种肉制成的肉干。

（二）牛肉干

实例219　牛肉干

原料：牛腿部精肉100千克。

汤料配方：栀子0.8千克，小茴香1.2千克，山楂1.0千克，花椒1.0千克，丁香0.8千克，防风50克，黄连12克，甘草50克，乌梅20克，黑胡椒25

克，食盐2千克。

调料包配方：水50千克，花椒100克，丁香100克，小茴香800克，桂皮80克，山楂100克，山柰80克，白芷150克，草果180克，良姜200克，辣椒300克，香叶80克，大香100克，栀子300克，白糖500克，食盐750克。

制法：

（1）选取牛腿部精肉，去掉膘油和筋皮，分割成厚度为2~3厘米的长条。

（2）取栀子、小茴香、山楂、花椒、丁香、防风、黄连、甘草、乌梅、黑胡椒，分别将其粉碎、混匀，然后置于罐中加食盐，用清水淹没物料文火煎煮熬制成汤料。

（3）取100千克分割好的条子肉蘸满上述汤料，先放入腌制池中，控制池温在10~18℃，腌制48小时；然后将肉倒转到另一个腌制池中，控制池温在5~14℃，腌制8天，至牛肉切面呈桃红色。

（4）将腌制好的牛肉分条挂在烘室内无烟烘烤至六成熟。

（5）将烤熟的牛肉条用0.25%的食用碱水漂洗一次，然后用清水冲洗干净。

（6）取100千克酱卤老汤，放入调料包中的原料，熬煮40分钟，然后将上述洗净的牛肉置于老汤锅中酱煮至熟。

（7）酱煮好的牛肉干先进行红外线烘烤除水、灭菌，然后按每袋500克称量包装，再进行一次常规灭菌。

特点：用本品方法生产的牛肉干不含亚硝酸盐，是一种绿色、健康食品，既保留了传统牛肉干的口感风味，又具有众人称道的色、香、味。

实例220　咖喱牛肉干

原料：牛肉1千克，食盐0.3千克，红糖0.05千克，咖喱粉0.02千克，胡椒粉0.005千克，酱油、醋、白酒、姜汁适量。

制法：

（1）选用新鲜的牛前、后腿瘦肉洗净、沥干，切成肉块。

（2）热烫：将肉块放入锅中，加沸水，撇去汤面的浮沫，沥去血水。

（3）煮制：向煮沸的水中，加入食盐、酱油、醋和红糖，加入切好的肉片或肉粒，煮至汤汁快烧干时，加入白酒、姜汁、胡椒粉、味精和咖喱粉，翻炒均匀，等料液全部被吸收后即可出锅。

（4）烘干：将煮好的肉片沥干出锅后置于烘房或烤箱内，保持温度在50~60℃，经常翻动，干燥10~16小时即得牛肉干成品。

特点：本品咸甜适中，略带辣味，口味浓郁，鲜香可口。

实例221 牦牛肉干

原料：牦牛肉50千克，菜籽油2.5千克。

制法：

（1）精选上等牦牛肉的腿子肉和背脊肉，去掉边角料；再将牦牛肉进行冲洗，使肉品达到干净、卫生；把冲洗后的牦牛肉按肉的纹路分割成长为50~80厘米、宽为12~15厘米、厚度为5~7厘米的长条。

（2）将分割好的牦牛肉用好酱油进行浸泡5~7天，牦牛肉要全部浸泡在酱油中，每隔36~60小时翻动一次，使牦牛肉全部入味。

（3）将浸泡好的牦牛肉挂起来用自然风进行吹干或阴干，时间是25~30天。

（4）干燥后的牦牛肉蒸或煮1.5~2小时；将蒸或煮好的牦牛肉切成小块或条。

（5）将切好的牛肉放进油锅中翻炒，其中油与肉的质量比为1∶(20~23)，油温控制在90~110℃，炒后牦牛肉干水分不高于15%（质量分数）。

（6）将切好的肉品放入杀菌室内杀菌，使肉品达到国家相关卫生标准要求；对已制成的肉干是否达到国家相关卫生标准进行检验；对达到国家相关卫生标准要求的肉干用食品专用袋进行内包装和外包装，包装质量符合国家有关规定。

特点：本品生产的牦牛肉干既保留了腌腊制品香味，又具有原始的牦牛肉味，颜色橙黄光亮更容易被接受，保持了肉的品质，嚼后有酱油原香，入口松软，口感鲜美，回味时间较长。

实例222 槟榔风味牛肉干

原料：碎牛肉，碎牛肉质量5.5%的槟榔提取物、1%的食盐、0.1‰的亚硝酸盐、2‰的复合磷酸盐、2.5%的白砂糖、7.5‰的橘子油香精、8‰的薄荷香精和4.5‰的甜橙粉末香精。槟榔卤水（槟榔卤水按质量由氢氧化钙8%、饴糖25%、白砂糖25%、明胶0.5%、橘子油香精0.8%、薄荷香精0.2%及水40.5%组成）。

制法：取碎牛肉，按碎牛肉重量加入的槟榔提取物、食盐、亚硝酸盐、复合磷酸盐、白砂糖、橘子油香精、薄荷香精和甜橙粉末香精，混匀，在4℃下，先于真空滚揉机中采用间歇滚揉方式滚揉3小时，再腌制10小时，然后将腌制好的碎牛肉于60℃干燥60分钟，再升温至80℃烘烤80分钟，最后将槟榔卤水用毛刷均匀刷于烘烤后的肉干表面，于室温下自然晾干，即可。

特点：

（1）本品把槟榔提取物与肉干生产工艺有机地结合起来，丰富了休闲食品的种类，生产的槟榔风味肉干不仅符合传统消费习惯，而且能满足食品安全的要求，为有槟榔食用习惯的人提供了一种更安全的嗜好食品。

（2）本品采用的是工业化生产设备，可以一次性滚揉、腌制1~3吨，所有技术参数适宜于工业化加工。

实例223　纯天然鲜香牛肉干

原料：牛肉100千克，香菇竹荪汤30千克，天然辅料3千克。

香菇竹荪汤配方：香菇1.0千克，竹荪2.0千克，水30千克。

天然辅料配方：花椒150克，八角200克，桂皮150克，十三香2克，盐1000克。

制法：

（1）牛肉原料来原选择和加工：选用天然放养的2~5岁的贵州地方黄牛为原料，经屠宰、胴体分割、去除内杂、筋骨、选留净肉。

（2）脱酸：将新鲜洗净牛肉在40℃条件下放置30小时。

（3）浸泡：将脱酸牛肉在18~20℃流水下浸泡24小时。

（4）预煮：用预先熬制好的香菇竹荪汤预煮，加入浸泡好的牛肉、香菇、竹荪汤，控制温度为98℃、pH=7，预煮1小时50分钟；香菇竹荪汤的制作方法是：将香菇、竹荪和水按1∶2∶3的质量比混合后在96~98℃、pH=7的条件下熬制1小时，最后补充蒸发的水分使最后质量为30千克，香菇、竹荪量按干重计。

（5）切片：按市场所需规格切片或切成肉丁。

（6）炒制：按100千克牛肉配3千克天然辅料，在98℃炒制1小时，以牛肉水分七成干时起锅。

天然辅料原料按质量配比为：花椒∶八角∶桂皮∶十三香∶盐=150∶200∶150∶2∶1000，天然辅料混合料碎成100目细粉。

（7）烘干：在97.8℃烘干至含水量至17%（质量分数）即可。

（8）冷却，包装、抽检、出厂，即得成品。

注意：预煮和炒制均使用不锈钢夹层锅，加热采用高温蒸汽。

特点：本品具有牛肉食品的独特鲜香味。整个加工过程不添加味精、鸡精或香味剂等人工合成调味剂。

本产品主要原材料是天然放养的贵州地方黄牛和自然生长的植物，所含氨基酸种类丰富。

实例224 脆酥牛肉干

原料： 剔骨鲜黄牛肉100千克，精盐6千克，天然香料适量。

制法： 取100千克剔骨鲜黄牛肉，分割成1千克左右的块状物。加精盐及适量天然香料，腌浸24小时后投入开水中。撇净浮沫，加适量葱、姜、蒜、黄酒等调味品后煮至八成熟捞出晾凉，按需切成片、条或块状，拌入特制的麻辣香料调味品，装盘送入真空冻干机后，在-20℃下速冻定形，后在辐射温度为50℃下真空冻干除去水分，再经检验包装后即得成品。

特点： 采用本品的方法生产的脆酥牛肉干彻底改变了现有牛肉干的物理性能及形状，它的体积在真空冻干工序中不收缩，使得原来的干、硬、柴的牛肉干变为脆、酥、爽的牛肉干，它具有入口即化，适合各种消费群体，市场前景广阔等优点。

实例225 风味牛肉干

原料： 牛肉1000克，小茴香10克，丁香5克，陈皮8克，葱白10克，花椒粉5克，蒜末12克，白糖15克，盐15克，生抽10克，姜丝20克，白酒15克（酒精度为52°）。

制法：

（1）取牛肉，除去膘油和筋皮，洗净，切成宽度为3厘米，厚度为2厘米，长度为15厘米的条状，备用。

（2）取小茴香、丁香、陈皮、葱白、花椒粉，蒜末、白糖、盐、生抽，姜丝，白酒，混合均匀，制得调味料。

（3）取1000克切好的牛肉置于步骤（2）制得的调味料中，拌匀，置于2~3℃的条件下冷藏10小时，取出，将牛肉用细绳穿好悬挂于通风处晾干至含水量不高于8%。

（4）将晾干的牛肉蒸熟，灭菌，包装即得风味牛肉干。

特点： 本品所述方法操作简单，由该方法制得的风味牛肉干味道鲜美、咸淡适宜，由于制作过程中没有烘烤的工序，因此多食也不会产生燥热、上火现象。

实例226 富硒茶奶香肉干

原料： 牛肉40千克，鸡肉15千克，地黄叶0.2千克，向日葵花盘0.3千克，丁香0.2千克，桂皮0.3千克，干姜0.2千克，香荚兰0.2千克，众香子0.2千克，富硒绿茶8千克，山楂叶5千克，金银花2千克，半边莲2千克，富硒松花粉6千克，小麦胚芽粉4千克，富硒豆奶5千克，食盐1.2千克，酱油2.5千克，味精1.5千克，白糖7千克，黄酒2.5千克。

制法：

（1）原料选择与修整：选择卫检合格的牛肉和鸡肉，修去动物性脂肪肌膜、碎骨等，切成1～1.2千克大小的块。

（2）浸泡：用清水分别将牛肉和鸡肉浸泡20～24小时，以除去血水减小膻味。

（3）煎煮：按配方称取富硒绿茶、山楂叶、金银花、半边莲投入煎煮锅中，加入相当于牛肉质量3～4倍的水，煮沸后，再加入牛肉和鸡肉，微沸煎煮40～50分钟后捞出，将肉晾透后切成2～3毫米厚的薄片。

（4）卤煮：将步骤（3）煮肉的汤用纱布过滤后放入卤锅内，加食盐、酱油、白糖和用纱布包好的地黄叶、向日葵花盘、丁香、桂皮、干姜、香荚兰和众香子，煮开后，将肉片放入锅内，先用武火煮10～15分钟，再用文火煮20～30分钟，煮时不断搅拌，出锅前10分钟加入味精、黄酒，出锅后放入漏盘内沥净汤汁。

（5）绞肉、斩拌：将步骤（4）卤煮好的肉片送入绞肉机进行粗绞后，将碎肉投入斩拌机内，再加入小麦胚芽粉，斩拌成糜状，再将富硒豆奶、富硒松花粉加入肉糜中揉捻，使其分散均匀。

（6）装模成型：将步骤（5）制得的肉糜放入不锈钢模具内抹平，压实后，置于微波干燥箱中，在（2400±50）小时、700～800W的条件下，微波干燥4～6分钟，然后切成长3～4厘米、宽2～3厘米的小块。

（7）烘烤：切块后的肉块送入85～90℃的烘烤箱内烘烤2～3小时，每隔20～30分钟将肉块上下翻动一次，使肉块水分含量控制在5%～6%。

（8）包装：上述肉干冷却至常温后再真空无菌包装即得成品。

特点：本品将牛肉与富硒绿茶、富硒松花粉、富硒豆奶等有效复合起来，加工成富硒茶奶香肉干，可以使各种成分互补，制品营养更加全面，提高肉干的含硒量，同时也可以丰富肉干的口味，提高肉干的适口性。本品采用了卤煮工艺克服了传统炒制工艺、腌制工艺所存在的入味不足、口感粗糙、干燥易碎等缺点。本品生产的肉干具有营养丰富，硒含量高，色泽红亮，味道鲜美，风味独特，富有弹性和咀嚼性，具有茶奶甜香味，产品新颖等特点，是一种绿色健康、安全无添加剂的休闲食品，男女老少皆宜，可满足不同人群的需求。

实例227　黑米地黄花椰子味牛肉干

原料：牛肉60千克，洋苏叶0.5千克，八角0.3千克，葡萄叶0.2千克，大蒜0.3千克，草果0.2千克，茅栗叶0.2千克，黑米8千克，地黄花10千克，枇杷叶3千克，丝瓜络2千克，西瓜皮2千克，椰子汁5千克，食盐1千克，酱油2千克，味精1.5千克，白糖8千克，黄酒2千克。

制法：

（1）原料选择与修整：选择卫检合格的牛胴体肉，修去动物性脂肪肌膜、碎骨等，切成1～1.4千克大小的块。

（2）浸泡：用清水将牛肉浸泡20～24小时，以除去血水减小膻味。

（3）煎煮：按配方称取地黄花、枇杷叶、丝瓜络、西瓜皮投入煎煮锅中，加入相当于牛肉质量2～3倍的水，煮沸后，再加入牛肉，微沸煎煮40～60分钟后捞出，将肉晾透后切成2～3毫米厚的薄片。

（4）卤煮：将步骤（3）煮肉的汤用纱布过滤后放入卤锅内，加食盐、酱油、白糖和用纱布包好的洋苏叶、八角、葡萄叶、大蒜、草果和茅栗叶，煮开后，将肉片放入锅内，先用武火煮10～20分钟，再用文火煮20～30分钟，煮时不断搅拌，出锅前10分钟加入味精、黄酒，出锅后放入漏盘内沥净汤汁。

（5）黑米蒸煮：用清水将黑米浸泡10～15分钟，泡好后捞出沥干水分；再将黑米均匀松散地平铺在蒸锅笼屉上，盖上锅盖在110～130℃温度下蒸煮15～20分钟，至黑米蒸熟、蒸透即可。

（6）绞肉、斩拌：将步骤（4）卤煮好的肉片送入绞肉机进行粗绞后，将碎肉投入斩拌机内，再加入椰子汁和步骤（5）煮熟的黑米，斩拌成糜状。

（7）装模成型：将步骤（6）制得的肉糜放入不锈钢模具内抹平，压实后，置于微波干燥箱中，微波干燥5～6分钟，然后切成长3～4厘米、宽2～3厘米的小方块。

（8）烘烤：切块后的牛肉块送入85～95℃的烘烤箱内烘烤2～3小时，每隔20～30分钟将肉块上下翻动一次，使肉块水分含量控制在5%～8%。

（9）包装：上述肉干冷却至常温后再真空无菌包装即得成品。

特点：本品将牛肉与黑米、地黄花、椰子汁等有效复合起来，加工成黑米地黄花椰子味牛肉干，可以使各种成分互补，制品营养更加全面，同时也可以丰富牛肉干的口味，提高牛肉干的适口性。本品采用了卤煮工艺，克服了传统炒制工艺、腌制工艺所存在的入味不足、口感粗糙、干燥易碎等缺点。本品生产的牛肉干具有营养丰富，色泽红亮，味道鲜美，风味独特，富有弹性和咀嚼性，具有地黄花花香味和黑米、椰子汁甜香味，产品新颖等特点，是一种绿色健康、安全无添加剂的休闲食品。

实例228　红茶风味牛肉干

原料：新鲜牛肉25千克。

汤料配方：水适量，盐700克，红茶60克，花椒3克，八角3克，小蓟4克，香叶4克，小茴香3克，丁香3克，砂仁3克，生姜30克，山药10克，余甘子酒80克。

余甘子酒配方：白酒1000克，高粱120克，余甘子80克。

制法：

（1）将新鲜牛肉洗净后切成1厘米见方的肉块，将切好的肉块放入沸水中预煮35～45分钟，撇去浮沫，再将预煮后的肉块捞出冷却备用。

（2）再将预煮后的肉块放入汤料中熬煮35分钟，熬煮完全后，取出沥干水分。

（3）将沥干水分的肉块经烘烤后即得。

所述的余甘子酒的制备方法为：将各原料按份混匀后，于阴凉处密封静置70天，过滤去渣即得。

特点：

（1）红茶可以帮助胃肠消化、促进食欲，可利尿、消除水肿，并强壮心脏功能，红茶的抗菌力强，可以延长牛肉干的保质期，同时可以使得牛肉干风味独特，香气宜人。

（2）余甘子酒益神智，聪耳目，同时可以使得牛肉干的香味和口感更好。

（3）本品制得的牛肉干配伍合理，口感香醇，食用后唇齿留香，回味无穷。

实例229　红枣牛肉干

原料：新鲜牛肉30千克。

汤料配方：水适量，盐700克，红枣醋60克，花椒4克，八角4克，草果4克，香叶4克，小茴香3克，八角3克，砂仁3克，红枣酒60克。

红枣酒配方：红枣30克，龙眼肉30克，山楂20克，蜂蜜20克，沙棘30克，白酒4000克。

制法：

（1）将新鲜牛肉洗净后切成4厘米见方的肉块，将切好的肉块放入沸水中预煮30～40分钟，撇去浮沫，再将预煮后的肉块捞出冷却备用。

（2）再将预煮后的肉块放入汤料中熬煮40分钟，熬煮完全后，取出沥干水分。

（3）将沥干水分的肉块经烘烤后即得。

所述红枣酒的制备方法为：将各原料按质量份混匀后，于阴凉处密封静置100天，过滤去渣即得。

所述红枣醋为红枣经发酵而得红枣原醋。

特点：

（1）红枣醋果香浓郁，酸甜柔和，清爽可口，沁人肺腑。不含色素及防腐剂，富含天冬氨酸、丝氨酸、色氨酸等人体所需的氨基酸成分以及磷、铁、锌等十多种矿物质，其中维生素 C 含量更是苹果的 10 倍之多。

（2）红枣酒补气血，安心神，同时可以使得牛肉干的香味和口感更好。

实例 230　酱香味牛肉干

原料：鲜牛肉 5 千克，白砂糖 75～90 克，酱油 60～70 克，辣椒 10～15 克，食盐 20～30 克，黄酒 10～15 克，五香粉 2～4 克，生姜 10～20 克。

制法：

（1）预处理：选择新鲜牛肉的后腿肉，剔去动物性脂肪和筋腱后，切成 0.5～1 千克的肉块，将肉块放入清水中，以淹没肉块为限，预煮 55～65 分钟，捞出后切成 0.4～0.6 厘米厚的肉片备用。

（2）复煮：预先称好除牛肉以外的配料。先将生姜切成片和辣椒放入锅中翻炒，直至有浓烈的香味飘出，然后倒入步骤（1）预煮过滤后的汤汁，并加入称好配料，先在 102～106℃的温度下煮 3～5 分钟，加入预煮后的肉片后，在 94～100℃下复煮 85～100 分钟，捞出。

（3）捞出步骤（2）复煮后的牛肉片，出锅后余下的汤汁于 90～98℃下煎熬，不断搅拌，待汤汁将干成胶状，将胶状汤汁用刷子均匀地涂在复煮后的牛肉片上。

（4）将步骤（3）的牛肉片经远红外烤炉烘烤后微波干燥成牛肉干。牛肉片的远红外烤炉烤制的条件为 65～75℃，烘烤 3～3.5 小时。牛肉片微波干燥的条件为微波功率：140W，微波时间：6～8 分钟。

特点：

（1）本产品酱香味浓郁，先辣后甜，滋味悠长，口感良好，硬度适中。

（2）干燥时间仅为传统干燥工艺的一半，大大提高了产品的生产效率。

（3）微波能起到杀菌的作用，制备的产品抽真空包装后能长期保藏，不用添加防腐剂。

（4）该方法适用于大规模工业化生产。

实例 231　荆芥牛肉干

原料：新鲜牛后腿肉 100 千克，新鲜荆芥 30 千克，白糖 3 千克，食盐 3 千克，小茴香 0.1 千克，八角 0.3 千克，花椒 0.2 千克，丁香 0.1 千克，肉桂 0.5 千克，姜 1.5 千克，蒜 1.5 千克，黄酒 1 千克，味精 0.5 千克。

制法：

（1）原料肉的选择及处理：选择新鲜牛后腿肉100千克，修去筋、膜和肥脂，放入清水中浸泡1小时，以便去除牛肉中的血水。然后将除去血水的肉块分切成约2厘米×3厘米×10厘米的肉条，分切好的肉块冷却至4℃备用。

（2）荆芥与原料肉混合腌制：称取新鲜荆芥30千克，清洗后切碎。将切好的肉条和荆芥放入盆中，将两者拌匀后进行滚揉10分钟以促进荆芥汁液与肉的接触和渗透。将滚揉好的肉条与荆芥残渣混匀平铺于容器中，用保鲜膜封口，置于4℃下静腌过夜。

（3）初煮：将原料肉与水按1∶1.5的质量比进行初煮，在水中放入0.5千克的生姜以除去原料肉的腥味。在煮的过程中，要除去漂浮物，以免影响牛肉在烘干时的品质，煮制的时间约为25分钟，实际操作中肉中心没有血水（肉中心血红色刚好褪去）时即可视为初煮完成。煮制后的汤水备用。

（4）切丁：将初煮好的牛肉冷却之后，切成1厘米×1厘米×2厘米的肉丁，切的时候顺着肌肉纤维的方向切，防止出现散碎肉或肉丁走形，另外还要注意大小尽量要均匀一致，避免影产品的整体外观。

（5）复煮：取原汤的一部分（60%～80%），加入白糖、食盐、小茴香、八角、花椒、丁香、肉桂、姜、蒜。将肉丁置于锅内，小火煮制，并不断轻轻地翻动。在汤汁熬制为总量的1%时加入黄酒，最后加味精，出锅，沥干肉丁。

（6）烘烤：传统的牛肉干烘烤一般是将拌料完毕的肉丁置于电热恒温鼓风干燥箱中，于50℃下烘烤2.5小时。烘烤中每小时翻动一次，以保证烘烤质量。

（7）包装：烤好的牛肉丁经冷却和紫外杀菌后装入包装袋内，擦净袋口黏附物，进行热封包装或真空包装。检查包装是否完好无损，若有破损则重新进行包装。

（8）杀菌、储藏：将包装好的肉干放入微波炉中杀菌2分钟，即制成荆芥牛肉干。

特点：荆芥风味牛肉干的研制是在传统工艺的基础上，结合现代加工手段，将营养丰富的牛肉与具有药食兼用的荆芥结合起来进行生产出的食品，既能满足消费者的需求又可作为药膳两用食品，有较好的社会价值和经济价值。

实例232　南瓜螺旋藻醋香牛肉干

原料：牛肉55千克，葡萄叶0.4千克，砂仁0.2千克，荆芥0.4千克，胡椒0.2千克，黄蒿0.1千克，丁香0.3千克，南瓜8千克，鸡骨草4千克，布渣叶3千克，向日葵花盘3千克，石榴皮2千克，螺旋藻粉8千克，苹果醋5千克，食盐1千克，酱油1.8千克，味精1.2千克，白糖6千克，黄酒1.5千克。

制法：

（1）原料选择与修整：选择卫检合格的牛胴体肉，修去动物性脂肪肌膜、碎骨等，切成1~1.2千克大小的块。

（2）浸泡：用清水将牛肉浸泡20~24小时，以除去血水减小膻味。

（3）煎煮：按配方称取鸡骨草、布渣叶、向日葵花盘、石榴皮投入煎煮锅中，加入相当于牛肉质量2~3倍的水，煮沸后，再加入牛肉，微沸煎煮50~60分钟后捞出，将肉晾透后切成3~4毫米厚的薄片。

（4）卤煮：将步骤（3）煮肉的汤用纱布过滤后放入卤锅内，加食盐、酱油、白糖和用纱布包好的葡萄叶、砂仁、荆芥、胡椒、黄蒿和丁香，煮开后，将肉片放入锅内，先用武火煮10~20分钟，再用文火煮20~30分钟，煮时不断搅拌，出锅前10分钟加入味精、黄酒，出锅后放入漏盘内沥净汤汁。

（5）南瓜蒸煮：将南瓜洗净，去皮，去籽后，切成块状，然后将南瓜块均匀地平铺在蒸锅笼屉上，盖上锅盖在110~120℃下蒸煮15~20分钟，至南瓜蒸熟蒸透即可。

（6）绞肉、斩拌：将步骤（4）卤煮好的肉片送入绞肉机进行粗绞后，将碎肉投入斩拌机内，再加入苹果醋、螺旋藻粉和步骤（5）煮熟的南瓜，斩拌成糜状。

（7）装模成型：将步骤（6）制得的肉糜放入不锈钢模具内抹平，压实后，置于微波干燥箱中，微波干燥4~6分钟，然后切成长3~4厘米、宽2~3厘米的小块。

（8）烘烤：切块后的牛肉块送入80~95℃温度的烘烤箱内烘烤2~3小时，每隔20~30分钟将肉块上下翻动一次，使肉块水分含量控制在5%~7%。

（9）包装：上述肉干冷却至常温后再真空无菌包装即得成品。

特点：本品将牛肉与南瓜、螺旋藻粉、苹果醋等有效复合起来，加工成南瓜螺旋藻醋香牛肉干，可以使各种成分互补，制品营养更加全面，同时也可以丰富牛肉干的口味，提高牛肉干的适口性。本品采用了卤煮工艺克服了传统炒制工艺、腌制工艺所存在的入味不足、口感粗糙、干燥易碎等缺点。本品生产的牛肉干具有营养丰富，色泽红亮，味道鲜美，风味独特，富有弹性和咀嚼性，具有南瓜甜香味和苹果醋醋香味，产品新颖等特点，是一种绿色健康、安全无添加剂的休闲食品，男女老少皆宜，可满足不同人群的需求。

实例233　荞麦醋香牛肉干

原料：牛肉65千克，紫苏0.4千克，罗勒0.2千克，莳萝0.3千克，山栀子0.2千克，花椒0.5千克，向日葵花盘0.1千克，荞麦10千克，三七花5千克，柿子叶4千克，笔仔草2千克，葡萄叶3千克，陈醋8千克，食盐1.5千克，酱油2千克，味精1.5千克，白糖8千克，黄酒2千克。

制法：

（1）原料选择与修整：选择卫检合格的牛胴体肉，修去动物性脂肪肌膜、碎骨等，切成1~1.5千克大小的块。

（2）浸泡：用清水将牛肉浸泡20~24小时，以除去血水减小膻味。

（3）煎煮：按配方称取三七花、柿子叶、笔仔草、葡萄叶投入煎煮锅中，加入相当于牛肉质量2~3倍水，煮沸后，再加入牛肉，微沸煎煮45~55分钟后捞出，将肉晾透后切成3~4毫米厚的薄片。

（4）卤煮：将步骤（3）煮肉的汤用纱布过滤后放入卤锅内，加食盐、酱油、白糖和用纱布包好的紫苏、罗勒、莳萝、山栀子、花椒和向日葵花盘，煮开后，将肉片放入锅内，先用武火煮15~20分钟，再用文火煮20~30分钟，煮时不断搅拌，出锅前10分钟加入味精、黄酒，出锅后放入漏盘内沥净汤汁。

（5）荞麦蒸煮：将荞麦洗净，然后将荞麦均匀地平铺在蒸锅笼屉上，盖上锅盖在120~130℃下蒸煮10~15分钟，至荞麦蒸熟蒸透即可。

（6）绞肉、斩拌：将步骤（4）卤煮好的肉片送入绞肉机进行粗绞后，将碎肉投入斩拌机内，再加入陈醋和步骤（5）煮熟的荞麦，斩拌成糜状。

（7）装模成型：将步骤（6）制得的肉糜放入不锈钢模具内抹平，压实后，置于微波干燥箱中，微波干燥5~8分钟，然后切成长3~4厘米、宽2~3厘米的小块。

（8）烘烤：切块后的牛肉送入80~90℃的烘烤箱内烘烤2~3小时，每隔20~30分钟将肉块上下翻动一次，使肉块水分含量控制在4%~8%。

（9）包装：上述肉干冷却至常温后再真空无菌包装即得成品。

特点：本品将牛肉与荞麦、陈醋等有效复合起来，加工成荞麦醋香牛肉干，可以使各种成分互补，使制品营养更加全面，同时也可以丰富牛肉干的口味，提高牛肉干的适口性。

实例234　青稞老鹰茶红薯牛肉干

原料：牛肉50千克，食盐1.2千克，酱油2.5千克，味精1.6千克，白糖8千克，黄酒1.5千克，草果0.2千克，花椒0.6千克，肉桂0.4千克，陈皮0.5千克，白芷0.3千克，生姜0.5千克，葡萄叶0.2千克，青稞6千克，老鹰茶12千克，罗布麻叶4千克，薄荷3千克，向日葵花盘1千克，野菊花2千克，红薯粉10千克。

制法：

（1）原料选择与修整：选择卫检合格的牛胴体肉，修去动物性脂肪肌膜、碎骨等，切成1～1.5千克大小的块。

（2）浸泡：用清水将牛肉浸泡20～24小时，以除去血水减小膻味。

（3）老鹰茶煎煮：按配方称取老鹰茶、罗布麻叶、薄荷、向日葵花盘、野菊花投入煎煮锅中，加入相当于牛肉质量2～3倍的水，煮沸后，再加入牛肉，微沸煎煮40～60分钟后捞出，将肉晾透后切成3～5毫米厚的薄片。

（4）卤煮：将步骤（3）煮肉的汤用纱布过滤后放入卤锅内，加食盐、酱油、白糖和用纱布包好的草果、花椒、肉桂、陈皮、白芷、生姜和葡萄叶，煮开后，将肉片放入锅内，先用武火煮15～20分钟，再用文火煮20～30分钟，煮时不断搅拌，出锅前10分钟加入味精、黄酒，出锅后放入漏盘内沥净汤汁。

（5）青稞蒸煮：用清水淘洗青稞2～3次，然后加入没过青稞3～4厘米高的清水，浸泡20～24小时，泡好后捞出沥干水分；再将青稞均匀松散地平铺在蒸锅笼屉上，盖上锅盖在110～120℃下蒸煮15～20分钟，至青稞蒸熟蒸透即可。

（6）绞肉、斩拌：将步骤（4）卤煮好的肉片送入绞肉机进行粗绞后，将碎肉投入斩拌机内，再加入红薯粉和步骤（5）煮熟的青稞，斩拌成糜状。

（7）装模成型：将步骤（6）制得的肉糜放入不锈钢模具内抹平，压实后，置于微波干燥箱中，微波干燥4～6分钟，然后切成长3～4厘米、宽2～3厘米的小块。

（8）烘烤：切块后的牛肉块送入85～95℃的烘烤箱内烘烤1～2小时，每隔20～30分钟将肉块上下翻动一次，使肉块水分含量控制在4%～6%。

（9）包装：上述肉干冷却至常温后再真空无菌包装即得成品。

特点：本品将牛肉与青稞、老鹰茶、红薯等农产品有效复合起来，加工成青稞老鹰茶红薯牛肉干，可以使各种成分互补，制品营养更加全面，同时也可以丰富牛肉干的口味，提高牛肉干的适口性。本品采用了卤煮工艺克服了传统炒制工艺、腌制工艺所存在的入味不足、口感粗糙、干燥易碎等缺点。

实例235　山楂仁高钙酸奶味牛肉干

原料：牛肉30千克，鱼肉20千克，芥子0.2千克，小茴香0.4千克，云木香0.3千克，胡椒0.3千克，良姜0.2千克，牛至叶0.2千克，茅栗叶6千克，石榴皮4千克，葡萄叶5千克，向日葵花盘3千克，枸杞3千克，山楂仁8千克，黑芝麻5千克，酸奶4千克，食盐1千克，酱油2.5千克，味精1.5千克，白糖8千克，黄酒2千克。

制法：

（1）原料选择与修整：选择卫检合格的牛肉，修去动物性脂肪肌膜、碎骨等，用盐水浸泡5～10小时，以除去血水减小膻味，洗净沥干；选择卫检合格的鱼肉，用一把粗盐均匀揉搓鱼肉2～3分钟，腌制3～4小时，洗净沥干；然后将牛肉和鱼肉均切成1～1.2千克大小的块。

（2）煎煮：按配方称取茅栗叶、石榴皮、葡萄叶、向日葵花盘、枸杞投入煎煮锅中，加入相当于上述五种中草药总质量4～6倍水，煮沸后，再加入牛肉和鱼肉，微沸煎煮30～50分钟后捞出，将牛肉晾透后切成2～3毫米厚的薄片，鱼肉无须处理。

（3）卤煮：将步骤（2）煮肉的汤用纱布过滤后放入卤锅内，加食盐、酱油、白糖和用纱布包好的芥子、小茴香、云木香、胡椒、良姜和牛至叶，煮开后，将肉片放入锅内，先用武火煮10～20分钟，再用文火煮20～30分钟，煮时不断搅拌，出锅前10分钟加入味精、黄酒，出锅后放入漏盘内沥净汤汁。

（4）制粉：将黑芝麻放入锅内，用中火炒热至冒烟时，倒入山楂仁，用文火加热，炒至山楂仁表面黄色，微鼓起，芝麻香气浓郁时，取出，研细过筛，即得芝麻山楂仁混合粉。

（5）绞肉、斩拌：将步骤（3）卤煮好的牛肉片和鱼肉送入绞肉机进行粗绞后，将碎肉投入斩拌机内，加入芝麻山楂仁混合粉，斩拌成糜状，再将酸奶加入肉糜中揉捻，使酸奶分散均匀。

（6）装模成型：将步骤（5）制得的肉糜放入不锈钢模具内抹平，压实后，置于微波干燥箱中，微波干燥4～6分钟，然后切成长3～4厘米、宽2～3厘米的小块。

（7）烘烤：切块后的肉块送入80～90℃温度的烘烤箱内烘烤2～3小时，每隔20～30分钟将肉块上下翻动一次，使肉块水分含量控制在4%～5%。

（8）包装：上述肉干冷却至常温后再真空无菌包装即得成品。

特点：本品将牛肉与芝麻、山楂仁、酸奶等有效复合起来，加工成山楂仁高钙酸奶味肉干，可以使各种成分互补，制品营养更加全面，提高肉干的含钙量，能够有效地促进人体钙的吸收，补钙快，补钙效果好，同时也可以丰富肉干的口味，提高肉干的适口性。

实例236 烧烤牛肉干

原料：牛肉100千克，食盐2千克，花椒粉①400克，味精200克，苞谷酒1.5千克，花椒粉②300克，辣椒粉2千克。

制法：选取2～4岁纯天然放养的黄牛精选肉去筋、去骨、去肥肉、切块，按100千克牛肉拌食盐，花椒粉①，味精和苞谷酒，腌制2天，然后进入木炭烘烤箱，将木炭烧成明火，在200℃烧烤60分钟，出炉待其冷至室温，切成小薄片后，拌花椒粉②，辣椒粉，调制成麻辣味，包装成产品。

特点：本品选用贵州梵净山纯天然放养嫩黄牛部位肉去筋、去骨、去肥肉烧烤，牛肉原料占至少97%，其余辅料质量不超过3%，原汁原味，不加任何防腐剂，纯天然绿色产品，具有腊香味；梵净山是国家自然保护区，选当地产黄牛作原料，原料原生态无污染，辅料为当地产优质花椒、香料都是纯天然食物原料，酒也是当地产苞谷酒；由于其手工加工精细，易撕烂、易咀嚼，还适合老年人享用，因此在牛肉干市场能显示独特的风味，深受广大消费者的厚爱。

实例237　松软可口的麻辣牛肉干

原料：牛肉10千克，酱油300克，高粱酒100克，麦芽糖300克，白砂糖200克，食用盐25克，花椒粉10克，青花椒粉10克，五香粉10克，丁香粉1克，桂皮粉2~5克，八角粉2~5克，黑胡椒粉5~7克，麻辣酱150克，辣椒碎5~10克，2%β-胡萝卜素乳液1克，生姜20克，青葱20克，山梨酸钾0.1克，乳酸链球菌素0.15克，双乙酸钠0.6克。

制法：

（1）选用品质安全的冷鲜牛肉，用清水清洗干净，分割成500克左右的块状。

（2）将分割后的牛肉块、生姜、青葱、酱油、高粱酒加入煮锅中，加水没过肉块，煮制牛肉中心温度70℃左右起锅，牛肉汤盛出备用。

（3）待牛肉冷却后，切片，厚度3~5毫米为宜。

（4）炒锅中加入牛肉汤和麦芽糖、白砂糖、食用盐、花椒粉、青花椒粉、五香粉、丁香粉、桂皮粉、八角粉、黑胡椒粉、麻辣酱、辣椒碎、2%β-胡萝卜素乳液，煮沸，加入牛肉片，小火翻炒，至汤汁基本收干，加入山梨酸钾、双乙酸钠和乳酸链球菌素溶液（将山梨酸钾、双乙酸钠和乳酸链球菌素提前用温水溶解），喷洒至锅中，翻炒均匀后起锅。

（5）将炒制后的牛肉片平铺在筛网上，置于烘箱中55~65℃烘干，至口感松软，成品水分在20%~25%，取出，冷却后包装。

特点：本品麻辣牛肉干色泽金黄、麻辣咸香回甜、口感软而不烂、丝丝入味，是休闲娱乐、居家旅行的美味伴侣。

实例238　五香牛肉干

原料：牛肉粒（或条或片）50千克，水4千克，白糖5千克，香料1.3~2

千克。

制法：

（1）香料的配制：按下列质量配比准备材料：白芷、八角、花椒和草果各6份，肉桂、丁香、砂仁和山柰各3份，老姜和甘草各1份，小茴香、月桂叶、肉蔻、良姜、陈皮和薄荷等份混合后取1份。将所述各材料粉碎，混匀即得。

（2）牛肉预处理：选取经卫生检疫合格的鲜牛肉，剔除其中的脂、牛毛、杂骨等。将鲜牛肉分割成10厘米×10厘米×10厘米的块状，用水冲洗去除牛肉表面的血污，沥干牛肉表面水分，按50份鲜牛肉与1份盐的比例进行腌制，腌制时间为12小时，腌制温度控制在－5～15℃。常压下，水煮沸后，下腌制牛肉煮1小时，捞出沥干至无水滴出。将煮后的牛肉分别切成1.5厘米×1.5厘米×1.5厘米的牛肉粒或3.5厘米×2.5厘米×0.4厘米的牛肉片或5厘米×0.8厘米×0.8厘米的牛肉条，备用。

（3）五香牛肉干的制备：取步骤（1）制备的香料和步骤（2）切制后的牛肉，按下列质量配比加入水、白糖和香料进行调味。各组分混合均匀，即得调味后的牛肉。将调味后的牛肉于100～150℃下，炒干至无糖水滴出。再将炒制后的牛肉于50～90℃下烘干，至牛肉粒中含水量为22%，牛肉片中含水量为25%，牛肉条中含水量为18%。取部分牛肉干直接真空装袋，即成；其余牛肉干进行微波灭菌处理，再进行真空装袋，即得成品。

特点：通过上述制作工艺和香料的配合，制备获得的五香牛肉干呈黄褐色，色泽鲜艳，口感细腻，咸甜适宜，软硬适度。其中的炒制和烘干过程能可控性地生产出含有所需水分的牛肉干；所述香料有去腥、保鲜的作用，在延长牛肉干保质期的同时还有食疗的功效。另外，该制作工艺步骤少，操作简单，所需设备要求低，在一天内即可完成一次五香牛肉干的生产，可及时满足市场需求。

实例239　香辣牛肉干

原料：牛肉粒（或片或条）50千克，水4千克，盐1千克，辣子水4.5～5.5千克，香料0.6千克。

制法：

（1）香料的配制和辣子水的制备：按下列质量配比准备材料：白芷、八角、花椒和草果各6份，肉桂、丁香、砂仁和山柰各3份，老姜和甘草各1份，小茴香、月桂叶、肉蔻、良姜、陈皮和薄荷等份混合后取1份。将所述各材料粉碎，混匀即得香料，备用。

取适量干辣椒，加入干辣椒4倍量的水，加热进行熬制，直至将加入的水浓缩成干辣椒质量的2倍，再去除辣椒即得辣子水，备用。

（2）牛肉预处理：选取经卫生检疫合格的鲜牛肉，剔除其中的脂、牛毛、杂骨等。将鲜牛肉分割成10厘米×10厘米×10厘米的块状，用水冲洗去除牛肉表面的血污，沥干牛肉表面的水分，加入盐进行腌制，腌制时间12小时，腌制温度控制在-5~15℃。常压下，水煮沸后，下腌制牛肉煮1小时，捞出沥干至无水滴出。将煮后的牛肉分别切成1.5厘米×1.5厘米×1.5厘米的牛肉粒或3.5厘米×2.5厘米×0.4厘米的牛肉片或5厘米×0.8厘米×0.8厘米的牛肉条，备用。

（3）香辣牛肉干的制备：取步骤（1）的香料和辣子水以及切制后的牛肉，按配方组分进行调味。各组分混合均匀，得调味后的牛肉。将调味后的牛肉于100~150℃炒干至无水滴出。再将炒制后的牛肉于温度50~90℃烘干，至牛肉粒中含水量为22%，牛肉片中含水量为25%，牛肉条中含水量为18%。取部分牛肉干直接真空装袋，即成；其余牛肉干进行微波灭菌处理，再进行真空装袋，即得成品。

特点：通过上述制作工艺和香料的配合，制备获得的香辣牛肉干呈淡红色，色泽鲜艳，口感细腻，香辣适宜，软硬适度。其中的炒制和烘干过程能可控性地生产出含有所需水分的牛肉干；所述香料有去腥、保鲜的作用，在延长牛肉干保质期的同时还有食疗的功效。另外，该制作工艺步骤少，操作简单，所需设备要求低，在一天内即可完成一次香辣牛肉干的生产，可及时满足市场需求。

实例240　新型肉干

原料：主料：牛肉35千克，猪肉10千克，鸡肉15千克，鱼肉25千克，蟹肉0.8千克。

辅料：桂皮1千克，花椒1千克，八角1.3千克，丁香1千克，小茴香1.2千克，姜片3千克，白酒1千克，味精0.4千克，盐4千克，酱油4千克。

制法：

（1）将上述各牛肉、猪肉、鸡肉、鱼肉和蟹肉去骨去刺去杂，洗净晾干后切成1~2厘米的方块和/或长方块。

（2）按配比备好主料和辅料。

（3）将上述固体状辅料用纱布包好后放入辅料总质量至少2倍的水中烧煮1.5小时。

（4）将上述备好的各主料放入步骤（3）的料水和其他各液体状辅料的混合液中腌制6小时。

（5）将腌制后的主料送入绞肉机粗绞后，再送入斩拌机内斩拌并送入搅拌机内搅拌混合。

(6) 将步骤 (5) 处理的主料送入烘烤箱内，在100℃的烘烤箱内烘烤至熟及烘烤至水分含量减少到4%。

(7) 将步骤 (6) 处理的肉干冷却后再真空无菌包装即得成品。

特点：本品以牛肉为主的营养成分多样化，生产方法简单，滋味鲜美，食用方便的由多种肉制成的新型肉干。

实例241 雪莲牛肉干

原料：鲜牛肉1千克，食盐0.1千克，鲜姜丝0.8千克，红糖0.5千克，雪莲汁0.1千克，植物油20千克。

制法：

(1) 将牛肉中的骨、筋、油剔净、洗净，得净瘦肉，将牛肉切成2厘米×2厘米×12厘米的肉条，备用。

(2) 将鲜姜去皮洗净切丝，备用。

(3) 取雪莲放入1.5千克的温水中浸泡1小时后，熬汁过滤得雪莲汁备用。

(4) 取食盐、红糖、植物油称好备用。

(5) 将前面所取的牛肉条与食盐、鲜姜丝、糖和雪莲汁拌均匀腌制3小时后备用。

(6) 把腌制好的肉条一条一条晾挂在晾晒架上，每24小时翻动一次，3天左右每千克鲜肉晾成为0.5千克。

(7) 将植物油倒入炸锅内烧熟，将晾晒好的肉条每3~4千克为一批到入锅中炸制15秒后捞出沥干得成品。

特点：雪莲牛肉干使用的原材料为新疆原生态养殖的黄牛提供的鲜牛肉，肉质含蛋白质高、动物性脂肪低。同时配伍了新疆独特原生态的天山雪莲，产品具有亮丽的酱色，味有微甜、微咸和独特的风干牛肉香味。

实例242 牙签牛肉干

原料：牛肉500克，食盐1.5~3克，芝麻1~2克，生姜0.5~1.5克，花椒0.1~0.3克，食用油0.5~2克，红辣椒0.2~0.5克，黄酒1.5~3克，五香粉0.8~1.5克，茴香0.5~3克。

制法：

(1) 牛肉加工：将上述牛肉清除杂质、肌膜、动物性脂肪和碎骨等，切成2厘米宽的片（块）。

(2) 浸泡：使用清洁水浸泡经步骤 (1) 处理的牛肉2小时以上，除去血水，减小膻味，洗净并沥干水分待用。

（3）煮沸：锅内加水（水量以淹没肉块为宜），加入生姜、茴香和经步骤（2）处理的牛肉块，加热使锅内微沸，煮40分钟。

（4）冷却切片：将步骤（3）处理的肉捞出稍晾后改刀切成0.5厘米见方的小块。

（5）卤煮：锅内加水（水量以淹没肉块为宜），将花椒、五香粉料包和三分之一的红辣椒和步骤（4）处理的肉块放入锅内，加热煮沸后放入黄酒及食盐，微煮1.5～2小时，停火，静泡2小时以上，捞出肉块，沥净汤汁，肉块晾凉后，平放在容器上。

（6）晾干或烘干：将步骤（5）处理的牛肉块放在干净的竹器或透气性好的容器上自然晾干，或使用烘干机烘干，烘干温度以85～90℃为宜，时间为1～1.5小时。

（7）拌香辣料：将上述食用油和剩余的红辣椒熬成辣椒油，将上述芝麻炒熟，稍擀碎，加入辣椒油拌匀，将步骤（6）处理的牛肉块倒入，掺匀即可。

（8）上签杀菌：将步骤（7）处理所得的牛肉块逐个串在牙签上，烘干5分钟或晾干1小时，即得成品。

特点：本品牙签牛肉干的主要原料为牛肉，该牛肉使用卫生检验合格的牛肉，忌病牛、死牛、奶牛、老牛或霉变的不新鲜的牛肉，本品所用辅料食盐、芝麻、生姜、花椒、食用油、红辣椒、黄酒、五香粉和茴香均为天然的普通佐料，有利于人体健康。本品牙签牛肉干改变了传统手抓肉干不卫生的食用方法，牛肉干用牙签串起，手拿牙签食用，既方便、又卫生。本品选用组分及配比合理，成品口感好、咸甜适宜、微辣麻香、绵软劲道、醇厚味长，越嚼越香，食之难忘，且不宜变味变质，保质期长。

实例243　燕麦龙利叶魔芋牛肉干

原料：牛肉55千克，山柰0.3千克，胡椒0.5千克，向日葵花盘0.3千克，地黄叶0.3千克，香茅0.3千克，高良姜0.4千克，山蕳菜0.2千克，燕麦米8千克，龙利叶10千克，山楂核5千克，瓜蒌皮1千克，地黄花2千克，魔芋粉8千克，食盐1千克，酱油2千克，味精1.2千克，白糖7千克，黄酒1.5千克。

制法：

（1）原料选择与修整：选择卫检合格的牛胴体肉，修去动物性脂肪肌膜、碎骨等，切成1～1.2千克大小的块。

（2）浸泡：用清水将牛肉浸泡20～24小时，以除去血水减小膻味。

（3）龙利叶煎煮：按配方称取龙利叶、山楂核、瓜蒌皮、地黄花投入煎煮锅中，加入相当于牛肉质量2～3倍的水，煮沸后，再加入牛肉，微沸煎煮40～

50分钟后捞出，将肉晾透后切成3~4毫米厚的薄片。

（4）卤煮：将步骤（3）煮肉的汤用纱布过滤后放入卤锅内，加食盐、酱油、白糖和用纱布包好的山柰、胡椒、向日葵花盘、地黄叶、香茅、高良姜和山萮菜，煮开后，将肉片放入锅内，先用武火煮15~20分钟，再用文火煮20~25分钟，煮时不断搅拌，出锅前10分钟加入味精、黄酒，出锅后放入漏盘内沥净汤汁。

（5）燕麦米蒸煮：用清水将燕麦米浸泡15~20分钟，泡好后捞出沥干水分；再将燕麦均匀松散地平铺在蒸锅笼屉上，盖上锅盖在120~130℃下蒸煮10~15分钟，至燕麦米蒸熟蒸透即可。

（6）绞肉、斩拌：将步骤（4）卤煮好的肉片送入绞肉机进行粗绞后，将碎肉投入斩拌机内，再加入魔芋粉和步骤（5）煮熟的燕麦，斩拌成糜状。

（7）装模成型：将步骤（6）制得的肉糜放入不锈钢模具内抹平，压实后，置于微波干燥箱中，微波干燥3~5分钟，然后切成长3~4厘米、宽2~3厘米的小块。

（8）烘烤：将切块后的牛肉块送入80~90℃的烘烤箱内烘烤1.5~2小时，每隔20~30分钟将肉块上下翻动一次，使肉块水分含量控制在3%~5%。

（9）包装：待上述肉干冷却至常温后再真空无菌包装即得成品。

特点：本品将牛肉与燕麦、龙利叶、魔芋等有效复合起来，加工成燕麦龙利叶魔芋牛肉干，可以使各种成分互补，制品营养更加全面，同时也可以丰富牛肉干的口味，提高牛肉干的适口性。本品采用了卤煮工艺克服了传统炒制工艺、腌制工艺所存在的入味不足、口感粗糙、干燥易碎等缺点。

实例244　薏米仁马奶味肉干

原料：牛肉40千克，驴肉15千克，月桂叶0.4千克，山楂核0.3千克，八角0.2千克，花椒0.3千克，香薷0.1千克，白芷0.2千克，陈皮0.3千克，薏米仁10千克，啤酒花6千克，白屈菜4千克，地黄叶3千克，向日葵花盘3千克，山药2千克，马奶5千克，食盐1.5千克，酱油2千克，味精1.2千克，白糖6千克，黄酒2.5千克。

制法：

（1）原料选择与修整：选择卫检合格的牛肉和驴肉，修去动物性脂肪肌膜、碎骨等，切成1千克大小的块。

（2）浸泡：用清水分别将牛肉和驴肉浸泡24小时，以除去血水减小膻味。

（3）煎煮：按配方称取啤酒花、白屈菜、地黄叶、向日葵花盘、山药投入煎煮锅中，加入相当于上述五种中草药总质量5倍的水，煮沸后，再加入牛肉和驴肉，微沸煎煮40～50分钟后捞出，将肉晾透后切成2毫米厚的薄片。

(4) 卤煮：将步骤 (3) 煮肉的汤用纱布过滤后放入卤锅内，加食盐、酱油、白糖和用纱布包好的月桂叶、山楂核、八角、花椒、香薷、白芷和陈皮，煮开后，将肉片放入锅内，先用武火煮15分钟，再用文火煮20分钟，煮时不断搅拌，出锅前10分钟加入味精、黄酒，出锅后放入漏盘内沥净汤汁。

(5) 炒薏米仁：取同薏米仁等质量的芝麻放入锅内，用中火炒热至冒烟时，倒入净薏米仁，用文火加热，炒至表面黄色，微鼓起，香气浓郁时，取出，筛去芝麻，晾凉，待用。

(6) 绞肉、斩拌：将步骤 (4) 卤煮好的肉片送入绞肉机进行粗绞后，将碎肉投入斩拌机内，加入马奶，斩拌成糜状，再将炒好的薏米仁倒入肉糜中揉捻，使薏米仁分散均匀。

(7) 装模成型：将步骤 (6) 制得的肉糜放入不锈钢模具内抹平，压实后，置于微波干燥箱中，在2400Hz、650W的条件下，微波干燥5分钟，然后切成长3厘米、宽3厘米的小块。

(8) 烘烤：切块后的肉块送入90℃温度的烘烤箱内烘烤2小时，每隔30分钟将肉块上下翻动一次，使肉块水分含量控制在6%～8%。

(9) 包装：上述肉干冷却至常温后再真空无菌包装即得成品。

特点：本品将牛肉与薏米仁、啤酒花、马奶等有效复合起来，加工成薏米仁马奶味肉干，可以使各种成分互补，制品营养更加全面，同时也可以丰富肉干的口味，提高肉干的适口性。本品采用了卤煮工艺克服了传统炒制工艺、腌制工艺所存在的入味不足、口感粗糙、干燥易碎等缺点。

实例245 油炸香酥牛肉干

原料：鲜牛肉1千克，面粉1千克，干酵母0.01千克，食盐0.005千克，鲜鸡蛋200克，已添加抗氧化剂丁基羟基茴香醚（BHA）0.005%的熟菜油5千克，味精4克，辣椒粉20克，花椒粉3克，五香粉1克，白糖粉10克，食盐5克。

制法：

(1) 选料：本文中所述“原料肉块”一词是可供食用的肉类肉块的总称，在本品中只要肉块可按常规方法或冷冻后机械切成片状或切为细丝状，可使用任何肉类，本品中可使用的肉类有：牛瘦肉、猪瘦肉、羊瘦肉、山羊瘦肉、马瘦肉、鸡肉、鸭肉、鹅肉、兔肉、家禽肉，无头带骨淡水鱼肉与海鱼肉，鲤鱼、鲫鱼、鳙鱼、青鱼、草鱼、鲢鱼、大黄鱼、小黄鱼、带鱼、鲳鱼，优选动物性脂肪含量低的原料肉，这是因为当原料肉含动物性脂肪成分较多时，油炸时原料肉中的动物性脂肪将溶出混入油炸用油中，使产品收缩变小，成品率下降，不利于保持成品品质，考虑到原料肉块的动物性脂肪含量及产品成本因素，在本品中优选牛肉，去头带骨的淡水鱼与海鱼肉。

（2）分切：将原料肉块分切为长3～10厘米，宽1～8厘米，厚0.5～2毫米的片，或长3～10厘米，宽2～10毫米，厚0.5～2毫米的丝或条形小片，切片或切丝优选原料肉块经冷冻硬后，用切肉机按以上标准切得，长宽按产品标准制定，厚度按肉质的含水量及细嫩情况而定，牛肉、马肉、猪瘦肉、带骨海水鱼肉为0.5～1毫米最佳，带骨淡水鱼肉与鸡、鸭肉为1～2毫米最佳，因原料肉片越薄，固定体积的原料肉呈现的表面积越大，在下一工序裹粉时黏附的裹粉越多，成品率越高。

（3）特制裹粉：用面粉加酵母或母面发制馒头或面包，熟后，将馒头或面包分切为直径1～3厘米的块，放入60～90℃的烤房烤干，含水量为5%左右，经80～120目的粉碎机粉碎，添加食用盐0.4%～1.2%。

（4）裹粉：将已分切的原料肉片或肉丝各面挂上一层鲜蛋汁（蛋汁采用鲜鸡蛋、鲜鸭蛋、鲜鹅蛋、鲜鹌鹑蛋中的任一种、两种或两种以上任意混合搅拌而成，本品优选鲜鸡蛋，因它价廉方便），放入裹粉内使原料肉片（丝）各面均匀裹上一层裹粉，并压实压紧。

（5）油炸：将已裹粉的原料肉片（丝）放入油锅内炸制（炸制用油为：油菜子油、豆油、玉米油、花生油、棕榈油中的一种、两种或两种以上任意混合，并按国家标准加入抗氧化剂），油温控制在110～170℃炸制5～10分钟，刚下锅时为170℃左右，当表面定型后调整为120℃左右，当含水量达到5%～10%时捞出。

（6）脱油：拌料包装将油炸熟的肉制品放入离心机中，脱油3～5分钟，取出按产品要求添加五香粉、辣椒粉、花椒粉、味精、食盐、白糖粉，可形成五香、麻辣、烧烤等多种口味。

特点：本方法制得的香酥肉干制品，成品率为原料肉的70%～130%，能最大限度地降低生产成本，并具有崭新口感的新型肉制品。

实例246　佛手风干牛肉

原料：牛肉100份，金华佛手2份，白酒3份，食盐2.5份，糖2.5份。

制法：

（1）选择符合卫生标准的牛肉，剔除动物性脂肪、油膜、肌腱，切成小块，然后用清水漂洗，除去杂质后沥干水分。

（2）将按配比称取金华佛手、白酒、味精、食盐、糖拌匀后与肉块混合均匀进行腌制，腌制温度控制在10℃以下，腌制时间为8～36小时，每4～6小时翻一次。

（3）把经腌制的肉块漂洗干净、滴干汁水后，进行晾干。

（4）把经晾干水分后的肉块进行烘烤，烘烤温度为50～55℃，烘烤时间为6～12小时，烘烤结束后经冷却、检验后即得成品。

特点：本品佛手风干牛肉具有质地干爽、软硬适度、无膻味、香甜鲜美、略带佛手清香的特点，特别适合作为人们的休闲食品。

实例247　风干牛肉（1）

原料：配方1（原味型）：精选草原放养牛臀部肉99千克（俗称紫盖。去筋、皮、动物性脂肪），碘戎盐1千克。

配方2（酱香型）：以重量配比加以说明：精选草原放养牛臀部肉10千克，大红八角20克，大红袍花椒15克，草果3克，桂皮10克，香叶10克，丁香5克，肉蔻5克，优质酱油700克，清水500克。

配方3（麻辣型）：精选草原放养牛臀部肉10千克，小干红尖辣椒300克，碘戎盐50克，草果30克，甘草50克，麻椒50克，桂皮10克，大红八角8克，良姜8克，砂仁8克，白芷8克，大红袍花椒8克，香叶5克，丁香5克，肉蔻5克，白糖500克。

制法：

（1）原味风干牛肉的制作方法：精选臀部肉用刀分割成3厘米左右见方的肉条，用碘戎盐搓揉腌制4小时后，在冬季雪后的室外自然风干8昼夜，或在24～26℃清洁无菌的室内用电风扇均匀吹风72小时制成半成品，用烤箱烤制15分钟即可食用或密封保存，保质期6个月。或风干后密封包装待食用时烤制，保存期为一年。

（2）酱香型风干牛肉的制作方法：将精选牛臀部肉用刀分割成3厘米左右见方的肉条，在冬季雪后的室外自然风干1昼夜，或在24～26℃清洁无菌的室内用电风扇均匀吹风5小时，标准是使肉条中水分自然蒸发20%为宜。将除牛肉外的配料放在一起用大火煮沸后文火煮5分钟，除去杂质待冷却后，将肉条放入其中腌制10小时取出。在冬季雪后的室外自然风干8昼夜，或在24～26℃清洁无菌的室内用电风扇均匀吹风72小时，用烤箱烤制15分钟即可食用或保存，保质期6个月。或风干后密封包装待食用时烤制，保存期为一年。

（3）麻辣型风干牛肉制作方法：将精选牛臀部肉用刀分割成3厘米左右见方的肉条，在冬季雪后的室外自然风干1昼夜，或在25℃清洁无菌的室内用电风扇均匀吹风5小时，标准是使肉条中水分自然蒸发20%为宜。将除牛肉、白糖外的配料放在一起用大火煮沸后文火煮5分钟，除去杂质放入白糖500克，待冷却后，将肉条放入其中腌制10小时取出。在冬季雪后的室外自然风干8昼夜，或在25℃清洁无菌的室内用电风扇均匀吹风72小时，用烤箱烤制15分钟即可食用或密封保存，保质期3个月。或风干后密封包装食用时烤制，保质期为6个月。

特点：本品所用调味料均为纯天然，无任何食用化学成分，并含有钙、镁、铁、锌、钾、钠等微量元素，均对人体有益。

实例248　风干牛肉（2）

原料：牛肉100千克，五香粉2千克，佛手2千克，花椒粉3千克，白酒3千克，味精1千克，食盐2千克。

制法：

（1）选择符合卫生标准的牛肉，剔除筋膜，切成小块，然后用清水漂洗，除去杂质以后沥干水分。

（2）将除牛肉外的辅料与牛肉混合进行腌制。

（3）将腌制过的牛肉进行晾干。

（4）将炒锅置于火上，倒入花生油，1～2分钟过后，放入腌制好的牛肉干泡炸4分钟，捞出牛肉干，检验后即得成品。

特点：本品的风干牛肉具有质地干爽、软硬适度、风味独特和香辣可口等特点，特别适合作为人们的休闲食品。

实例249　风干牛肉（3）

原料：牛大腿肉25千克，调料水（花椒和八角）1千克，酱油1千克，加碘食盐0.5千克，天然色素1g，净水17.5千克，精盐0.25千克，酱油1千克，黄酒0.25千克，大葱500克，面酱500克，味精50克，干辣椒20克，八角10克，小茴香20克，花椒20克，鲜姜250克，肉蔻5克，桂皮5克，白芷5克，砂仁5克。

制法：

（1）取牛后大腿肉25千克，除去筋腱、动物性脂肪、体腺、组织液，待用。

（2）将其切成几块3～4千克见方的大肉块，再切成宽4～6厘米、厚3～5厘米的矩形长肉条，将切好的肉条放入不锈钢盆中。

（3）依次倒入泡制好的调料水1千克、酱油1千克，然后添加加碘食盐0.5千克、天然色素1克。

（4）然后进行充分搅拌，使其均匀混合，在2～5℃下腌制24小时，每隔6

小时搅拌一次，肉坯条在腌制时不可产生缝隙，其裸露的表面用保鲜膜覆盖，腌制到期后，将此腌制好的肉坯条放入滚揉机内进行连续或间歇地滚揉，滚揉机转速为 3 ~4 转/分钟，在低温下滚揉 18 小时。

（5）将腌制好的肉坯条放入高温灭菌罐中，在 130℃下放置 45 秒，将嗜冷腐败菌和附着在肉坯条表面的其他细菌杀灭。

（6）把经过灭菌处理的肉坯条取出，逐一悬挂在很多条横拉的绳索上，布置绳索的地方应处于既相对封闭又流通空气的环境，封闭是为了防止雨水和赃物污染肉坯条，然后选用 2500 米^3/分钟、300kPa 轴流风机模拟 5 ~6 级自然风对肉坯条进行强制吹风，将肉坯条中的水分快速蒸发，这样吹晾两天即成。

（7）把干透的肉坯条沿长度方向切成 3 厘米左右长的肉块，这样不仅咀嚼食用方便，而且外形美观，便于包装、储存。

（8）用不锈钢锅盛净水烧开，放入精盐、酱油、黄酒、大葱、面酱、味精、干辣椒、八角、小茴香、花椒、鲜姜、肉蔻、桂皮、白芷、砂仁，再把晾好的肉块放入，使其全部没入水中，然后用旺火煮沸几分钟，再改用小火炖数小时，把煮好的肉块出锅，平摊在竹帘子上，沥干卤汁后送往晾晒间晾干即得风干牛肉块成品。

（9）将此成品风干牛肉块装入食品专用塑料袋，进行真空密封处理。

（10）把包装密封好的风干牛肉块再放入高温灭菌罐中，在 130℃下放置 40 秒，进行第二次杀菌消毒；这就具备了储存、销售的条件。

（11）将二次灭菌处理后的风干牛肉块进行储存或销售。

特点：风干肉因其具有品质好、食用方便、保存期长的特点，且加工工艺严格、卫生，佐料除味精外，全部是天然成分，也没有煎、炸、熏、烤等有害人体健康的加工工序，所以很受欢迎。

（三）其他

实例 250　风干羊肉

原料：羊肉 100 千克，孜然 35 克，花椒 35 克，八角 15 克，小茴香 35 克，丁香 16 克，白芷 16 克，肉蔻 35 克，砂仁 16 克，白胡椒 16 克，良姜 15 克，鲜姜 200 克，百里香 100 克，桂皮 16 克，草果 35 克，白酒 100 克，陈醋 100 克，红辣椒面 200 克，红白葱 1000 克，精盐 300 克，味精 30 克。

制法：

（1）原料选取必须选择北方牧区优质绵、山羊肉，在独特环境下长成的羊肉才能保证风干羊肉的独特风味。

（2）风干室一般为四面通风、屋顶较高、地面硬化、没有烟尘污染的有顶建筑物，四面通风口要大，一般占四面墙壁的60%～70%，通风口门窗必须用纱网封严，以防蚊蝇和灰尘，风干架为金属或木制，可放置多层晾肉竹竿，架高2.5～3米，四个架为一组，放置位置距墙壁30～50厘米远，自然通风晾干，必要时每9～10平方米的屋顶上安装一台吊扇，效果更佳，北方地区只要条件适宜，一年四季均可晾干。

（3）将去骨羊肉切成2～3厘米宽，1～1.5厘米厚的肉条，肉条长短视肉纹而定，越长越好搭架风干。北方地区一般搭晾10～15天，使肉条含水量达8%左右。

（4）调料配制按各种调料的种类和剂量在煮制过程中依次加入，并熬煮10～15分钟。

（5）熟制过程是：先将干羊肉条切成4～6厘米的肉段，加入熬煮好的调料水中，在沸腾的情况下不停地翻动肉段，使肉段入味均匀。半小时后改为慢火炖。但必须每隔15～20分钟上下翻动一次，炖90～120分钟（视羊肉老嫩而定），肉熟，肉汤将收干，撒入味精、葱花即可出锅食用。

（6）采用高温灭菌，真空包装，装成200克、400克、1000克不同规格食品袋，即为便于储藏、运输和销售的方便食品。

特点：羊肉通过风干后，去除了鲜肉原有的膻气味，与传统的牛羊肉加工食品相比，具有色香味美、醇香可口、风味独特，“肥而不腻、瘦而不柴”，咸淡适中，适合全国南北方大多数人的口味，营养丰富，人体易吸收。真空包装保质期长，易于长途运输和大范围销售。

实例251　羊肉干

原料：羊肉1000克，盐25克，味精7克，小茴香35克，生芝麻25克，孜然35克，鸡蛋125克，淀粉100克，番茄酱50克。

制法：选用优质的纯瘦羊肉先进行清洗，然后加工成2厘米×2厘米×3厘米的长方形块。把切好的羊肉先用盐和味精浸泡10分钟，然后放入孜然、小茴香、生芝麻搅拌，为了满足消费者的口味可以制成辣与不辣两种。浸渍3个小时后再向羊肉中放入鸡蛋、淀粉和番茄酱等，30分钟后放至80～90℃的热油中过油3～4分钟。捞出控油30分钟，这时把沥干油的羊肉放到烤盘中，在羊肉的上、下铺盖豆包布，然后放到烤箱里调节温度到100℃烘烤2.5～3.5小时，每小时翻一次。这样反复烤两次后将肉从烤箱里取出来放到通风的地方放置30分钟，羊肉干就已经制作好了，而且还具有羊肉串的风味，最后把做好的羊肉干在干燥的房间里包装入袋，可保存三个月不会变质。

特点：本品做成的羊肉干别具风味，易于存放，经济、卫生是一种美味的食品。

实例 252　马肉干

原料：精马肉 100 千克，砂仁 100 克，桂皮 150 克，小茴香 200 克，花椒 100 克，八角 100 克，肉蔻 200 克，丁香 5 克，鲜姜 50 克，黄酒 100 克，碘盐 1000 克，味精 125 克。

制法：

（1）将除马肉以外的固体配料用纱布包上，放入 2.5 ~ 4 千克的水中烧煮 1 小时。

（2）将宰杀前、后经检疫合格的精马肉切成 1 ~ 2 厘米宽、1 厘米厚、10 厘米长的肉条。

（3）将步骤（2）中备好的精马肉条放入步骤（1）的料水中腌制 3 ~ 5 小时。

（4）将腌制后的精马肉条放入烘干箱内，在 100℃下恒温 4 小时，使其含水量≤12%。

（5）将烘干的精马肉条放入电蒸箱中蒸煮 30 分钟，成为表皮油亮的马肉干。

（6）待制成的马肉晾干后，加以真空无菌包装即得成品。

特点：本品风味独特，表皮油亮，口感细腻，回味无穷，含有人体所需的多种氨基酸、蛋白质和维生素，钙、锌、铁等元素，动物性脂肪低，因此是一种营养丰富的可口、即时、方便的风味食品。

实例 253　鹅肉干

原料：成鹅，腌制料（每 100 千克鹅肉用食盐 2 千克、白糖 2 千克、白酒 1 千克、硝酸钠 0.05 千克、复合磷酸盐 0.04 千克、味精 40 克、鸡精 50 克混合 25 千克水调制成的混合溶液），调味料（每 100 千克鹅肉用食盐 2 千克、白糖 2 千克、白酒 1 千克、味精 40 克、鸡精 50 克、酱油 500 克混合 40 千克水后加入八角 800 克、小茴香 200 克、桂皮 200 克、甘草 200 克、草果 200 克、枸杞 200 克、花椒 200 克、陈皮 100 克、肉桂 50 克、砂仁 50 克、山药 50 克熬制 3 小时得到的混合溶液），口味料（辛辣料、孜然料、原味料、蜜汁料或酱料等）。

制法：

（1）原料预处理：取成鹅，宰杀前 12 小时停止喂食，宰杀后用清水洗净，倒挂放血不低于 10 分钟，然后清水浸泡至鹅肉基本不再浸渍出血水，捞出。

（2）初加工：将上述经过预处理的鹅肉加入沸水中煮不低于10分钟，然后取出切割，分割为大概为5厘米长，1厘米宽，0.5厘米厚的条坯。

（3）腌制：将上述成型的条坯低温腌制不少于24小时，腌制的方式是通过将腌制料注射到鹅肉内部同时将调味料涂抹在鹅肉表面。

（4）滚揉：在低温条件下对条坯进行10小时的滚揉，前3个小时每滚揉30分钟，间歇30分钟，中间4个小时每滚揉40分钟，间歇20分钟，后3个小时每滚揉50分钟，间歇10分钟。

（5）熟化：将经上述步骤完成的鹅肉坯条放入微波炉中熟化，选用功率为1000W的微波炉，熟化的时间为5分钟。

（6）刷涂表面调味料：将熟化后的鹅肉表面刷涂口味料，依据最终产品的口味，可刷涂的口味料可以是辛辣料、孜然料、原味料、蜜汁料或酱料。

（7）静置：将上述表面刷过调味料的鹅肉在低温条件下静置1个小时。

（8）烘烤脱水：将经过静置的鹅肉放入烤箱中进行脱水，脱水的过程采用分段脱水：90℃持续20分钟，75℃持续30分钟，55℃持续100分钟，40℃持续50分钟。

（9）冷却：采用自然冷却法冷却。

（10）检验包装。

（11）储藏：常温下储藏。

特点：

（1）本品采用内置腌制料和外抹调味料的方式来腌制，使味道深入肉质内部，口感均匀。

（2）采用微波熟化，最大限度地保证了鹅肉原来的营养价值，避免了加工过程中营养的损失，且加工时间短，保持肉质的鲜嫩。

（3）调味料中加入了枸杞、山药等中药成分，进一步丰富了鹅肉制品的营养价值，对体弱气虚病人有很高的保健效果。

（4）采用分段烘干脱水，将烘干的时间控制较短，避免了营养成分的损失。

（5）本品口味独特，营养价值高，生产技术及产品质量居同类产品国内领先，市场前景广阔。

实例254　风干鹿肉

原料：鹿肉条5千克，葱水、蒜水、姜水适量，胡椒面60克，食用盐300克，酱油150毫升，黄酒50毫升，味精20克，花椒50克，八角50克，小茴香50克，桂皮20克，肉蔻15克，草果15克，白芷15克，山柰15克，良姜10克，甘草15克，辣椒100克。

制法：

（1）原料处理：

①将符合卫生标准的排酸精选鲜鹿肉去筋、膜、肥脂后萃取血水、污物，经清水过漂，切成2厘米的坯料。

②将上述切好的坯料自然风干水分，风干时间为3小时，水分控制在55%。

（2）腌制：取切好的鹿肉条5千克放入容器中，加入葱水、蒜水、姜水适量，胡椒面60克，食用盐300克，腌制4小时。

（3）煮沸：在电加热夹层锅中加水10升，与酱油、黄酒、味精、花椒、八角、小茴香、桂皮、肉蔻、草果、白芷、山柰、良姜、甘草、辣椒充分混合均匀煮沸，加入腌制好的鹿肉条，保持微沸状态，煮制1.5小时，温度保持95℃。

（4）冷却：将不锈钢夹层锅中的肉捞出，沥干汤汁放凉。

（5）烘干：将冷却好的鹿肉放入热风循环烘箱烘干，温度控制在70℃，时间2小时，水分控制在26%。

（6）预冷：将出炉的鹿肉干推至预冷间，冷却至10℃以下。

（7）称量装袋、真空包装：真空包装时，真空 > 0.07MPa，热封温度230℃，热封时间4秒。

（8）灭菌：封袋后的鹿肉干采用微波杀菌设备，以保证食品原有的色、香、味及营养成分不受破坏。微波功率30kW，杀菌温度120℃，设计压力0.3MPa。

特点：该制备方法依次包括清洗、风干、腌制、煮制、冷却、烘干、预冷、真空包装、杀菌等过程。采用上述工艺后，将鹿肉经过一定时间的风干，然后腌制入味再煮制，由于煮汤由二十余种调味料、香辛料及中草药精心配制而成，在煮制时夹层锅中煮汤里的中草药还能起到保健作用；而在杀菌过程中采用微波杀菌设备，在杀菌的情况下保证食品原有的色、香、味及营养成分不受破坏。

实例255　鸡肉干（1）

原料：鸡肉1千克，姜粉0.4克，蒜0.5克，醋1.5克，糖0.5克，木耳粉2克，豆瓣酱1.5克，洋葱粉1克，食盐2克，味精2克，香菇粉1.5克，泡椒酱2克，芝麻4克。

制法：

（1）取鸡肉，加水煮沸20~35分钟，取出切片。

（2）取姜粉、蒜、醋、糖、木耳粉、豆瓣酱、洋葱粉、食盐、味精、香菇粉、泡椒酱、芝麻，与步骤（1）所制得的鸡肉片混匀。

（3）烘干，即制得鸡肉干。

特点：本品味道鲜美，保留了鸡肉中的营养成分，生产工艺简单，成本较低。本品为鸡肉干的制备提供了一种新的选择，具有广阔的应用前景。

实例256 鸡肉干（2）

原料：精鸡肉500克，食盐8克，炒熟的白芝麻60克，辣椒、花椒、八角粉、茴香粉适量。

制法：

（1）将精鸡肉洗净，切成截面长、宽为7毫米的条状，放入锅内加水煮去肉丝表面的血水。去水滤干后，加入食盐拌匀，腌制1小时，放入菜籽油中炸至鸡肉表面稍有油炸痕迹时捞出，晾干。

（2）将上述炸制后的鸡肉，加炒熟的白芝麻，并与辣椒、花椒、八角粉、茴香粉等香料拌匀，晾干后放入烘箱于80～95℃烘烤1～1.5小时即得产品。

特点：本品方法工艺简单、易实施，制成品香味浓郁，口感良好，同时具有营养丰富、开胃助食的特点，符合现代人们追求营养、方便。

实例257 鸡肉干（3）

原料：肉鸡肉100千克，红糖1千克，食盐2千克，花椒粉2千克，辣椒粉4千克，草果粉0.6千克，胡椒粉0.6千克，酒3千克，八角粉0.6千克，姜粉1千克，茴香粉0.6千克，沙姜粉0.6千克，熟花生碎粒5千克，熟芝麻5千克，鸡精0.5千克。

制法：将洗净切好的肉鸡肉，兑入红糖、食盐、花椒粉、辣椒粉、草果粉、胡椒粉、酒、八角粉、姜粉、茴香粉、沙姜粉混合后腌制4～6小时，再放入烧沸的菜籽油中炸制，将炸好的鸡肉捞出再加入熟花生碎粒、熟芝麻及鸡精拌匀即成。

特点：由于本鸡肉干兑入多种香料、辅料，从而具有美味可口的特点，经卫生部门检测，各项卫生指标符合国家的有关标准。

实例258 辣味兔肉干

原料：兔肉2000克，精盐30克，白酒10克，辣椒粉60克，花椒粉12克，五香粉5克，味精4克，白糖45克，植物油50克，酱油100克，芝麻油20克，茴香5克，葱5克，姜30克。

制法：

（1）初煮：将兔肉放入清水中进行初煮，初煮时，在清水中加入姜，姜添加的质量与兔肉质量的比为0.01～0.02。

（2）复煮：将初煮剩余的汤用纱布过滤，取肉汤加入锅中，加入本品技术方案中所述的份数的茴香、葱、姜、精盐、白糖、酱油、植物油和芝麻油，放入初煮后的兔肉进行复煮。

（3）翻拌：复煮后的肉片与本品技术方案中所述的份数的辣椒粉、花椒粉、五香粉、味精及白酒，搅拌均匀进行腌制。

（4）脱水：采用烘烤或油炸的方法进行脱水。

（5）检验包装。

特点：本品风味独特，基本保持了兔肉原有的营养成分。

实例259　鲜香驴肉干

原料：熟驴肉80千克，草果0.2千克，桂皮0.2千克，甘草0.4千克，良姜0.2千克，精盐0.3千克，胡椒0.3千克，白糖1千克，干辣椒0.2千克，枸杞1千克，橙皮0.3千克，鲜姜1千克，鲜啤酒10千克，香菇3.5千克。

制法：

（1）将选好的剔骨鲜驴肉在冷水中浸泡，拔去血水后在锅中煮沸，滤去血沫再往锅中加冷水，使锅内温度下降并翻动肉块，再次加温滤去血沫，加入上述的配比佐料，将肉煮沸至熟时捞出晾凉待用，所述在冷水中的浸泡时间为12~18小时，锅中加冷水为肉的3~5倍，加温为30~60分钟，温度达到95~100℃；第一次滤去血沫后加入冷水锅中温度下降至85~90℃，再次加温至95~100℃；如此加温、降温、翻动肉块滤去血沫的方法反复至少两次；加入配比佐料后在95~100℃的温度下煮60~90分钟后捞出。

（2）将所述煮熟晾凉的驴肉块切成10~40毫米大小不等、方圆不同形状、厚度为2~4毫米的薄片，再次放回至煮肉汤汁中浸泡3~5分钟后捞出，滴净肉片中的水分待用。

（3）将所述备好的色拉油加温至120~180℃，把滴净水分的肉片放入油中炸5~10分钟，使肉片定型，颜色呈蛋黄色时捞出晾凉待用。

（4）将再次晾凉的肉片放入加温至200~300℃的色拉油中炸2~5分钟，肉片表面色度呈玉金色时捞起，通过专用设备脱去肉片上的余油备用。

（5）在肉片未凉时，在肉片表面撒上或喷上所需要口味的佐料粉末至2%~10%使其匀称粘在肉片上即制成驴肉干。

所述佐料粉末为咖喱味、麻辣味、多味、怪味、椒盐味、甘草味等。

特点：本品外脆肉嫩、酥而不腻，味道鲜美醇厚清香，口味独特，并含有自然营养成分，是改善人们生活不可或缺的优质干鲜肉制食品。经过水泡、水煮后可与任何食品面、米和其他蔬菜烹饪搭配使用。本品驴肉干鲜即食品适合旅游、居家和餐饮业使用，也可作为零食食用。

六、肉脯类

（一）猪肉脯

实例260 猪肉脯

原料：猪后腿瘦肉10千克，砂糖2000克，芝麻500克，鸡蛋500克，盐120克，胡椒40克，木瓜蛋白酶（添加25000U）。

制法：

（1）取冻猪后腿瘦肉解冻，并进行修整。

（2）用切片机把修整后的肉切成5毫米厚的薄片。

（3）加入砂糖、芝麻、鸡蛋、盐、胡椒及添加25000U的木瓜蛋白酶进行常温腌制，腌制时间为10分钟。

（4）腌制完毕后，把肉放入孔径5毫米的绞肉机内绞碎，将绞碎后的肉糜放入真空滚揉机抽真空滚揉，真空滚揉机内的气压为-0.08MPa，滚揉时间为15分钟。

（5）将滚揉后的肉糜用橡胶板模具披抹成厚度4毫米的肉脯，然后放入烘炉脱水，烘炉温度控制在55℃2小时，65℃2小时，50℃4小时，待肉糜水分在20%时，出炉脱模。

（6）用远红外线烘烤机在温度为210℃的条件下对脱水后的肉脯进行烘烤，烘烤时间为100秒。

（7）肉脯烘烤后先冷却至常温，然后用枕式自动包装机对产品进行包装。

（8）把包装好的产品通过金属探测器以除去产品中的金属物质，然后进行微波杀菌。

（9）最后对产品进行抽样检验。

特点：本品由于采用了酶解技术和真空滚揉技术处理，生产出来的肉脯肉质较嫩，易食；所采用的低温脱水新工艺在提高肉脯品质的前提下缩短了生产周期；采用切片机自动切肉、真空滚揉、橡胶板模具披模、低温脱水、远红外线烘烤、枕式自动包装、金属探测及微波杀菌等现代化技术，利于肉脯的机械化生产及质量的控制与提高。

实例 261 艾草猪肉脯

原料：猪瘦肉 85 克，去皮的猪肥肉 15 克。

辅料配方：艾草粉（粒度 60 目以上）1 克，水 10 克，食盐 2.5 克，食品级卡拉胶 0.3 克，大豆分离蛋白 6 克，复合磷酸盐 0.3 克，黄酒 2 克，白砂糖 10 克，味精 0.3 克，生抽 5 克，红曲红色素 0.0075 克，复合香辛调味料（生姜粉、胡椒粉、肉桂粉）0.8 克。

制法：

（1）原料肉预处理：用绞肉机将猪瘦肉和猪肥肉分别绞制成肉糜，并混合均匀，得粗混合肉糜。

（2）斩拌、腌制：将上述辅料加入步骤（1）所得的粗混合肉糜中，在温度 0～10℃条件下，斩拌混匀，得混合肉糜；在温度为 0～10℃的条件下，腌制 22～24 小时。

（3）成型：将腌制好的混合肉糜放入模具，制成厚度 3～5 毫米的肉片。

（4）烘干：将肉片置于远红外烤箱中，在温度 50～60℃的条件下，烘烤 75～90 分钟，使肉脯水分含量低于 30%，即得到半干制品。

（5）切片：将半干制品按所需要的尺寸切成小块。

（6）烤制：将切成小块的肉片放入远红外烤箱中，在温度 150～160℃的条件下，烘烤 4～5 分钟，得熟化的艾草猪肉脯；所得艾草猪肉脯符合如下质量要求：蛋白质含量≥25%、动物性脂肪含量≤18%、水分含量≤20%；具有猪肉的特征香味和艾草的香味，咸淡、软硬适中；有弹性。

（7）包装：将烤制好的肉片压平，冷却后包装，即得艾草猪肉脯产品。

特点：本品利用艾草富含植物纤维及抑菌、抗氧化功能，制备食用安全的艾草猪肉脯，可改善传统肉脯食品的产品结构，促进人类健康，符合肉制品发展方向；添加植物性大豆分离蛋白可提高产品中的蛋白质含量并改善蛋白质结构组成；使用卡拉胶可提高产品的可溶性膳食纤维含量并改善产品的质构性能；采用两段式远红外烘烤方法，利于风味形成；采用先切片后烤制的方法，可增大传热与传质面积，利于水分的散失与水分分布的均匀化，缩短熟制时间，提高产品质量与生产效率。此外，本品的艾草猪肉脯可降低产品对原料肉形状的要求，能够利用生猪加工中的边角碎肉，且本品工艺技术易于工业化实现，将对我国传统猪肉脯加工业的技术进步产生积极的推动作用。

实例 262 百合猪肉脯

原料：猪肉糜 600 克，卡拉胶 0.02 克，老抽 25 克，生姜 5 克，砂糖 3 克，盐8克，味精0.3克，花椒粉0.3克，五香粉0.3克，菠萝冻干粉4克，百合粉4克，苦瓜粉4克，莲子粉5克，解暑酒20克。

解暑酒配方：白酒3000克，马齿苋30克，鱼腥草30克，橘红30克，当归25克，玄参20克，桑叶20克，荷叶25克，菊花20克。

制法：

（1）解暑酒的制备方法为：将各原料按质量份混匀后放入容器内，于阴凉处密封3个月，过滤去渣即得。

（2）百合解暑猪肉脯的制备方法为：将各原料混匀后，滚揉50分钟，再于0℃低温下腌制15小时，再按照肉脯常规工艺制作即得。

特点：菠萝冻干粉、百合粉、苦瓜粉、莲子粉丰富了猪肉脯的营养，同时使得本品具有解暑的食疗保健作用；解暑酒各原料配比合理，解暑清热气的同时使得本品香气更浓厚，风味更独特，卡拉胶使得本品的肉馅更黏稠，增加口感的同时使得肉馅在后期加工成肉脯时候更容易成型。

实例263　有机猪肉脯

原料：猪肉110千克，调味料10千克，腌制剂0.3千克，连翘5千克，茶叶粉末4千克，蜂胶2千克。

调味料配方：适量糖、盐、酱油、白糖、白酒、味精、五香粉和茴香粉的混合物。

制法：

（1）猪肉的腌制：将猪肉去骨后，清洗后沥干，并添加调味料、连翘混匀，加入腌制剂，在10℃以下腌制24~72小时。

（2）粿合：向腌制好的猪肉中加入茶叶粉末，搅拌均匀，并置于4~8℃的条件下粿合6~16小时。

（3）煮制：将粿合好的猪肉置于80~100℃的锅内煮2~4小时。

（4）冷却、切片、蜂胶抹片。

（5）烤制：将肉片置于90~110℃下烘烤2~4小时，即得。

步骤（1）中，所述腌制剂为：三聚磷酸钠、焦磷酸钠、焦磷酸二氢二钠、六偏磷酸钠和三偏磷酸钠的一种或几种的混合物。

特点：本品的猪肉脯口感好，不含防腐剂，避免了防腐剂进入人体内难以代谢、影响人体健康。该猪肉脯的制备方法简单、成本低、适于工业化生产。

实例264　风味肉脯

原料：动物精瘦肉100千克。

卤汁料配方：肉汤100份，八角0.20份，小茴香0.10份，桂皮0.20份，陈皮0.03份，良姜0.25份，花椒0.09份，食盐5.00份，白糖2.00份，味精0.60份，酱油2.00份，白酒1.50份。

调味料配方：植物油43份，辣椒酱26份，味精2份，芝麻酱6份，香麻油4份，酵母精1.5份，花椒粉0.8份，五香粉1.5份，姜粉0.8份，蒜粉1.5份，芝麻6份，白糖6.5份，辣精2份，辣椒红色素0.4份。

制法：

（1）选择及处理工序：选用经检疫、检验符合国家有关标准的动物精瘦肉，如牛针扒、霖肉、烩扒、猪瘦肉、鸡胸肉等，除去粗的筋膜，分割成每块为0.5～1.2千克大小的肉块。

（2）卤汁料注射调味及真空按摩工序：将夹层锅清洗干净，加入肉汤和香料包，加热迅速烧开肉汤，保持夹层锅边水略沸2小时，加入其他调味料，60～80目过滤分别配制不同肉类的注射卤汁。使用肉类专用注射设备注射，注射压力为0.4MPa，注射率为25%。使用肉类专用按摩设备，真空度为0.08MPa，低速按摩5小时，按摩20分钟，停10分钟，按摩间温度要求控制为1～10℃。

（3）冷冻干燥：将注射调味、真空按摩好的肉块放入冷冻干燥器中的预冷室中的平盘上以封住它下表面的孔使蒸汽仅能从肉块的自由表面释放出。随着预冷，真空室中真空打开5～10分钟，使压力达到0.01MPa，在其中一块肉块中分别插入三个热电偶（分别置于肉块的表面、中部和距底部1/4处）以随时监控温度变化，然后将压力降低到0.005MPa并保持这一状态10～15分钟，在这一过程中肉块的气体和一些液体被除去，热电偶显示温度应保持2℃，进一步将压力降到0.003MPa，使三个热电偶的读数达到－2℃，然后进一步降温，在此点肉块被冻结并渐渐获得完全的真空（低于0.0002MPa），并且大约10分钟温度降到了－28℃，再激活加热单元（红外升华装置），以供冷升华的潜热。从下表面的蒸发被肉块下的平盘阻挡，因此蒸汽仅能从上部表面释放出来，并且冰界面也由上表面向下逐渐降低，蒸汽穿过肉块的干燥孔而进入真空室，并从这里进入冷凝器，在冷凝器盘界上结成冰，当一个冷凝器达到满负荷，关闭其入口阀门，打开另一个冷凝器，如此交替运转。在整个升华过程中，三个热电偶温度应保持在－20℃左右，3～4小时，随着表面温度升到大约－18℃，然后达到－15℃，在6小时结束时达到0℃。当底部热电偶达到15℃，逐步关闭热源直到温度不再上升为止。此时，肉块的含水量控制在50%～55%，肉块色泽新鲜、质构呈松软多微孔状。

（4）切分工序：通过切丁机，切成1.5厘米×1.5厘米×3厘米的条块状。

（5）真空油炸工序：把切分成条块状的肉块置入真空油炸罐内，同时把在加热罐内的植物油加热至120℃，关闭罐门，检查密闭情况，打开真空泵，将罐内抽成负压，然后开启油泵向油炸罐内泵入适量120℃的植物油，进行油炸处理，泵入油时间不超过2分钟，然后开启循环泵使植物油在油炸罐和加热罐之间循环，保持油温在125℃左右，经过5分钟循环后即可完成油炸全过程，之后将油从油炸罐中排出，将肉块在100转/分钟的转速条件下离心脱油2分钟，即为半成品，半成品植物油含量小于13%，便于后续工序调味。

（6）调味料配制与调味工序：先将辣椒酱过滤后取干物质，另称取适量的植物油入夹层锅中并加热到120℃左右，将辣椒酱的干物质倒入热油中，随后加入干芝麻、辣椒红色素及其他粉状调味料，一边倒一边搅拌（防止其成团），最后加入香麻油及芝麻酱，熬煮5分钟即可。

将半成品与调味料按3∶1的比例混合，称取调味料时要将调味料拌均匀，随后将半成品与调味料翻拌均匀后即可。

（7）包装、封口、杀菌工序：每小袋3～5颗肉块，质量10～12克；采用真空包装机封口。杀菌工艺参数为90℃，20分钟。

特点：

（1）缩短生产加工时间，由冷冻干燥技术取代烘干工艺即可由原来的24小时减至6小时，提高工效达200%。

（2）有效保护了肉类固有的色、香、味以及维生素和其他营养物质，更有利于人体健康。

（3）形成一种独特的外酥内柔、回味无穷、久食不腻、生津开胃的风味肉脯小食品。

（4）由于采取冷冻干燥、短时真空油炸以及低温杀菌工艺技术，有效延长产品的货架期，达2年以上。

实例265　枸杞虫草百合猪肉脯

原料：猪肉400克，枸杞60克，虫草20克，百合60克，食盐6克，淀粉20克，白砂糖5克，味精8克，调和油4克。

制法：

（1）枸杞的制备：取原料枸杞洗净、干燥，进行超微粉碎，工作在粉碎温度5℃粉碎时间15分钟条件下，得到300目的枸杞超微粉，备用。

（2）虫草的制备：取原料虫草洗净、干燥，进行超微粉碎，工作在粉碎温度5℃粉碎时间15分钟条件下，得到300目的虫夏超微粉，备用。

（3）百合的制备：取原料百合洗净、干燥，进行超微粉碎，工作在粉碎温度5℃粉碎时间15分钟条件下，得到300目的百合超微粉，备用。

（4）原料选择：为了增强猪肉脯的弹性，选择小猪肉和大猪肉搭配使用。

（5）原料处理：猪肉清洗干净后用绞肉机将猪肉绞碎，备用。

（6）制枸杞虫草百合猪肉糜：先把绞碎的猪肉置于擂溃机中擂溃10分钟，加入食盐和味精，擂溃5分钟，再逐一加入超微枸杞粉、虫草超微粉、百合超微粉及淀粉，经过反复搓揉后，再加入白砂糖、调和油，擂溃5分钟使猪肉糜产生很强的黏性后，停止擂溃，得枸杞冬虫夏草百合猪肉糜，备用。

（7）成型、烤熟：将枸杞虫草百合猪肉糜摊到模板上，按不同需求切成不同长度的段，厚度为2~3厘米，要求大小一致，厚薄均匀，外形完整，将模板连同猪肉糜置于鼓风干燥机中，在45℃下烘3小时，取下，将半干制品放到网片上，在50℃下继续烘4小时，使猪肉片水分降至20%，送进烤炉烤熟，温度40~45℃，烤至肉片干爽时，即得枸杞虫草百合猪肉脯。

特点：本品制备的枸杞虫草百合猪肉脯色泽金黄，香鲜可口，富有弹性，食用功效性高。

实例266　山药猪肉脯

原料：猪肉500克，山药50克，扁豆20克，芡实20克，食盐6克，淀粉30克，白砂糖5克，味精8克，调和油4克。

制法：

（1）山药的制备：取山药洗净，低温在60~80℃干燥，直至水含量为5%，进行粉碎成400~550目细粉，备用。

（2）扁豆的制备：取扁豆洗净，低温在60~80℃干燥，直至水含量为5%，进行粉碎成400~550目细粉，备用。

（3）芡实的制备：取芡实洗净，低温在60~80℃干燥，直至水含量为3%，进行粉碎成400~550目细粉，备用。

（4）原料选择：为了增强猪肉脯的弹性，选择小猪肉和大猪肉搭配使用。

（5）原料处理：猪肉清洗干净后用绞肉机将猪肉绞碎，备用；将山药细粉、扁豆细粉、芡实细粉充分混合，得到山药党参扁豆芡实混合粉，备用。

（6）制肉糜：先把绞碎的猪肉置于擂溃机中擂溃10~20分钟，加入食盐和味精，擂溃5~15分钟，再加入山药扁豆芡实混合粉、淀粉，经过反复搓揉后，再加入白砂糖、调和油，擂溃5~15分钟使猪肉糜产生很强的黏性后，停止擂溃，制得猪肉糜，备用。

（7）成型、烤熟：将健脾化湿猪肉糜摊到模板上，按不同需求切成不同长度的段，厚度为2~3厘米，要求大小一致，厚薄均匀，外形完整，将模板连同猪肉糜置于鼓风干燥机中，在45℃下烘3小时，取下，将半干制品放到网片上，在50℃下继续烘4小时，使猪肉片水分降至20%，送进烤炉烤熟，温度40~45℃，烤至肉片干爽时，即得健脾化湿猪肉脯。

特点：本品色泽金黄，香鲜可口，富有弹性。

实例267　玫瑰味猪肉脯

原料：猪肉100千克，调味料5千克，腌制剂0.3千克，玫瑰花粉末5千克。

调味料配方：适量糖、盐、酱油、白糖、白酒、味精、五香粉和茴香粉的混合物。

制法：

（1）猪肉糜的制备：将猪肉去骨后，清洗后沥干，将原料肉放入斩拌机内斩成肉糜，并添加调味料混匀。

（2）在猪肉糜中加入腌制剂，在10℃以下腌制24~72小时。

（3）向腌制好的猪肉糜中加入玫瑰花粉末，搅拌均匀，并置于0~4℃的条件下糅合12小时。

（4）装模煮制：将糅合好的猪肉糜装入模具内，盖好并置于80~100℃的锅内煮2~4小时。

（5）冷却、切片、植物油抹片。

（6）烤制：将肉片置于100~120℃下烘烤2~4小时，即得。

步骤（2）中，所述腌制剂为：三聚磷酸钠、焦磷酸钠、焦磷酸二氢二钠、六偏磷酸钠和三偏磷酸钠的一种或几种的混合物。

特点：本品的猪肉脯具有玫瑰花香味，风味独特，口感好。该猪肉脯的制备方法简单、成本低、适于工业化生产。

实例268　苹果味猪肉脯

原料：猪肉150千克，调味料10千克，苹果酱5千克，苹果肉4千克。

调味料配方：适量糖、盐、酱油、白糖、白酒、味精、五香粉和茴香粉的混合物。

制法：

（1）猪肉糜的制备：将猪肉去骨、清洗、沥干，将原料肉放入斩拌机内斩成肉糜，并添加调味料混匀。

（2）向猪肉糜中加入苹果酱，搅拌均匀，并置于0~4℃下糅合6~12小时；再加入苹果肉，搅拌均匀，并置于0~4℃条件下糅合6~12小时。

（3）装模煮制：将糅合好的猪肉糜装入模具内，盖好并置于80~100℃的锅内煮2~4小时。

（4）冷却、切片、植物油抹片。

（5）烤制：将肉片置于80~100℃下烘烤2~4小时，即得。

特点：本品的猪肉脯具有苹果香味，风味独特，口感好。该猪肉脯的制备方法简单、成本低、适于工业化生产。

实例269　山药百合猪肉脯

原料：猪肉400克，山药40克，百合20克，食盐6克，淀粉20克，白砂糖5克，味精8克，调和油4克。

制法：

（1）山药的制备：将原料山药分别洗净，浸泡10~30分钟，采用水磨成100~180目细粉，在40~60℃烘干后备用。

（2）百合的制备：将原料百合分别洗净，浸泡10~30分钟，采用水磨成100~180目细粉，在40~60℃烘干后备用。

（3）原料选择：为了增强猪肉脯的弹性，选择小猪肉和大猪肉搭配使用。

（4）原料处理：猪肉清洗干净后用绞肉机将猪肉绞碎，备用。

（5）制山药百合猪肉糜：先把绞碎的猪肉置于擂溃机中擂溃10~20分钟，加入食盐和味精，擂溃5~15分钟，再加入粉碎的山药、百合及淀粉，经过反复搓揉后，再加入白砂糖、调和油，擂溃5~15分钟使猪肉糜产生很强的黏性后，停止擂溃，得山药百合猪肉糜，备用。

（6）成型、烤熟：将山药百合猪肉糜摊到模板上，按不同需求切成不同长度的段，厚度为2~3厘米，要求大小~致，厚薄均匀，外形完整，将模板连同猪肉糜置于鼓风干燥机中，在45℃下烘3小时，取下，将半干制品放到网片上，在50℃下继续烘4小时，使猪肉片水分降至20%，送进烤炉烤熟，温度40~45℃，烤至肉片干爽时，即得山药百合猪肉脯。

特点：本品制备的山药百合猪肉脯色泽金黄，香鲜可口，富有弹性，风味独特。

实例270　山药薏仁莲子猪肉脯

原料：猪肉500克，薏仁40克，山药40克，莲子40克，大枣40克，百合20克，沙参20克，芡实20克，玉竹20克，食盐6克，淀粉20克，白砂糖5克，味精8克，调和油4克。

制法：

（1）原料预处理：称取原料薏仁、山药、莲子、大枣、百合、沙参、芡实、玉竹，经挑选，剔除杂质或果核，洗净干燥后，粉碎成300～400目的超微粉备用。

（2）原料选择：为了增强猪肉脯的弹性，选择小猪肉和大猪肉搭配使用。

（3）原料处理：猪肉清洗干净后用绞肉机将猪肉绞碎，备用，将原料薏仁超微粉、山药超微粉、莲子超微粉、大枣超微粉、百合超微粉、沙参超微粉、芡实超微粉、玉竹超微粉用搅拌机充分搅拌混合，得到混合超微粉，备用。

（4）制薏仁山药莲子猪肉糜：先把绞碎的猪肉置于擂溃机中擂溃10～20分钟，加入食盐和味精，擂溃5～15分钟，再加入混合超微粉、淀粉、白砂糖、调和油，擂溃5～15分钟使猪肉糜产生很强的黏性后，停止擂溃，得薏仁山药莲子猪肉糜，备用。

（5）成型、烤熟：将薏仁山药莲子猪肉糜摊到模板上，按不同需求切成不同长度的段，厚度为2～3厘米，要求大小一致，厚薄均匀，外形完整，将模板连同猪肉糜置于鼓风干燥机中，在45℃下烘3小时，取下，将半干制品放到网片上，在50℃下继续烘4小时，使猪肉片水分降至20%，送进烤炉烤熟，温度40～45℃，烤至肉片干爽时，即得薏仁山药莲子猪肉脯。

特点：本品制备的薏仁山药莲子猪肉脯色泽金黄，香鲜可口，富有弹性，食用功效性高。

（二）牛肉脯

实例271　牛肉脯（1）

原料：牛肉糜500克，鱼露5克，胡椒粉8克，红薯淀粉30克，白糖30克，蚝油10克，生抽15克，盐30克。

制法：

（1）将牛腩绞碎成牛肉糜。

（2）将牛肉糜与鱼露、胡椒粉、白糖、耗油、生抽、盐充分搅拌均匀。

（3）向牛肉糜中加入红薯淀粉，继续搅拌均匀。

（4）在烤盘内铺上锡纸后，倒入牛肉糜，盖上保鲜膜擀平，使牛肉糜铺满烤盘，并在正面均匀地刷上糖浆。

（5）将烤盘放入烤箱，以120℃恒温烤制30分钟。

（6）取出晾凉后，切割成大小一致的薄片。

特点：本品具有其独特口味。

实例272　牛肉脯（2）

原料：净瘦牛肉30千克，盐0.6千克，花椒、八角、草果、丁香、桂皮、生姜、食盐适量（调料可根据需要随意调整）。

制法：

（1）将瘦牛肉切成5厘米×6厘米×30厘米的条形。

（2）将切好的肉条放到清水里漂洗约3小时，其间换水3次，以除去血水，使肉质鲜亮、干净、色泽好。

（3）捞出沥干。

（4）向锅内倒入清油0.6~1千克，油温加热至四成热，肉条放入锅内炒大约20分钟，然后加入花椒、八角、草果、丁香、桂皮、生姜、食盐及开水，以浸没牛肉为度，旺火烧沸后，加盖用文火蒸煮约1小时，蒸干水分，收尽汤汁，此时肉中所含水分很少，应注意避免烧糊，影响风味。

（5）将食糖最好是白糖、红糖、冰糖的混合物中加入少量水，在炉上加热的同时不断进行搅拌，最后糖与水均匀混合成糊状，就成为糖质子。糖质子中含有一定量水分，略微稠些或稀些都不影响使用。

（6）将预先制成的糖质子浇于肉上，搅拌均匀，用小火再烘烤20~30分钟，勤翻动，蒸干水分，使糖汁均匀挂于肉面上，不干不糊即成肉脯。

（7）上述肉脯配用麻辣调料，即成麻辣肉脯，配用孜然调料、咖喱调料或五香粉即成孜然肉脯、咖喱肉脯或五香肉脯等。

（8）用真空包装法装于铝箔食品袋内。

上述肉脯的制作，也适合于羊肉，鸡肉或鱼肉等，操作方法基本相同，不赘述。

特点：本肉脯制法独特，将肉、调料与糖汁巧妙融为一体，具有悦人的色泽和风味。调料可冲淡或拔除糖的甜味，不但鲜香可口，而且保存期长，适于远距离运输和销售。普遍适合南、北方众多人的口味。既可布席配菜，也能单独食用，特别适合出差、旅行者携带食用。

实例273　牛肉脯（3）

原料：

配方1：主料：牛肉100千克，调味料：酱油3千克，生姜汁1千克，黄酒2千克，山梨酸钾0.02千克，味精0.5千克，食盐2千克，糖1.5千克，维生素C 0.03千克，五香粉0.4千克，亚硝酸钠50克；营养料：奶粉115千克，糖10千克，骨粉12千克。

配方2：主料：牛肉100千克；调味料：酱油4千克，生姜汁1千克，黄酒3千克，山梨酸钾0.02千克，味精1千克，食盐2千克，糖2千克，维生素C 0.02千克，五香粉0.5千克，亚硝酸钠50克。

制法：

（1）将冻肉在5℃下解冻后，切成厚度为2~4毫米的肉片。

（2）经轧延使肉片面积扩展至原有面积的1.2倍。

（3）将肉片放入调味料中，室温下浸泡2~6小时；继续步骤（4）或者将肉片取出摊筛进行步骤（5）。

（4）加水和营养料使之与肉片拌匀，浸1.2小时，将肉片取出摊筛，加水量以摊筛肉片时不滴、流液体为宜；不加营养料时，本步骤可省略。

（5）将摊筛后的肉片在65~75℃下烘烤1小时翻动一次，然后在85~100℃下烘烤3~4小时，再在120~200℃下烘烤1~2分钟。

（6）取出在常温下放置，冷却后包装。

特点：按照以上制备方法，牛、猪肉脯肉质红嫩，表面附着的奶粉骨粉和糖色微黄，发亮，不粘手，因为糖部分浸入了肉质中，烤干后，糖和奶粉极其牢固地将骨粉固定在肉表面，不脱落。蛋白质含量和钙含量大大提高，烤烧的肉脯香味和奶味鲜美可口。

实例274　广味牛肉脯

原料：肉片100~120千克，配料30~33千克，大骨汤料10~15千克。

配料：食盐2.5千克，白糖20千克，冰糖5千克，味精0.2千克，胡椒0.5千克，鸡精0.4千克，白酒1千克，黄酒1千克，鲜姜1千克，红曲红0.05千克，亚硝酸钠0.075千克，异抗坏血酸钠0.075千克，鸡蛋1千克。

大骨汤料配方：牛筒子骨10千克，清水50千克，葱头1千克，生姜1千克，食盐2千克。

制法：

（1）精选：精选黄牛后腿肉，剔去肉中的筋膜和膘油。

（2）冷冻：在-18℃环境中速冻24小时，使肉块冷冻直达中心位置。

（3）切片：顺肉块纹路切成厚度为0.5~1毫米的肉片，沥去血水。

（4）配料：取食盐、白糖、冰糖、味精、胡椒、鸡精、白酒、黄酒、鲜姜、红曲红、亚硝酸钠、异抗坏血酸钠、鸡蛋充分混合拌匀。

（5）备大骨汤料：取牛筒子骨，锤断后在大火上烧烤直到散发香味，然后放入装有清水的大锅中用旺火烧沸，并除去泡沫，然后放入葱头、生姜、食盐，用微火熬煮200~250分钟，过滤取液即得大骨汤料。

（6）腌制：将配料30~33千克加大骨汤料10~15千克搅拌均匀，然后加入100~120千克肉片中，在0~8℃下腌制15~16小时。

（7）烘烤：然后将腌制好的肉条均匀、无重叠铺在网状不锈钢盘内，用粽叶覆盖，再用木炭烧明火烘烤，肉片表面水分浸出后改用暗火烘烤，直到肉片呈玫瑰红色，直到肉片呈干片状牛肉脯。

（8）包装灭菌：在无菌室内将牛肉脯进行物理灭菌后称量，然后装入灭菌后的食用包装袋，然后装箱入库，即做成广味牛肉脯成品。

特点：本品的特点是采用了特制的腌制配料和大骨汤料进行腌制，为肉脯产生丰满的质感奠定了基础；将牛筒子骨先烧烤再熬煮，使得大骨汤料鲜香无比；然后用木炭分级次烘烤，并覆盖粽叶，不仅烘干了肉片，还使肉片吸存了粽叶香味；使得牛肉脯质感丰润，肉香饱满。咸甜适宜，味道醇绵，入口化渣，久吃不厌。

实例275　花生牛肉脯

原料：牛肉糜600克，无花果蛋白酶0.03克，老抽10克，花生粉4克，白砂糖6克，盐15克，味精0.3克，花椒粉0.5克，五香粉0.3克，苹果醋2克，豌豆粉4克，黄豆粉4克，山楂粉5克，黄酒10克，养生酒20克。

养生酒配方：山药40克，白芍30克，白酒1500克。

苹果醋是由苹果汁经发酵制得。

制法：

（1）养生酒的制备：将各原料混匀后，密封1～3个月后，取出滤渣即得。

（2）花生风味牛肉脯的制备方法为将各原料混匀后，滚揉40分钟，再于0℃低温下腌制15小时，再经模具成型、脱水、烘烤、压平、修剪、包装、即得。

特点：本品采用无花果蛋白酶使得牛肉肉质更细嫩，更黏稠，苹果醋美容养颜，营养丰富，酸甜可口，豌豆粉、黄豆粉、山楂粉丰富了本品的营养，花生使得本品具有独特的香味。

实例276　麻辣牛肉脯

原料：肉片100～120千克，配料30～33千克，大骨汤料10～15千克。

配料配方：食盐2.5千克，白糖10千克，味精0.1千克，花椒0.5千克，胡椒2千克，白酒1千克，鲜姜1千克，亚硝酸钠0.005千克，红曲红0.05千克，异抗坏血酸钠0.01千克。

大骨汤料配方：牛筒子骨10千克，清水50千克，生姜1千克，食盐1千克，花椒0.05千克。

制法：

（1）精选：精选黄牛后腿肉，剔去肉中的筋膜和膘油。

（2）冷冻：在 -18℃环境中速冻24小时，使肉块冷冻直达中心位置。

（3）切片：顺着肉块的纹路切成厚度为0.5~1毫米的肉片，沥去血水。

（4）配料：取食盐、白糖、味精、花椒、胡椒、白酒、鲜姜、亚硝酸钠、红曲红、异抗坏血酸钠充分混合拌匀。

（5）备大骨汤料：取牛筒子骨，淘洗干净后放入装有清水的大锅中用旺火烧沸，并除去泡沫，然后放入生姜、食盐、花椒，用微火熬煮200~250分钟，过滤取液即得大骨汤料。

（6）腌制：将配料30~33千克加大骨汤料10~15千克搅拌均匀，然后加入到100~120千克肉片中拌匀，在0~8℃下腌制15~16小时。

（7）烘烤：将腌制好的肉条均匀、无重叠铺在网状不锈钢盘内，用木炭烧明火烘烤，肉片表面水分浸出后改用暗火烘烤，直到肉片呈玫瑰红颜色，然后将肉片放入微波传送带烘烤60~90秒，直到肉片呈干片状牛肉脯。

（8）浸泡：将牛肉脯在红油中浸制20天，浸泡室内保持温度为10~25℃，每天用物理杀菌；所述的红油是将红辣椒烘干后去蒂和籽，用水洗净沥干后烘烤至香脆，冷却后粉碎，得红椒粉；将花椒、胡椒分别烘干粉碎得花椒粉和胡椒粉；然后按照份将100份菜籽油倒入锅内，加热，待油冒烟，气泡散尽时转入不锈钢桶内，冷却至100~120℃时将红椒粉10份、胡椒粉3份、花椒粉3份、味精1份倒入桶内，搅拌5~10分钟，然后静置冷却后即得。

（9）包装灭菌：在无菌室内将浸泡后的牛肉脯进行称量，固形物与红油之比为3:2，然后装入灭菌后的食用包装袋，抽真空封口，然后装箱入库，即做成麻辣味牛肉脯成品。

特点：本品的特点是采用了特制的腌制配料和大骨汤料进行腌制，为肉脯产生丰满的质感奠定了基础；然后用木炭和微波分级次烘烤，不仅烘干了肉片，还封存了香味；最后用土家族特有的红油浸制，使得牛肉脯味道醇和，香辣绵长，富有民族特色。

本品的有益效果是：采用优质黄牛后腿肉通过冷冻、切片、腌制、烘烤、浸泡、密封包装、高温杀菌制成，采用传统工艺与现代口味相结合，完全保留了牛肉的原有营养成分，从腌制到烘烤至熟，过程独特，使得牛肉脯质感丰润，肉香饱满，味道醇和，香辣绵长，回味无穷，久吃不厌，工艺过程兼具了土家民族风味，适合规模化工业生产，既符合食品安全相关要求，也能让消费者品尝到土家民族风味牛肉的香辣。

实例277　炭烤牛肉脯

原料：原料肉100千克（牛瘦肉和牛油作为原料肉，且牛瘦肉:牛油=

9:1)，糖30千克，鱼露10千克，白胡椒0.1千克，蚝油0.2千克，生抽2千克，甘草粉0.05千克。

制法：

(1) 先对原料肉进行切丁，将原料肉切成肉丁，切丁时将猪肥膘和猪瘦肉混合均匀，切丁后的肉丁呈均匀的颗粒状。

(2) 先将糖、鱼露、白胡椒、生抽和甘草粉混合均匀制得辅料，然后将辅料和步骤（1）中制得的肉丁放入搅拌机中进行搅拌而制得肉馅，搅拌时间为15~20分钟，待肉馅有黏性时出机，将出机时的肉馅的温度控制在10℃以下；肉馅出机完毕后，再将肉馅置于10~25℃的环境中放置0.5~1小时。

(3) 先将步骤（2）中制得的肉馅置于模具中进行成型而制得成型肉馅，所述成型肉馅的尺寸为（5~7）厘米×（3.5~4.1）厘米×（0.3~0.5）厘米，该成型肉馅的重量在13~15克之间；然后将成型肉馅均匀地平铺在竹筛上，再将载有成型肉馅的竹筛置于45~55℃的烘房中烘干，待成型肉馅的表面收干不粘手，且肉粒色泽变红后出烘房而制得成型肉脯，所述成型肉馅在烘房中烘制的时间在0.8~1.2小时。

(4) 先将步骤（3）中制得的载有成型肉脯的竹筛置于炭烤炉中进行烤制，所述炭烤炉的烤制温度为85~90℃，烤制时间为0.8~1.2小时；然后将经过烤制后的成型肉脯从竹筛上剥离下来，并除去成型肉脯上的竹刺而制得肉脯半成品。

(5) 将步骤（4）中制得的肉脯半成品置于电烤炉中进行烤制而制得肉脯，所述电烤炉的烤制温度为210~225℃，烤制时间为10~15分钟，所述肉脯的色泽红亮，边角带轻微焦点，水分含量在17%~18%。

(6) 将步骤（5）中制得的肉脯进行包装即得肉脯成品。

特点：

(1) 本品原料配比中添加一定比例的动物性脂肪，极大地改善了肉脯的组织柔软度以及产品口感，使得肉脯的口感更加舒适，风味更加独特。

(2) 本品通过预烘干、木炭烘烤和远红外二次烘烤的三次分段烘烤技术，确定最佳的预烘干、炭烘烤、远红外二次烘烤的温度和烘制时间，保证成品肉脯水分含量的稳定性，使得成品肉脯的水分含量为17%~18%，产品的口感滋润、适口性良好。

(3) 本品采用分段式远红外烘烤技术，根据肉脯初始水分活度，分段式分温区烤制，通过在烘烤炉传热火管的外表面涂上一层远红外线涂料，热源的热量通过火管时，涂层就产生远红外线，利用远红外线辐射传导的热能来烘烤肉脯。远红外线辐射速度快、穿透力强，当远红外线辐射到肉脯后，一部分能量被肉脯吸收产生热能，一部分穿透肉脯而辐射到其他肉脯，可避免因烘烤温度过高而引起的表面起泡、边缘焦煳和干脆易碎的现象。同时，经过分段式远红外烘烤技术高温烤制能有效地抑制细菌、霉菌和酵母的生长，并使肉脯产品的水分含量控制在标准范围内，保证了产品的口感及保质期，提高了产品的品质。

（4）本品制备而成的肉脯与传统肉脯相比，未添加任何防腐剂和着色剂，而是借助天然木炭高温烤制时肉中的还原糖、氨基酸、肽、蛋白质发生的美拉德反应所生成的呈色物质和香味物质赋予肉脯诱人的色泽和香味，而且高浓度的糖分具有较高的渗透压，可以抑制微生物的生长，从而使产品保质期长达9个月，产品的口味香甜，特别适合青少年消费群体。

（5）本品可以采用连续式真空拉伸膜包装机对烤制后的肉脯进行拉伸膜真空包装，单个肉脯独立小包装，卫生安全，便于携带，同时在真空状态下，可以有效阻氧，避免产品在储存或销售过程中因储存条件合适而导致的产品发霉、氧化、变质现象发生，产品品质稳定。

（三）禽肉脯

实例278　草莓鸡肉脯

原料：鸡肉100千克，调味料10千克，苯甲酸钠0.5千克，腌制剂0.3千克，草莓酱10千克，草莓果肉10千克。

调味料配方：适量糖、盐、酱油、白糖、白酒、味精、五香粉和茴香粉的混合物。

制法：

（1）腌制：将鸡宰杀、烫褪毛、去内脏、清洗，取胸脯肉和腿肉加入腌制剂，置于4～10℃中腌制12～24小时。

（2）制糜：将腌制后的鸡肉放入斩拌机内斩成肉糜，并添加调味料和防腐剂混匀。

（3）糅合：向鸡肉糜中加入草莓酱，搅拌均匀，并置于0～4℃条件下糅合6～12小时；再加入草莓果肉，搅拌均匀，并置于0～4℃条件下糅合6～12小时。

（4）装模煮制：将糅合好的鸡肉糜装入模具内，盖好并置于80～100℃的锅内煮2～4小时。

（5）冷却、切片、植物油抹片。

（6）烤制：将肉片置于80～100℃下烘烤2～4小时，即得。

步骤（1）中，所述腌制剂为：三聚磷酸钠、焦磷酸钠、焦磷酸二氢二钠、六偏磷酸钠和三偏磷酸钠的一种或几种的混合物。

特点：本品的鸡肉脯具有草莓香味，风味独特，口感好，易咀嚼。该鸡肉脯的制备方法简单、成本低、适于工业化生产。

实例 279　桂花鸡肉脯

原料：猪肉 100 千克，调味料 5 千克，苯甲酸钠 0.5 千克，腌制剂 0.3 千克，桂花 5 千克，甘草 4 千克。

调味料配方：适量糖、盐、酱油、白糖、白酒、味精、五香粉和茴香粉的混合物。

制法：

（1）制糜：将鸡宰杀、烫褪毛、去内脏、清洗，取胸脯肉和腿肉放入斩拌机内斩成肉糜。

（2）腌制：将鸡肉糜中依次加入调味料、防腐剂和腌制剂，置于 4～10℃中腌制 12～24 小时。

（3）糅合：将腌制后的鸡肉糜中加入桂花，搅拌均匀，并置于 0～4℃条件下糅合 6～12 小时。

（4）装模煮制：将糅合好的鸡肉糜装入模具内，盖好并置于 60～90℃的锅内煮 2～4 小时。

（5）冷却、切片、植物油抹片。

（6）烤制：将肉片置于 80～90℃下烘烤 1～3 小时，即得成品。

步骤（2）中，所述腌制剂为：三聚磷酸钠、焦磷酸钠、焦磷酸二氢二钠、六偏磷酸钠和三偏磷酸钠的一种或几种的混合物。

特点：本品的鸡肉脯具有桂花香味，风味独特，口感好，易咀嚼。该鸡肉脯的制备方法简单、成本低、适于工业化生产。

实例 280　五香鸡肉脯

原料：鸡碎肉 90～100 千克，大豆分离蛋白 2～3 千克，食盐 0.4～0.6 千克，葡萄糖 0.4～0.6 千克，谷氨酰胺转氨酶 0.2～0.3 千克，五香粉 0.1～0.3 千克，姜粉 0.1～0.3 千克，油炸辣椒 0.5～1.5 千克。

制法：

（1）将鸡碎肉、大豆分离蛋白、食盐、葡萄糖、谷氨酰胺转氨酶、姜粉和五香粉加入滚揉机内进行滚揉，滚揉时间为 8～12 分钟，真空度为 0.09～0.1MPa。

（2）将滚揉好的鸡碎肉装入不锈钢模型内压紧，在 0～4℃的条件下，成型

8～10小时，然后放入速冻库中速冻，速冻时间为6～8小时，速冻后中心温度≤-15℃，再用冷冻切片机切片，切片厚度3～4毫米，制成鸡肉脯。

（3）将切片后的鸡肉脯油炸，油炸温度为150～160℃，时间为2～3分钟，油炸后含水量为25%～30%。

（4）将油炸后的鸡肉脯拌入油炸辣椒，放入真空袋中，抽真空封口，真空度为0.08～0.1MPa，然后采用炉式微波设备，杀菌温度为110～120℃，时间为80～100秒。

所述步骤（2）中不锈钢模型为方形或圆形。

特点：本品采用谷氨酰胺转氨酶能催化蛋白质分子内的交联、分子间的交联、蛋白质和氨基酸之间的连接以及蛋白质分子内谷氨酰氨基的水解，对鸡碎肉进行重组和黏结成型；采用冷冻切片、油炸干燥进行脱水和微波杀菌的工艺进行包装储存，有效地延长了鸡肉脯产品的保质期，提高了鸡碎肉的产品附加值。

实例281　咖喱鹅肉脯

原料：新鲜鹅脯肉100千克、酒0.16千克，白醋16千克，白胡椒0.05千克，糖20千克，盐1.9千克，组织蛋白6千克，芝麻油5千克，咖喱粉0.2千克，味精0.1千克。

制法：取现宰杀、洗净、去皮、去骨的新鲜鹅脯肉进行速冻后，用切片机切片，切削的鹅肉片的厚度控制在1.5毫米左右，在切割好的鹅肉片内先加入酒、白醋、白胡椒，进行搅拌去腥后，再加入糖、盐、组织蛋白、芝麻油、咖喱粉、味精，继续进行搅拌15分钟左右，然后搁置浸泡1小时，使佐料入味，把浸泡后的鹅肉片用成型机或者手工摊平成型，片与片之间不搭接，鹅肉片送入烘房中烘干，烘干的鹅肉片内含水量控制在15%～19%，再把烘干的鹅肉片送入远红外烤熟机内烤熟，烤熟温度控制在180～200℃，时间为1～2分钟，成品。

特点：本品配料配比科学合理，工艺先进，生产流程短，产品成本低，鹅肉脯既保持了鹅肉原有的鲜美味道和营养价值，又便于携带、易于保存，食用方便。

实例282　果味鹅肉脯

原料：鹅胸脯肉100千克，盐2500克，糖1000克，味精10克，黄酒1000克，姜汁500克，饮用水5000克，复合磷酸盐500克，木瓜蛋白酶600～1000克，阿拉伯胶50～80克，辣椒粉200克，胡椒粉200克，花椒粉400克，

55%～75%芒果或番茄浓缩汁适量。

制法：

（1）整理：将宰杀好的整只鹅洗净、去皮，取新鲜的鹅胸脯肉在0～4℃冷藏室中预冷2小时。

（2）冷冻：用浸湿的干净薄布将预冷好的鹅胸脯肉包好，在－30℃进行速冻，冻结时间为20～35分钟。

（3）切片：将速冻好的冻鹅胸脯肉在水中浸洗一下，立即揭去薄布，置于切片机中切成2毫米的薄片。

（4）腌制液的配制：将盐、糖、味精、黄酒、姜汁、饮用水、复合磷酸盐、木瓜蛋白酶、阿拉伯胶、辣椒粉、胡椒粉、花椒粉，充分地混合、搅拌，使其充分分散溶解均匀，备用。

（5）真空滚揉：将步骤（3）中的鹅肉切片与步骤（5）中备好的腌制液一起倒入滚揉机预混合1～2分钟，密封滚揉机，抽真空至机内压力为－0.05～－0.10MPa，设定滚揉机的转速为5～10转/分钟，滚揉时间为20～40分钟，滚揉过程中物料的平均温度保持在6℃，滚揉结束后放气归零，出料。

（6）摊晒：在不锈钢筛网上涂一层熟植物油，将滚揉腌制好的鹅肉片均匀一致地摊在筛网上，摊晒30～50分钟。

（7）烘烤：将摊好鹅肉片的筛网送入烘箱中，温度60～90℃烘烤3～5小时。

（8）果汁腌制：待鹅肉片基本脱水，趁热喷入重量浓度为55%～75%的芒果或番茄浓缩汁，使其均匀喷在表面，密闭1～2小时。

（9）烘烤切片：形成果味干坯后调温度为180℃，烘烤7～15分钟，烤至出油呈红棕色即可，烘烤结束后立即取出，放入压平机中压平，然后转入切片机切成所需形状，得到不同味型的果味鹅肉脯。

（10）包装：采用PVC塑料袋真空包装，并辐照杀菌。

特点：本品中考虑到鹅肉肉质较老，且有土腥味，在腌制液配制中加入复合磷酸盐与木瓜蛋白酶作为复合嫩度剂，明显优于单独大量使用一种嫩度剂的效果；研究表明食用胶对肉脯的挥发性风味具有良好的影响，加入的阿拉伯胶能与鹅肉蛋白形成凝胶体系，可最大限度地保留鹅肉脯中的味觉、嗅觉分子，赋予鹅肉脯良好的风味；本品中采用的真空滚揉技术与浸泡、浸泡搅拌、常压腌制滚揉等技术相比减少了腌制时间，缩短了工艺周期，且腌制液尽可能地被吸收，肉脯入味均匀，持水性和嫩度提高，口感更加爽滑；肉脯经果汁腌制以后维生素含量增加，营养价值提高，不同的果汁有不同的风味，丰富了产品的多样性，更能满足市场需求。本品提供的工艺流程简单，可行性强，便于工业化生产，丰富了鹅肉制品的制作方式。

实例283　木瓜发酵风味鸭肉脯

原料：鸭胸脯肉60千克，鸭腿肉30千克，木瓜15千克，百合3千克，黄皮核1千克，玉竹2千克，川芎1千克，无花果2千克，罗汉果叶1千克，艾叶1千克，黄瓜香2千克，紫金牛1千克，桂枝1千克，枸杞叶1千克。

制法：

（1）将新鲜鸭胸脯肉、鸭腿肉去除皮、动物性脂肪、骨头，鸭肉洗净后修整成型。

（2）称取下述原料：白胡椒粉1千克、白砂糖3千克、食盐7千克、洋葱粉1千克、五香粉0.6千克、味精0.4千克、乳清蛋白粉1千克、白酒20千克，斩拌20分钟，得到调料。

（3）将上述鸭肉与调料混合，送入真空滚揉机中，在5℃下滚揉120分钟，滚揉机转速为20转/分钟，真空度为0.08MPa。

（4）将木瓜去皮去核，切成丁，百合用30℃的温水浸泡3小时，一起送入锅内，加入总重量4倍水，加热煮熟，打成浆，冷却至50℃，加入浆重1%的木瓜蛋白酶，在50℃下水解3小时，过滤得到水解液。

（5）将黄皮核、玉竹、川芎、无花果、罗汉果叶、艾叶、黄瓜香、紫金牛、桂枝、枸杞叶粉碎，加入10倍豆浆，在60℃下蒸煮2小时，再加热至沸，保温30分钟，过滤得到提取液。

（6）将滚揉好的鸭肉放入提取液中，加入提取液重量1%的嗜酸乳杆菌，在32℃下培养3小时，取出鸭肉，在-25℃的条件下速冻6小时，取出切成3毫米的鸭肉片。

（7）将鸭肉片摊在烤盘上，送入烤箱，在65℃下烘烤，每隔6分钟取出烤盘，在鸭肉片表面刷上一层水解液，每隔18分钟将鸭肉片翻至反面，3小时后升温至100℃，继续烘烤30分钟，取出冷却。

（8）将冷却后的鸭肉脯用压片机压平整，经包装、杀菌后得到成品。

特点：本品将木瓜水解发酵得到的水解液经过反复刷汁，使得水解液渗透到鸭肉片里面，将中药提取液加入嗜酸乳杆菌发酵，使得鸭肉脯的口感更好，更提高鸭肉脯的营养价值，制成的鸭肉脯开袋即食，风味独特，富有嚼劲。

实例284　蒜香鸭肉脯

原料：鸭碎肉80~100千克，食盐0.3~0.6千克，五香粉0.2~0.4千克，姜粉0.2~0.4千克，大豆分离蛋白1~3千克，玉米淀粉5~10千克，蒜蓉15

千克，味精 0.2～0.4 千克，葱粉 0.1～0.2 千克，蛋清 2～5 千克。

制法：

（1）按以下份数称取原料：鸭碎肉，食盐，五香粉，姜粉，大豆分离蛋白，玉米淀粉，蒜蓉，味精，葱粉，蛋清。

（2）将步骤（1）中的各原料加入滚揉机中进行滚揉，滚揉时间为 40～60 分钟，真空度为 0.08～0.1MPa。

（3）将滚揉好的原料装入不锈钢模型内压紧，放进 -2～5℃ 的冷冻室冷冻 5～10 小时，然后放入速冻库速冻，速冻时间为 5～7 小时，速冻中心温 -30～-18℃，取出用冷冻切片机切片，切片厚度为 3～5 毫米，制得鸭肉片。

（4）将鸭肉片放置于远红外烤脯机中，以 150～300℃ 的温度烘烤 40～60 秒，冷却至常温后包装、杀菌，即得蒜香鸭肉脯。

特点：本品的原料中加了蒜蓉、姜粉、葱粉、蛋清等，具有丰富的营养，姜粉和葱粉不但可以消除鸭肉本身的腥味，而且可以提升鸭肉的鲜味，其中蒜蓉更能进一步改善鸭肉脯的口味。为了减少热量的摄入，以满足人民对健康美食的追求，在制作过程中舍弃了油炸方法而改用烘烤方法制作。本品制成的鸭肉脯香味浓郁、营养丰富，而且产品弹性好。

七、腌熏肉类

（一）猪肉

实例285　腊肉（1）

原料： 五花肉2000克，白糖120克，玫瑰露50克，生抽100克，老抽100克，盐60克。

制法：

（1）买回来的五花肉用热水清洗，然后放当风出吹干表面。

（2）将五花肉2000克，白糖120克，玫瑰露50克，生抽100克，老抽100克，盐60克（海盐），腌上一个晚上，然后放通风处风干。

特点： 本品香味浓郁、清脆爽口、留香长久、常吃不腻、色泽金黄。

实例286　腊肉（2）

原料： 肉条50千克，白酒0.5~1千克，腌料3.5~4千克。

腌料配方：食盐4.5千克，生姜末0.2千克，蒜末0.2千克，花椒粒0.4千克，橘皮粉0.5~1千克，酒石酸0.5千克，次磷酸钠0.1~0.2千克。

制法：

（1）将新鲜猪肉分割成长20~30厘米、宽8~10厘米、重0.7~1千克的带皮肉条，然后每50千克肉条上先均匀涂抹白酒0.5~1千克，再均匀涂抹3.5~4千克腌料。

（2）将涂抹后的肉条于16℃左右的环境中静置腌制5~6天后，用清水将肉条表面漂洗至无残留物。

（3）将漂洗好的肉条悬挂至无水滴滴下后，放入密闭熏房于40~50℃下首先用柏树枝燃烧产生的烟雾熏烤6~7小时，再用柏树碎末与木柴碎末的均匀混合物燃烧产生的烟雾熏烤6~8天，得烟熏肉条，所述混合物按份包括柏树碎末1份和木柴碎末5~6份；熏烤时，肉条下沿横向设置网状冷凝管，冷凝管内通入冷凝水，烟雾由冷凝管下方穿过网状冷凝管后与肉条接触。

（4）用小火烧制步骤（3）所得烟熏肉条的肉皮至肉皮表面60%以上面积起泡，然后用清水洗去起泡肉条表面的尘粒。

（5）于50～60℃下烘烤步骤（4）所得清洗后的肉条，待肉条中水分含量为20%～25%。

特点：

（1）用盐比例适当，对人体健康；肉条于16℃左右采用腌料腌制，能够快速入味且入味效果好，将大蒜、生姜、花椒与盐混合作为腌料，保证肉品咸淡适中且避免肉品在所述腌制温度下发生动物性脂肪氧化，保证肉品的新鲜风味。

（2）合理控制熏制温度及熏制时间，使烟雾中的特殊香气能够被肉品充分吸收，同时避免细胞组织过度脱水干瘪造成肉质僵硬。

（3）在熏制过程中采用网状冷凝管冷凝烟雾中的苯并芘蒸气，降低烟雾中的苯并芘含量，使肉品中苯并芘的残留率大大降低，保障食用者的身体健康。

（4）熏制所得的肉品通过小火烧制表皮至气泡，除去肉皮中毛根的同时使腊肉煮熟后肉皮更松软，便于食用，通过清水洗去表面残留尘粒，进一步降低苯并芘残留，清洗的肉品再于特定温度下烘干至水分含量为20%～25%，使肉品食用时的弹性好，黏度高，食用者不会感觉到干、涩，口感更适宜。

实例287　腊肉（3）

原料：鲜肉500千克，食盐28千克，亚硝酸盐0.2千克，花椒、黄酒、八角、山柰、肉桂适量，水280千克。

制法：

（1）将500千克鲜肉除尽余毛，修割整齐呈条状肉，洗尽血污，在清水中渍泡20分钟，制成肉坯。

（2）取食盐与花椒、黄酒、八角、山柰、肉桂、亚硝酸盐适量混合后，加入280千克水充分搅拌均匀后制成腌制水。

（3）400份肉坯放入腌制水中完全浸没后，拿出再放入腌制池中。

（4）自入腌制池中开始计时，腌制2小时后进行第一次翻缸，6小时后进行第二次翻缸，10～11小时后进行第三次翻缸，最后再腌浸20小时后起缸。在整个腌制过程中，温度保持在4～12℃。

（5）将起缸后的肉坯放入15℃的清水中脱盐2.5小时。

（6）脱盐后的肉坯放入50℃烘房中烘至含水率40%，制成腊肉成品。

特点：采用这种方法制备的腊肉，因其利用了烘房等现代化设备，使生产效率大大提高，从鲜肉到腊肉成品制成，前后仅需三四天；并且在整个制备工艺过程中，肉坯都处于腌制、脱盐、烘烤状态，没有像传统的腊肉长期暴露在常温的空气中，从而有效地避免了腊肉半成品变质的发生；采用大量调味品腌制、快速脱盐的工艺可以达到使肉坯快速入味、入味均匀、咸淡适宜的目的。

采用多次翻缸进行腌制的方法可使肉坯的入味更加均匀。

实例288 腊肉（4）

原料：新鲜五花猪肉100千克，食盐3～3.5千克，糖2～4千克，味精0.1～0.3千克，白酒1.2～1.8千克，五香粉25～35千克，胡椒粉15～25千克，沙姜15～25千克。

制法：

（1）先把五花猪肉切成条状；将食盐、糖、味精、白酒、五香粉、胡椒粉、沙姜放进装有五花猪肉的容器中，室温5～10℃，腌制30～42小时。

（2）将已腌制的五花猪肉放进烘烤房内，烘烤温度50～70℃，烘烤2.5～3.5小时。

（3）取出，把大蒜、陈皮和十三香先切碎，将5～15千克大蒜、25～35千克陈皮、15～25千克十三香、1.2～1.8千克豆酱、0.1～0.3千克香麻油混匀，涂在五花猪肉上，用草纸包裹，再放进烘烤房内，烘烤温度35～45℃，烘烤40～54小时，即得腊肉。

特点：本品制作的腊肉具有香味浓郁、留香长久、常吃不腻、色泽金黄，保质期达6个月以上的特点。

实例289 腊肉（5）

原料：五花猪肉10千克，食盐适量。

制法：

（1）选料：主要是选用五花猪肉。

（2）腌制：将所选用的五花猪肉采用细盐进行腌制，腌制时间为3～6天。

（3）熏制：将经腌制后的五花猪肉悬挂在熏肉房上部的挂竿上，在熏肉房下部设有炉头，所设炉头的个数根据熏肉房的大小而定，熏肉房底面积的每3～5平方米设有一个炉头，所述炉头高90厘米、长80厘米、宽80厘米，在炉头的下部设有炭火腔，将高山柴火或鱼骨头置于炭火腔内进行燃烧，在炉头的上端口置有网片，燃烧所产生的烟气透过网片对熏肉房上部挂竿上悬挂的腌制后的五花猪肉进行熏制，燃烧所产生的灰尘则被网片阻止隔离，熏制温度控制在20～40℃范围内，连续熏制时间25～45天，每天连续熏制时间为10～18小时。

当熏肉房内温度低、湿度大时，在熏肉房的一外侧设有外炉头，与外炉头相连接的烟道从房体的一侧穿过房体底部从房体的另一侧伸出，利用外炉头燃烧时所产生的烟气对熏肉房进行预热和除湿。

（4）包装：将经步骤（3）所制得的腊肉称重后分装，采用真空包装制得腊肉产品。

特点：本品利用高山柴火以及鱼骨头等燃烧所产生的烟气对肉类进行熏制，并且利用网片将灰尘隔离，在低温潮湿天气时，利用烟道对房体进行预热除湿，具有工艺简单实用、操作安全、卫生和使用方便灵活的优点，所制得的腊肉产品质量好。

实例290　腊肉（6）

原料：条状猪肉 100 千克，食盐 3 千克，花椒 0.02 千克，五香粉 0.02 千克。

制法：将0℃的冷鲜肉修割成2～3 厘米的条状原料肉，并使得所述条状原料肉上的肥脂厚度不超过 1.5 厘米；将食盐、花椒和五香粉炒制成椒盐，将所述椒盐均匀撒在条状肉上，并涂抹均匀；将涂抹了腌料的肉放入料桶内，在4℃下腌制 48 小时，腌制过程中将肉翻动 2 次；将得到的腌制肉在 40℃的清水中清洗，将血污和腌料清洗干净后，再在冰水中清洗一次，进行晾干，至无水分滴出时，对所述肉进行烘烤，恒温 60℃烘烤 8 小时后转入 40℃烟熏房中，用锯木烟熏 4 小时后，将肉表面的烟灰和油脂去除后得到腊肉。

特点：本品以 0～4℃、肥脂厚度不超过 1.5 厘米的冷鲜肉为原料，使得到的腊肉肥瘦相间，不油不腻，口感较好；同时，0～4℃、肥脂厚度不超过 1.5 厘米的冷鲜肉进行腌制时较易入味，能够有效缩短腌制时间，从而缩短腊肉的生产周期。在进行熏制时，首先对所述腌制肉进行 6～10 小时的烘烤，在较短的时间内除去肉中的水分，有效缩短生产周期；然后对经过烘烤的腌制肉进行 4～5 小时的烟熏，使得到的腊肉具有独特的烟熏味，肉质细腻，口感较好。

实例291　腊肉（7）

原料：鲜猪肉 1000 千克，海盐 45 千克，白砂糖 16 千克，黄酒 10 升，调味料 6 千克，石膏石 200 千克。

调味料配方：桂皮 3～10 千克，八角 1.5～10 千克，丁香 0.4～1 千克，干花椒 2.1～10 千克，草果 3～10 千克。

制法：

（1）原料处理：选用经检疫的鲜猪肉，洗净后切成块，再经杀菌处理。

（2）调味料配制：按份数计量，取桂皮、八角、丁香、干花椒、草果分别碾碎后混合或混合后碾碎。

（3）腌制：每吨原料肉块用海盐40～60千克、白砂糖8千克～16千克、黄酒10～20升、调味料6～10千克均匀涂抹，然后装入香樟木质桶中，表层用干净的石膏石块压置，避光腌制9天，该过程中每3天倒桶翻动一次，排掉渗出的水分，并始终保持桶内腌肉的pH在5～6、温度12～18℃，致病菌不得检出。

（4）烘烤：取出肉块，冷风干燥使其含水量达到60%以下，然后将肉块表面洗干净，沥干后悬挂在木炭或活性炭火上空，50～55℃烘烤约20天，使其水分含量达到20%以下、色泽呈枣红色、肉质结实有弹性、切面整齐。

（5）烧洗：先用酒精喷灯灼烧肉皮，再用刀刮净肉皮表层，然后用温水洗净，晾干。

（6）杀菌包装：通过辐照方法对肉块做杀菌处理，然后按计量真空包装。

特点：

（1）腊肉的腌制过程中不使用发色剂，而采用石膏石块压置，腊肉自然着色；烘烤过程中不用柴火烟熏，避免了烟气对腊肉和环境的污染，腊肉无烟熏味，表面干燥清洁，色泽明亮，香味浓郁。

（2）加工方法简单，容易操作，缩短了加工时间，节省了生产成本，每生产1吨腊肉可降低成本约2000元。

（3）生产不受季节限制，能够实现规模化生产。

实例292　腊肉（8）

原料：猪腩肉1块（约650克），老抽2大匙，生抽2大匙，盐少许，糖1大匙，玫瑰露酒1大匙。

制法：

（1）猪腩洗净用厨纸吸干水分，切成4厘米宽肉条。

（2）每条肉均匀刷上腌料，放入密封袋入冰箱冷藏3天，其间翻动几次使肉腌透。

（3）腌好的肉用绳子穿好挂在通风处阴干，6～8日之后即成腊肉。

实例293　腊肉（9）

原料：猪肉100千克，腌料4.4～5.2千克。

腌料配方：盐2.5～2.8千克，花椒粉0.4～0.5千克，茴香粉0.4～0.5千克，糖1.0～1.2千克，味精0.1～0.2千克。

制法：

（1）加工季节：选在冬天，环境温度低于6℃。

（2）原料准备：采用熟饲料喂养猪，经屠宰后，将猪肉切割分块。

（3）腌制：用腌料均匀抹在肉块上后，放置在腌缸中腌制 70～72 小时，腌制过程中每 24 小时对腌制品进行翻缸一次。

（4）干燥处理：将步骤（3）中腌制好的腌制品先挂在室内进行风干处理 72 小时，再将肉块放入烘房中烘干处理 7～10 小时。

（5）熏制：将步骤（4）中干燥处理好的干燥制品挂置在密闭的熏房内，用柏树枝或松树枝进行烟熏，烟熏 8～10 小时后即得到腊制品。

特点：

（1）本品加工的腊肉制品切开后瘦肉颜色呈玫瑰红，且具有香麻味，可提升人的食欲。

（2）采用密闭烟熏工艺，提高了烟熏效果，使腊制品内外层口感趋于一致。

（3）由于本品采用了较长时间的风干处理，可有效降低腊制品中的亚硝酸盐含量，更加有利于食品的健康。

实例 294　传统腊肉

原料：五花肉 2000 克，白糖 120 克，玫瑰露 50 克，生抽 100 克，老抽 100 克，盐 60 克，花椒适量。

制法：

（1）将猪肉拔去残余猪毛，切成条状。

（2）洗净猪肉，在猪皮上穿上棉绳，挂起封干 5～8 小时（视湿度而定）。

（3）将腌料混合好，放入猪肉，腌大约 10 小时，中间翻动数次，让腌料均匀。

（4）挂起猪肉，放通风处风干，1～2 天后包上纱纸防尘，继续风干（没有纱纸可直接用餐巾纸）

（5）直至腊肉泛出油光（视天气而定，时间约一星期）即得。

实例 295　香味腊肉

原料：肥瘦猪肉 5000 克，盐 350 克，白砂糖 200 克，酱油 175 克，八角 8 克，小茴香粉 8 克，桂皮 8 克，花椒 10 克，胡椒 8 克。

制法：

（1）拌料：将小茴香、桂皮、花椒、胡椒焙干，碾细和其他调料拌和。再把肉拉成厚 3～4 厘米、宽 6 厘米、长 35 厘米的条状，放入调料中揉搓拌和。

（2）腌制、拌好后入盆腌，温度在 100℃以下腌 3 天后，翻倒 1 次，再腌 4 天捞出（腌肉卤另作他用）。把腌好的肉条放清洁冷水中漂洗，再用铁钩钩住肉条吊挂在干燥、阴凉、通风处待表面无水分时（一般要 24 小时）再进行熏制。

（3）熏制：熏料要用柏树锯末，或玉米心、花生壳、瓜子壳、棉花荚、芝麻夹也可。用旧油桶、旧铁箱作为熏制器。熏料引燃后，锯末分批加入，放于箱底。把肉条吊挂或平放距柜中熏料33厘米高处，将箱盖盖严。熏时火要小，烟要浓，每隔4小时把肉条翻动一次，熏器内温度控制在50～60℃。熏到肉面金黄时（一般需24小时）即可。熏后放置10天左右，让它自然成熟即成为香味腊肉。

（4）储藏：在放置期应注意保持清洁，防止污染，不让鼠咬虫蛀。可吊挂、坛装或埋藏。把肉条吊于干燥、通风、阴凉处可保存5个月，坛装是在坛底铺一层厚3.3厘米的生石灰，上面铺一层塑料布和两层纸，放入腊肉条，密封坛口，可保存8个月，或将腊肉条装入塑料食品袋中，扎紧口，埋藏于粮食或草木灰中，可保存1年以上。

特点：本品膘色黄亮，肌肉深红，咸淡适口，营养丰富，冷、热食均可。

实例296　南宁腊肉

原料：猪五花肉5000克，食盐750克，白砂糖250克，酱油40克，辣椒油10克，白酒125克，五香粉8克。

制法：

（1）选料：选用新鲜猪体中部的五花腩肉，肥瘦适中者最佳。

（2）切条：选好的猪肉割去皮层，切成长40厘米、宽1.4厘米的肉条。

（3）腌制：切好的肉条加食盐、酱油、白酒、白糖、辣椒油、五香粉搅拌均匀，腌制8小时，隔4小时搅拌一次。

（4）晾晒、烘焙：将腌好的猪肉条穿上细麻绳，挂在阳光下晾晒，夜间放入烘房烘焙。如此连续3天，至肉质干燥，即得成品。

特点：本品条块整齐，干爽一致，肉质鲜明，富有光泽，肥肉透明，瘦肉甘香，腊味浓郁。

实例297　四川腊肉

原料：猪肉5000克，黄酒100克，精盐200克，五香粉30克，白糖50克。

制法：

（1）将无骨猪肉改成宽6～15厘米，长20～40厘米的宽条，用竹签在肉上扎满小眼，以便入味。

（2）用锅把花椒炒熟，加盐炒烫倒出，等到炒好的调料不烫手时，在肉上揉匀，放入陶瓷容器里，肉皮朝下，最上面的肉皮朝上，放凉爽的地方，一天翻一次，腌制10天左右。

（3）将腌制好的猪肉取出，用绳子穿其一端挂于通风的高处，晾到半干。

（4）用一口大铁锅或者铁筒，放入柏树锯末或者柏树枝叶，在上面放上一个铁排，要和锯末保持距离，否则肉很容易烧焦，一般在 8～10 厘米，把半干的肉放在铁排上，用锅盖或者木板盖上，将肉熏上色，之后再挂于通风的高处，待水分干了，一般 15 天，腊肉就制成了。

（5）腌肉时，时间要掌握准确，冬季略长，需 10 天左右，夏季略短，需 5 天左右。

（6）熏制时，时间需 15 分钟左右，不可过长，否则颜色过深，影响美观。

特点：本品制作的腊肉香味浓郁、留香长久、常吃不腻，咸甜适中，保质期达 6 个月以上。

实例 298　广式腊肉（1）

原料：猪肋条肉（五花肉）5000 克，白砂糖 200 克，盐 125 克，酱油 150 克，白酒 100 克，八角 10 克，桂皮 10 克，花椒 10 克。

制法：

（1）选料与切条：原料采用不带奶脯的肋条肉，切成宽 1.5 厘米、长 33～38 厘米的条状。要求条的宽窄均匀，刀工整齐，厚薄一致，皮上无毛，无伤斑。切成条坯后，在顶端硬膘右边，斜刀穿皮打成 0.3～0.4 厘米的小眼穿上麻绳便于悬挂。

（2）腌制：条坯以 25 千克为单位，放在盛器内分批洗涤。先用 0～50℃的温水将硬膘泡软，然后将条坯上的浮油洗净，放在滤盘上沥干水分，再按规定配方拌料。拌料时应先将腊肉坯放在盛器内，再将糖、盐、酱油、硝酸钠和白酒等配料混合均匀，倒入缸内，用手拌匀，并每隔 2 小时上下翻动一次，尽量使料液渗到条坯内部。腌制时必须分清等级和规格，确保质量。腌制 8～10 小时即可扣绳。绳头扣在洞眼中，长短要整齐，如发现腌制时间不足仍可以放入腌缸得腌至透再出缸。

（3）烘焙：腊肉坯腌制出缸后，即可开竹。每根竹竿可挂 5 千克左右，送入烘房。竹竿要排列整齐，每竿距离相隔 2～3 厘米，进烘房后应立刻将石棉布帘放下。烘房温度保持在 45～50℃，温度开始高，而后逐步降低，正确掌握烘房温度是决定成品品质的关键。操作人员应经常检查肉坯的干湿程度，如温度过高，火力太旺，则滴油过多，影响成品率。如温度过低，则容易发生酸味，而且色泽发暗，影响质量。烘焙时应分清级别，以防混淆。腊肉坯进烘房经 14 小时左右，视条坯干燥情况即可升至第二层继续烘焙。升层时里外竹竿相互调换位置，使条坯受热均匀，再经 24 小时左右即可出房。成品出房时须掌握先进后出，分清级别，分批出房。并检查是否干透，如发现外表有杂质、白斑、焦斑和霉点等现象时，应剔出另外处理。

（4）储存保管：腊肉储藏时应注意保持清洁，防止污染，同时要防鼠咬虫蛀。如吊挂干燥通风阴凉处，可保存3个月；如用坛装，则在坛底放一层厚3厘米的生石灰，上面铺一层塑料布和两层纸，放入腊肉条后，密封坛口，可保存5个月，如将腊肉条装入塑料食品袋中，扎紧袋口埋藏于草木灰中，可保存半年。腊肉需要外运时最好装马铃薯板箱，四周衬蜡纸以防潮，但在装箱时如发现腊肉回潮时，还必须重入烘房烘干，待冷却后再行装箱，否则在运输途中容易变质。

特点：本品色泽金黄，条头均匀，刀工整齐，不带碎骨，肥膘透明，肉身干燥，肉质鲜美可口，有腊制香味。

实例299　广式腊肉（2）

原料：猪五花肉2000克，砂糖120克，玫瑰露50克，生抽100克，老抽100克，盐60克。

制法：

（1）拔去猪肉上残余的猪毛，切成条状。

（2）洗净猪肉，在猪皮上穿上棉绳，挂起封干5~8小时（视湿度而定）。

（3）将腌料混合好，放入猪肉，腌大约10小时，中间翻动数次，让腌料均匀。

（4）挂起猪肉，放通风处封干，1~2天后包上纱纸防尘，继续风干。

（5）直至腊肉泛出油光（视天气而定，时间约一星期）。

五花腩要挑肥瘦相间的，但不要太瘦，不然腊好后会非常硬。

特点：本品色泽鲜艳，黄里透红，味道醇香，风味独特。

实例300　湖南特制无骨腊肉

原料：猪腿肉5000克，盐400克，花椒粉10克。

制法：

（1）原料选择：去骨的猪前后腿。

（2）切条、制作过程：选出质好的猪前后腿、去掉骨头，然后把肉放在切肉板上，从后腿尾骨节切第一刀肉。前腿槽头肉不能做特级腊肉，只能做二级腊肉。从第二刀起每条肉坯长40厘米、宽3.3~4厘米。

（3）腌制：切完肉坯后，用秤称好。按比例配好调料，调料要拌匀，再把肉放入调料内（每次放2.5~5千克）拌匀，直至每块肉坯沾上调料为止，然后一块块拿出放入缸或池内腌制。春夏季腌 3 ~4 天，秋冬季腌 7 天左右。

(4) 泡洗：出缸后把每块肉坯从膘头 3.3 厘米以下用小刀刺 1 小孔，穿上麻绳，再投入清水池内泡洗 1 ~2 小时后捞出。

(5) 烘焙：将肉坯穿入竹竿（每竿穿 12 块，按烘烤柜大小决定），送入烘柜内烘焙 36 个小时出柜，即得成品。

特点：本品呈条形，无腐败气味，皮上无毛，皮和肥肉颜色金黄，精肉红亮，刀工整齐，无碎骨，有浓郁的风味，出品率达 65%。

实例 301　土家腊肉（1）

原料：腊肉 100 千克，花椒 1.8 ~3 千克，山柰 0.6 ~1 千克，葱头 1.8 ~3 千克，生姜 0.9 ~1.5 千克，蒜片 0.9 ~1.5 千克，黄酒 1.2 ~2 千克，芝麻 1.2 ~2 千克。

制法：

(1) 分割清洗：将腊肉切割成 20 ~25 厘米的小块，再用水浸泡 1 ~2 小时，然后清洗干净，沥干待用。

(2) 拌料：将沥干好的腊肉放入容器中，将花椒、山柰、葱头、生姜、蒜片、黄酒也放入容器中，搅拌使之充分混合。

(3) 腌制：将混合好辅料的腊肉在容器内腌制 2 ~4 小时，使之入味。

(4) 包裹：将腌制好的腊肉连同辅料分别单块地用棕叶包裹好，腊肉不能外露，再在棕叶的外面包裹两层锡箔纸，然后将包裹腊肉两头的锡箔纸扭紧。

(5) 窑烤：将包裹好的腊肉放在烘烤架上，再依次层叠放入烘烤窑中，温度控制在 90 ~100℃，烘烤 30 ~50 分钟。

(6) 切片：然后将烘烤好的腊肉剥去外面的包裹物，并切成片状，装入容器中，再将准备好的芝麻倒入，搅拌混合。

(7) 包装：将混合好的烤腊肉按规格计量装入食品袋中，真空密封，再消毒入库。

特点：采用已熏制好的土家腊肉，再与调料一起腌制后，通过棕叶与锡箔纸的包裹高温烘烤，使得腊肉除了熏香味外还带有淡淡的棕叶清香，烘烤后切成片，透明发亮，色泽鲜艳，黄里透红，吃起来味道醇香，风味独特，醇厚浓郁，回味绵长，越嚼越香；既可以开袋即食也可以与其他食材一起同烹制，简单方便，无须另加工，特别适合美食爱好者、上班族等人群食用，也是宴席上的佳肴和馈赠亲友的佳品。

实例 302　土家腊肉（2）

原料：鲜猪肉（或鸭肉、鸡肉）100 千克，花椒 0.5 ~0.7 千克，食盐 4 ~5

千克。

制法：

（1）制肉坯：将鲜肉用火焰烧毛洗净，再分割分类，然后切成肉坯，再洗净沥干备用。

（2）拌料：将鲜肉块码堆在容器中，拌上花椒、食盐，使之充分混合，揉搓。

（3）腌制：在2～8℃的冷藏室内静置腌制7～12天，每两天翻动一次。

（4）浸泡：将肉块放入15℃以下的山泉水中浸泡3～4小时，然后反复清洗，去掉油腻。

（5）风干：再将肉块取出风干12～24小时。

（6）烘烤：将肉块悬挂于熏烤房中，将熏烤房底下的烤炉用大火烧热，使熏烤房内温度达到60～70℃，并保持4小时，然后将熏烤房内温度调为40～45℃烘烤4～10天。

（7）烟熏：同时在熏烤房底部的火炕中用暗火燃烧鲜松柏枝和青杠木，然后用钻了筛孔铁板将火炕盖住，使燃烧鲜松柏枝和青杠木后的烟从筛孔中均匀溢出，熏烤肉块。

（8）调色：根据需要，通过熏烤房门上的通风控风孔调整熏烤房内部的烟雾浓度，使肉块颜色达到所需要的颜色。

（9）护色护味：4～10天后，将熏好的肉块从熏烤房移出，移出前一天用谷壳熏烤，移出后悬挂在通风处，吹凉风干8～10小时，使肉块表面形成一层薄膜。

（10）包装：然后进行清理，杀菌，再真空包装入库。

特点：本品的有益效果是腌制配料仅采用花椒和食盐，保持了土家族腌制腊肉的传统本色，但是在熏制过程中将烘烤脱水和烟熏入味区分开来操作，使得腊味变得可以控制，同时采用鲜松柏枝和青杠木所发出的熏烟，使得肉味香远弥漫，再利用烟雾浓度进行调色，在避免使用色素的情况下保持了腊肉的天然本色，又能够达到色泽焦黄的效果，再通过护色护味和包装，使得腊肉所特有的颜色长期不变，并可长期存放不变质；使用本品方法制作的腊肉色泽焦黄，透明发亮，表里一致，醇味绵远，肉质细嫩，肥而不腻。

实例303　土家腊肉（3）

原料：鲜肉100千克，食盐4～5千克，白酒2～2.5千克，香料2～2.5千克。

香料配方：干姜5千克，八角2千克，草果2千克，大蒜2千克，橘皮2千克，绿茶2千克，辣椒1千克，花椒1千克，山柰1千克，丁香1千克，砂仁1千克，刘寄奴1千克，石菖蒲1千克，肉桂1千克，桂皮0.5千克，青蒿0.5千克。

制法：

（1）烧毛：将鲜肉用火焰烧毛洗净。

（2）冷置：在1～3℃下冷置4～5小时。

（3）切坯：将肉块分割分类，切成厚度为3～6厘米、宽度为5～8厘米、长度不限的长条形肉坯。

（4）插眼：用排针在肉块上插眼，所述的排针为在板上垂直固定了多根钢针的装置，钢针的直径为0.2～0.3毫米，针尖的高度为3～4厘米，针间距离为1厘米。

（5）拌料：将鲜肉块码堆在容器中，拌上食盐、白酒、香料，进行揉搓，使之充分混合。

（6）腌制：在2～7℃的冷藏室内静置腌制，两天后进行翻动；再用木板盖住，木板上放置40～50千克的石块，压置两天；然后除掉石块，将肉块翻动并进行揉搓，然后再静置腌制；两天后再翻动并用石块压置两天，然后除掉石块，将肉块翻动并进行揉搓，然后再静置腌制4天，中间翻动一次。

（7）去腻：将肉块放入15℃以下的山泉水中浸泡3～4小时，反复清洗，然后再放入60～70℃的热水中清洗，去掉油腻。

（8）风干：再将肉块取出放在温度为2～7℃，相对湿度为50%～60%，风速为5～7米/秒的环境中风干12～24小时。

（9）烘烤：将肉块悬挂于熏烤房中，将熏烤房底下的烤炉用大火烧热，使熏烤房内温度达到40～45℃，并保持4小时，然后将熏烤房内温度调为60～70℃烘烤4小时，再将熏烤房内温度调为40～45℃烘烤4～10天；前期烘烤时仅将熏烤房的天窗与外界空气直接相通，待熏烤房内看不见水气且相对湿度在50%以下时关闭天窗。

（10）烟熏：同时在熏烤房底部的火炕中用暗火燃烧鲜松柏枝、青杠木，然后用钻了许多筛孔的铁板将火炕盖住，再用橘皮将铁板盖住，使燃烧鲜松柏枝和青杠木后的烟从筛孔中均匀溢出，并经过熏烤橘皮后熏烤肉块。

（11）调色：根据需要，通过熏烤房门上的通风控风孔调整熏烤房内部的烟雾浓度，使肉块颜色达到所需要的颜色。

（12）除硝：在烘烤过程中关闭天窗后，在熏烤燃料中加入一半茶树枝、老茶叶或茶叶末进行熏烤。

（13）护色护味：将熏好的肉块从熏烤房移出悬挂在通风处，在温度为20℃

以下，相对湿度为40%～45%，风速为8～10m/s的环境中吹凉风干8～10小时，使肉块表面形成一层薄膜，即制成土家香腊肉，然后进行清理，杀菌，再真空包装入库即可。

特点：本品的有益效果是在腌制前将肉块用排针插眼，可以使配料更好地渗透进入肉块内部，并使肉块内部水分容易蒸发，预防外软内硬；腌制配料除食盐和白酒外，还有由18种材料混合而成的香料，这些香料中不仅含有能够起到土家特色口味的花椒和石菖蒲等，还含有能够使肉块长期保质的土家特色天然保质材料山柰、桂皮等；在腌制过程中反复用石块压置，可以尽量挤出鲜肉中的血水，然后使香料味尽量渗入，达到内外口味一致的目的；同时在熏烤过程中将烘烤脱水和烟熏入味分开操作，使得腊味变得可以控制；烘烤时的温度变化可避免腊肉表皮结痂，影响内部水分蒸发；采用鲜松柏枝和青杠木所发出的熏烟，使得肉味香远弥漫，采用多孔铁板可使熏烟均匀溢出，铁板上放置橘皮，可以过滤熏烟中的有害成分并使烟雾中含有橘香；利用烟雾浓度进行调色，可以在避免使用色素的情况下保持腊肉的天然本色，同时能够达到色泽焦黄的效果；采用茶树枝、老茶叶或茶叶末进行熏烤，可以除掉腊肉中所含的亚硝酸盐成分；再通过护色护味和包装，使得腊肉所特有的颜色长期不变，并可长期存放不变质；通过本品方法制作的腊肉色泽焦黄，晶莹发亮，口味表里一致，醇味绵远，香气弥漫，肥而不腻。

实例304　白芷腊肉

原料：猪肉条1000克，盐100克，白芷浸膏25克，香料35克，美容中药酒35克。

香料配方：花椒3份，八角3份，草果4份，香叶3份，小茴香4份，灵芝2份，枸杞3份。

美容中药酒配方：怀山药100份，红枣100份，熟首乌450份，核桃肉85份，枸杞55份，生姜100份，蜂蜜80份，白酒5000份。

制法：

（1）将新鲜猪肉洗净后切成肉条，在每1000克左右的肉条上均匀涂抹配料；所述的配料由盐、白芷浸膏、香料及美容中药酒混合均匀而得。

（2）香料由其中各原料经炒熟、破碎、磨粉、混匀后制得。

（3）将涂抹均匀的肉条在0℃左右的低温环境下静置腌制6～9天，再将腌制好的肉条漂洗1～2次。

（4）将漂洗好的肉条悬挂滴干至无水分滴出，再将其放入熏房中熏烤3～6天，再将熏烤完全的肉条在55～65℃的条件下烘烤，直至肉条中水分含量为

15%～20%后即得。

所述的美容中药酒的制备方法为：将各原料按质量份混匀后，于阴凉处密封静置3～5个月，过滤去渣即得。

特点：白芷具有补脾益气，清热解毒，祛痰止咳的功效，做成浸膏便于腌制涂抹。本品制得的腊肉，口感醇厚，风味独特。

实例305 风味腊肉

原料：猪肉100千克，食盐6～8千克。

制法：

（1）食盐卤制：取优质猪肉切片，切成片厚2～3厘米、长30～40厘米的肉条，按食盐∶猪肉为6～（8∶100）（质量比）的比例将食盐与鲜肉混合并进行搅拌，搅拌均匀。

（2）腌制：将步骤（1）卤制好的鲜肉分层摆放于瓦制肉缸中，层间用一层纸质作隔帘，密封4～6天。

（3）清洗：将步骤（2）腌制好的肉条从瓦制肉缸中取出，先用40～50℃的温水清洗一次，再放到常温水中再洗一次，常温挂干。

（4）烤箱烘烤、烟熏后风干：将步骤（3）所得的常温挂干的肉条放到半密闭的烤箱中烘烤、烟熏，烤箱的温度、时间控制如下：

①烘烤、烟熏的最初12小时，烤箱温度控制为70～90℃。

②继而将烤箱温度控制在60～70℃，维持48小时。

③将烤箱盖打开散热，温度控制在50～60℃，维持48小时。

④将腊肉自然风干，即得成品。

特点：本品味道醇和、外观靓丽、安全卫生、储存期长，为人们提供了一种味美质高的肉制品。

实例306 红枣腊肉

原料：猪肉条1000克，盐100～120克、红枣浸膏20～30克，香料30～40克。

所述的香料由下述质量份的原料经炒熟、破碎、磨粉、混匀后制得：红茶5～8份，花椒4～9份，八角5～7份，草果5～9份，香叶6～8份，小茴香3～5份，韭菜子4～5份，茯苓3～6份，芝麻4～8份，桑葚4～8份。

制法：

（1）将新鲜猪肉洗净后切成长25～35厘米、宽8～12厘米的带皮肉条，在肉条上均匀涂抹盐、红枣浸膏以及30～40克的香料，边涂抹边揉搓，直到肉条不再出水。

（2）将涂抹均匀的肉条在0℃左右的低温环境下静置腌制7～10天，将腌制好的肉条用80～90℃的热水清洗2～3次后，再用清水漂洗肉条3～5次。

（3）将漂洗好的肉条悬挂滴干至无水分滴出，再将其放入熏房中熏烤3～6天，再将熏烤完全后的肉条在55～65℃的条件下烘烤，直至肉条中水分含量为15%～20%即得成品。

特点：

（1）红枣味甘性温，甘能补中，温能益气，其浸膏形态便于腌制操作使用；香料配伍合理，风味独特。

（2）本品制得的腊肉配伍合理，具有食疗作用，同时口感香醇，食用后唇齿留香，回味无穷。

实例307　新型腊肉

原料：猪肉5000克，黑胡椒10克，丁香10克，香叶10克，茴香10克，黄酒100克，精盐200克，白糖50克，桂皮10克，橘皮20克。

制法：

（1）选肥瘦相连的后腿肉或五花三层肉，将猪肉皮上残存的毛用刀刮干净，切成3厘米宽的长条，用竹签扎些小眼，以利于进味。

（2）将食盐和黑胡椒、香叶、茴香、丁香、桂皮、橘皮晒干碾细形成香料。

（3）将猪肉用碾细后的香料揉搓，放在搪瓷盆内，皮向下，肉向上，最上一层皮向上，用重物压上。冬春季2天翻一次，腌制约5天取出，秋季放在凉爽之处，每天倒翻1～2次，腌制约2天取出，用净布抹干水分，用麻绳穿在一端的皮上，挂于通风高处，晾到半干，放入熏柜内，熏2～3天，中途移动一次，使烟全部熏上腊肉都呈金黄色时，取挂于通风之处即得成品。

特点：本品制作的腊肉肉质鲜美精细，色彩红亮，烟熏咸香，肥而不腻，且开胃、消食。

实例308　低盐火腿

原料：鲜腿100千克，川盐4千克。

制法：

（1）低盐火腿腌制是在每年的霜降到立春之间进行，气温环境0～15℃。

（2）先把猪后腿采用冷库降温5小时（冷库温度在2～5℃），降温出库后，用刀将腿割成“琵琶式”，修去肚囊皮和膝关节处的油皮，挑断血筋，挤掉血水。

（3）每 100 千克鲜腿用川盐 4 千克，分 3 次用完。第一次用盐量为 2.5 千克，用手（或猪皮）在鲜腿上来回揉搓，搓到出水后，再敷上一层盐，继续揉擦到出水。骨关节处挤净血筋里的血水。

（4）腌完头道后，皮面向下肉面向上堆码。3 ~5 天翻堆，第二次用盐 1 千克，擦盐、堆码方法同上次。

（5）堆码 3 天后，第 3 次用盐 0.5 千克揉搓，堆码 10 ~15 天上挂。

（6）火腿上挂用长 20 厘米的稻草绳，打双套结在火腿飞节处。挂处通风透光温暖，腿间距离均匀，不重叠，半年后，低盐火腿即腌制成熟。

特点：本品的积极效果是用盐量低，在低温环境中腌制成熟，腌制成的火腿加工成食品，不成苦，火腿经发酵后，肉质中维生素 E 和氨基酸不会被盐分大量破坏。香味更浓，口感更好，对人体健康有利。避免了重盐量腌制的火腿出现的问题。

实例 309　腊火腿

原料：鲜腿 100 千克，食盐 7 ~10 千克，55 度白酒 3 ~6 千克。

制法：

（1）选择瘦肉型适香肥猪，宰杀后取下后腿（鲜腿质量 10 ~12 千克/只），经修边后放在竹箔内 10 小时以上，使鲜腿充分晾凉。

（2）上盐：将晾凉的鲜腿在竹箔内分 3 ~5 次上盐，上盐时用钢锥在火腿上锥刺，并进行揉搓，同时在火腿表面淋上白酒，腌制 100 千克的鲜腿使用精制食盐 9 千克，白酒 5 千克。

（3）入缸：在气调库中，把上盐后的火腿放入木缸内，分层堆入，上面盖一竹箔（防尘、防蝇），15 天后上下翻动一次，15 ~30 天便可出缸晾挂。气调库温度设定为 5℃。

（4）晾挂：火腿从木缸中取出后，在火腿表面蒙一层白棉纸（防尘、防蝇），然后上架晾挂风干。晾挂火腿的房间要保持一定的通风条件，避免阳光直射，晾挂时间为 1 ~2 个月。

（5）堆捂：火腿晾挂的标准，以火腿尖部渗油为度。火腿取下后外套一个布袋，放入竹箩内用柴灰堆捂，时间半年以上即可（火腿在竹箩里用柴灰堆捂 2 ~3 年亦可）。堆捂具有抑菌、干燥的作用，能让盐分充分渗透到肉质中，而且有助于提高火腿的色香味。柴灰选用松柴 70%、梨柴 10%、桑树柴 20% 燃烧后的余烬，用孔径为 1 毫米的筛网筛出杂质，含水率控制在 1% 以下。

特点：由于本品在上盐步骤中采用精制细盐，而且不使用硝，所以本品生产的火腿其亚硝酸盐含量低。本品采用了较低的食盐用量，所以生产的火腿含盐量低。而本品上缸步骤采用了控制温度的措施，虽然火腿用盐量减少，但腌制时也不会变质，而且腌制不受季节影响。本品比现有技术增加了柴灰堆捂的工序，使盐分能充分渗透到肉质中，同时使生产产品具有更鲜明的颜色、更浓的香味和更佳的口感。

实例310 普洱茶腌腊肉

原料： 原料肉100千克，普洱茶粉0.3~1千克，普洱茶酒0.3~0.5千克，食盐7千克。

普洱茶酒配方：55度的纯高粱酒100千克，冰糖5千克，经240个小时烘焙后的普洱茶2千克，经3小时反复降温排清烘焙后的大枣1千克，紫米3千克，枸杞1千克。

制法：

（1）将原料肉在低温下放置7~10小时后取出，用普洱茶酒0.15~0.25千克、食盐3.5~4.5千克均匀抹遍原料肉外表，并稍加搓揉后，腌制20~24小时。

（2）取出经步骤（1）处理的原料肉，用普洱茶粉0.3~1千克、普洱茶酒0.15~0.25千克、食盐3.5~4.5千克均匀抹遍原料肉外表，并稍加搓揉后，置于腌制车间腌制7~15天，腌制车间的温度控制在7~8℃。

（3）待取出后，用20~30℃的温水洗涤表面油脂，在7~8℃的晾晒车间置于3~5天后，移入烤房用木柴烘烤15~20天，烤房温度控制在45~65℃。

（4）烘烤完后再移入腊肉储存库置于3个月以上即可。

特点：

（1）本品对原肉料进行腌制过程中使用了普洱茶酒和普洱茶粉，对肉制品发色效果非常好，腌出来的腊肉表面呈金黄色，里面呈红色，而且吃起来有油而不腻的感觉，还有一股淡淡的茶香味，口感非常好；同时常食用普洱茶酒有降压、降脂、补血、提气、护肝等功效。

（2）本品所使用的普洱茶酒和普洱茶粉中含有的茶多酚是食品添加剂中纯天然的植物防腐剂，它具有很强的抗氧化性，能有效抑制亚硝酸盐的生成。

实例311 甜火腿

原料： 鲜腿100千克，食盐0.5~1.0千克，红糖0.8千克，白糖7.2千克，55度白酒0.3千克和0.5千克生姜榨成的生姜汁混合物。

制法：

（1）生猪宰杀后，取下包括臀部的后腿，根据其规定大小及形状修整定形，一般先修去肌膜外的动物性脂肪层、结缔组织，清除渍血，割去边角多余的肥肉和胯皮。修净油皮及剩余的毛，割断血筋，排净淤血。使修整后的鲜腿大体呈琵琶形或竹叶形并使其四周平滑整齐。将洁净、血清、完整、形态优美的鲜腿充分晾干。

（2）上盐：将晾干的鲜腿表面抹上食盐，并进行充分揉搓，100 千克鲜腿用食盐 0.5～1.0 千克。上盐期间，室温控制在 -2～4℃；空间相对湿度控制在 65%～80%，保持室内通风。上盐后，由于食盐的作用使得鲜腿组织细胞内的水分通过渗透作用渗透出来；腌制一天后，清除鲜腿表面的食盐和水分，从而达到去除鲜腿中部分水分的目的。

（3）上糖：将去除水分的鲜腿分层摆放在架子上，摆放的地方温度不宜过高，装有通风设备且要光照充足，分 8～10 次上糖。上糖的过程中要充分揉搓，膘厚和外露骨头等处应多上糖料，使鲜腿的表面与糖充分接触。三天后以相同方式再上一次，3～5 天后糖料逐渐溶化内渗到肉质深层，根据具体情况进行第 8～第 10 次补糖，补糖时间间隔逐渐延长。总腌制时间腌制 40～45 天，此时糖料已经充分渗透到肉质深层。所述的糖料由红糖、白糖、白酒和生姜榨成的生姜汁混合均匀，配制而成。红糖中所含的成分可以很好地起到上色的作用，使加工成的火腿色泽红润；白酒不仅可增加火腿的香味，而且可以起到杀菌、防腐的作用；生姜可去除火腿的腥味，增强火腿的醇香。

（4）晾挂：将腌制好的火腿浸泡在清洁的水中，用软刷刷去表面的剩糖和污迹，在装有严格通风设备的低、高温的季节条件下晾挂几个月，使火腿风干。晾挂最好经过炎热的、气温超过 36℃ 的夏季。晾挂过程中应以极高的卫生标准注意防鼠、防虫、防蝇、防尘，以保证火腿的卫生清洁，避免虫蝇产卵出虫。

通过上述加工过程加工而成的火腿色泽红亮、香味浓郁、保存期限长，其含盐量为 1.0%，含糖量为 8% 左右。将火腿的表面清理干净，贴上标签、包装后即可投放市场。

特点：本品工艺独特且容易实施，适于工厂化大量生产；甜火腿在加工过程中不加入对人体有害的硝，并可有效地抑制有害霉菌的生长，保证了火腿符合食品卫生指标的要求；不易变质，便于保存，保存条件要求低，存放时间长，在 25℃ 常温通风的条件下，通过技术处理可存放 5 年不变质，高于现有火腿的保质期限；不用化学制剂做防腐剂，并且色泽红亮、香味浓郁、口感和风味好，糖和酒使制成品有香味，成品火腿具有特殊、甘醇的清香味等特点。

实例 312　腌腊蝴蝶猪脸肉

原料：猪脸肉 100 千克，食盐 6 千克，白酒 2 千克，花椒 0.25 千克，八角

0.2千克，丁香0.1千克，亚硝酸钠0.015千克，D－异抗坏血酸钠0.15千克。

制法：

（1）将猪头刮除残留的小毛、黏液、污物、血渍和淋巴结，用冷水清洗干净。

（2）预处理：将猪头皮面放在案板上，肉面朝上，用刀沿底部正中线将骨头劈成两半，不能伤及脸部猪肉与皮，除去猪脑和骨头，将整只猪脸两边的肉和皮向外拉开整形成蝴蝶形状。

（3）炒盐腌制：将食盐、八角、花椒与丁香一起放入铁锅中，文火加热，边炒边搅拌，炒至微黄色时，取出冷却，用钢筛去掉八角、花椒与丁香，取干食盐与白酒、亚硝酸钠、D－异抗坏血酸钠混合，均匀撒在猪脸的皮面上，用双手来回擦抹食盐，至溶解为止，并将猪脸逐只堆放在容器中，皮朝下、肉朝上，一层层叠紧压实，每隔12小时上下位置翻动一次，干腌3～4天即可。

（4）清洗：将腌制好的猪脸用清水冲洗，除去污物。

（5）烘干：用绳穿在猪脸一侧中间的皮面上，挂在烘干架上滴去表面水滴，进入烘房，于50～55℃下烘干18～24小时，或在太阳下晾晒4～5天。

（6）冷却：将烘干的蝴蝶猪脸取出冷却至室温。

（7）包装：将猪脸修整成蝴蝶形状压扁，装入食品塑料袋中真空包装封口。

特点：本品清香可口、腊味浓郁、造型美观、清洁方便，对提高猪副产品的利用和经济效益，增加肉食品花式品种均具有重要意义。

实例313　腌腊猪肉（1）

原料：肉料70千克，酱油15千克，食盐10千克，糖5千克，味精0.5千克，食用香辛料5千克。

制法：

（1）选取肉料，清洗干净。

（2）将酱油、食盐、糖、味精及食用香辛料加入处理过的肉料中，浸渍1～3天。

（3）提取浸渍过的肉料，进行烘腌，制得腌腊肉。

（4）高温灭菌，冷却后进行真空封装，即成产品。

特点：本品腌腊肉表面干燥清洁，组织疏密适中，切面平整，色泽明亮，味香浓郁，咸淡适中，甘甜爽口；采用真空包装，在常温下可保存180天不变质，干净、卫生，便于携带。

实例314　腌腊猪肉（2）

原料：猪肉100千克。

腌制剂配方：食盐2.5千克，白砂糖3.5千克，白酒2千克，无色酱油3千克，复合磷酸盐0.5千克，茶多酚0.03千克，亚硝酸钠0.006千克，异抗坏血酸钠0.05千克，乳酸链球菌（Nisin）50克，乳酸钾1000毫升（浓度0.5%），香辛料400克。

制法：

（1）首先将原料肉切成25厘米×10厘米的条状，然后进行称重，再按照肉制品的质量加入腌制剂。

（2）再将原料肉放入滚揉机，控制温度在4℃下，滚揉腌制35～65分钟，然后再将肉制品放入腌制缸中，在4℃下，腌制70～74小时。

（3）腌制完成后，放入40℃清水中清洗，除去表面杂物和浮油。

（4）然后放在常温下晾干表面的水分，再放入烘房中，在50～54℃下烘烤干燥28～32小时。

（5）烘烤结束后，在60℃下烟熏2～6小时。

（6）然后进行干燥、降温冷却至室温后，用35厘米×15厘米的复合包装膜真空包装。

特点：本品的腌制剂含有较低的盐，解决了腊肉过咸过硬的口感，并且使其具有稳定的质量和安全的货架期。本品的腌制剂降低腊肉中亚硝酸钠的添加量，添加天然无毒的防腐剂，更能满足人民对健康的需要。本品的滚揉腌制肉制品方法不仅能满足各项技术指标和工艺参数，而且工艺简单，极大缩短生产周期。

实例315 熏肉（1）

原料：五花肉1.5千克，细盐300克，花椒、碎橘子皮适量。

制法：

（1）将五花肉切成约15厘米长，1.5厘米宽大小。

（2）用小火将细盐和花椒在锅里翻炒后放凉。

（3）将切好的五花肉逐一蘸满炒好的盐，放入大瓷碗中，密封，冷藏。

（4）两天后，碗中有水渗出，将肉上下翻动，再放置两天。

（5）将腌好的肉拿出，洗尽上面的盐，在太阳下晒一天。

（6）将熏箱放在烤炉上，炉火要直接烤到箱外底。

（7）将锯末、花椒、橘子皮拌匀，均匀地铺在箱内底。

（8）放上烤架，将腌好晒干的肉放在烤架上，盖上盖子。

（9）点火熏烤。火不要太大，隔时将肉翻动，直至肉熏黄为止即得。

特点：本品色泽鲜艳，黄里透红，味道醇香，风味独特。

实例316 熏肉（2）

原料：带皮猪五花肉1500克，葱段、姜片各20克，精盐40克，酱油350克，白糖30克，黄酒25克，熟硝2克，香油适量，香料包（内装适量花椒、八角、肉桂、陈皮、砂仁、白芷、良姜、草果、丁香、小茴香）。

制法：

（1）将猪五花肉切成12厘米的方块，放入温水中浸泡30分钟，将皮面刮洗干净入水锅内焯透捞出。

（2）锅中加入清水，添加所有调味料（白糖除外）和香料包，烧沸后煮20分钟即成酱汤。将烫好的五花肉放入酱锅内用小火酱熟捞出，摆在熏箱上。

（3）将干锅烧热，撒入白糖，放上熏箅，盖严锅盖，熏3分钟，出锅刷香油。

在酱汤中增加豆瓣辣酱，则成为辣味熏肉。

特点：本品风味独特，醇厚浓郁，回味绵长，越嚼越香。

实例317 熏肉（3）

原料：肥瘦猪肉5000克，葱100克，八角50克，花椒8克，茴香籽（小茴香籽）15克，桂皮10克，丁香5克，砂仁5克，肉蔻6克，白皮大蒜20克，姜15克，甜面酱50克，酱油100克，醋15克，腐乳（红）8克，盐适量。

制法：

（1）备料：选用膘肥约3厘米的二级猪肉，切成16～17厘米见方的大块，厚度一般在1.6厘米左右。

（2）装锅：煮肉时先放脊肉，其他带皮肉块分层码在上面。另外加入葱、大蒜、八角、花椒、茴香籽、桂皮、丁香、砂仁、肉蔻及姜。最后加水没过肉块，慢火煮开后，再放入甜面酱、腐乳、酱油和醋。

（3）煮制：开锅后肉块上下翻个，继续以慢火焖煮沸，每30分钟翻1次锅，煮2～4小时，因为是慢火煮肉，油层严严地覆盖在肉汤上，锅内调料味能全部入肉，因而肉味醇香，这是制作熏肉的关键。

（4）加料：煮肉汤可连用7次，每次应追加适量凉水、食盐、葱、大蒜、姜等。其他甜面酱等调味料加量要根据肉汤成色，灵活掌握。

（5）熏制：要沥尽油汤，码放在铁篦子上，放入铁锅内，加入柏木锯末150～200克，盖锅盖，用慢火加热15分钟，即可出锅。

特点：本品色泽紫红，亮光光，肥不腻口，瘦不塞牙，喷香可口。肉皮上冒着晶莹的小油胞，不仅营养丰富，而且有醒胃，去寒，消食等作用。

实例318　烤箱熏腊肉

原料： 带皮的五花肉5千克，八角、花椒粒、茴香、香叶、生抽、红糖各适量。

制法：

（1）把带皮的五花肉切成长条，用粗盐均匀地擦一遍，放到冰箱一天，然后把表面的水擦干备用。

（2）另置一小锅，先放生抽，再放八角、花椒粒、茴香、香叶，用火煮开酱油让香料香气释放出来，再加入红糖。用这样的酱汁加一点烧酒（如果没有烧酒，黄酒、威士忌或葡萄酒也可以）腌制肉3天。

（3）在冷藏室里腌制期间稍翻转了几次。

（4）冬季气温低，腊肉可放在阳台上晾晒，不用担心变质。也可把腌好的肉放在烤箱里，肉下稍微架空让它通风，开烤箱到很低的温度几个小时，大概刚好烘烤到不超过3分熟的程度，表皮会有点烤熟变色滴油了，即可关闭烤箱，逐渐烘干，放置几天后，再放入冰箱冷藏一周，不要密封，继续让其腌制得干些即可。食用时，用大火蒸熟切片即可；也可以先切片再和青蒜大葱等炒。

特点： 经过腌制和晒干后动物性脂肪已经分解，蒸过就变成半透明状，肥而不腻，香气浓郁。

实例319　长春熏肉

原料： 肥猪肉1000克，大葱20克，姜20克，白皮大蒜20克，酱油200克，白砂糖20克，黄酒15克，盐20克，白芷3克，沙姜3克，草果6克，陈皮3克，肉桂3克，小茴香籽3克，藁本3克，肉蔻5克，花椒3克，八角3克，砂仁3克，硝酸钠2克。

制法：

（1）将肉切成250克重的大块，用水泡20分钟，将肉刮洗干净。

（2）锅内放入水烧开，将肉打个水焯捞出。

（3）锅内加入水，调料和硝酸钠，开锅后用慢火煮100分钟即熟。

（4）把煮好的肉捞出放在熏锅的篦子上，锅内再放入白糖，盖上盖加热冒黄烟时离火，熏2分钟左右即好。

特点： 本品肥而不腻，色泽光亮，味美适口。

实例320　秘制熏肉

原料： 鸡腿，鸡爪，葱、姜、花椒、八角、黄酒、生抽、盐、茶叶、白糖适量。

制法：

（1）将鸡腿、鸡爪洗净，放到开水锅里焯一下去掉血水捞出备用。

（2）砂锅加水烧开后加入焯好的鸡腿、鸡爪，加入葱、姜、花椒、八角、黄酒等所有调味料一起煮30分钟左右，煮到用筷子能轻松将鸡腿戳透时取出。

（3）取4张面巾纸，每张纸折叠两次，叠放在无油无水干净的蒸锅底部。在面巾纸上均匀地洒上茶叶和糖（茶和糖的比例是1∶1）放好蒸锅的篦子，把鸡肉放在篦子上盖好锅盖开火，看到起白烟马上转小火并开始计时，5分钟准时关火！将锅端离灶头，等烟散尽将肉取出装盘。

特点：本品色泽光亮，味美适口。

实例321　北京熏肉

原料：猪腿肉5000克，盐120克，味精5克，花椒5克，八角8克，桂皮15克，大葱20克，姜15克，黄酒10克，白砂糖50克，红曲10克。

制法：

（1）选料、切块、腌制：最好是选用体重50千克左右，皮薄肉嫩的生猪，取其前后腿的新鲜瘦肉，用刀去毛刮净杂质，切成肉块，用清水清洗干净，或者入冷库中用食盐腌制一夜。

（2）煮制：将肉块放入开水锅中煮1小时，捞出后用清水洗净。原汤中加盐，撇去血沫。清洗后再把肉块放入锅中，加进花椒、八角、桂皮、葱、姜，同大火烧开后加黄酒、红曲粉，煮1小时后加白糖。改用小火，煮至肉烂汤黏出锅。这时添加味精拌匀。

（3）熏制：把煮好的肉块放入熏屉中，用锯末熏制10分钟左右，出屉即为“熏肉”。

特点：本品清香味美，风味独特，宜于冷食。

实例322　松子熏肉

原料：去骨带皮肋条猪肉500克，松子仁15克，时令蔬菜150克，冰糖、黄酒、酱油、葱白段、姜片、花椒、陈皮、芝麻油、熟猪油、茶叶、白糖各适量。

制法：

（1）将猪肋条肉修成长18厘米、宽14厘米、厚25厘米的长方形，洗净后，用盐及花椒拌和一起，均匀擦在肉上腌渍（夏季约2小时，冬季约4小时），取出后洗净，用洁布吸干水，然后用铁叉平叉入肉内，然后将皮朝下，上炉烘烤，待皮烤焦后离火，抽去铁叉，浸入清水内泡约10分钟，待肉皮回软后取出，用刀刮去焦皮部分，再用清水洗净。

（2）取砂锅一只，用竹篦垫底，上面放入葱白段、姜片，再放入猪肉（皮朝下），加入酱油、黄酒、冰糖、陈皮、松子仁及清水约300克，盖上盖子，放在大火上煮滚后，移至小火上焖约2小时（视肉酥烂为度），取出滤净汤汁。

（3）将茶叶和白糖，放入空铁锅内，架上铁丝络，络上平放葱叶，再放上猪肉（皮朝上），铁锅加盖，不使漏气，置大火上烧几分钟。视锅内冒出浓烟时离火，再稍焖一下，待肉色金黄，味带熏香取出，用芝麻油涂擦肉皮，然后斜切成8片（刀距约2.2厘米），再从中间切一刀，即切成16片，保持原状，装入长腰盘中间，同时将砂锅内的松子仁捞出，摆放在肉皮上。

（4）在熏肉改刀的同时，炒锅置大火上，放入熟猪油，烧至六成熟，放入时令绿叶蔬菜，加入盐、白糖炒熟（保持色泽碧绿）起锅，分放肉块两端即可。

特点：本品风味独特，色泽光亮，味美适口。

（二）禽肉

实例323　腊鸡

原料：当年小公鸡20只（每只约1.5千克）。

预制调料糊配方：八角200克，肉桂250克，肉蔻50克，精盐300克，黄酒300克，生抽200克，白砂糖200克，三聚磷酸盐5克。

制法：

（1）预制调料糊：称取八角、肉桂、肉蔻，清洗、焙干、粉碎，过100目制成香料粉。称取精盐、黄酒、生抽、白砂糖、三聚磷酸，将上述全部调料混合，充分调匀，配成调料糊。

（2）腌制：取20只每只约1.5千克现宰杀的健康当年小公鸡，洗净，将上述调料糊均匀地涂在鸡体上，内多外少，每只需约120克，涂毕，将鸡整齐码入容器中，放入冷藏库中，在1～15℃下腌渍3天，腌渍过程中每天翻动2次，并揉搓鸡体，促进腌透。

（3）烘烤晾晒：取出肉鸡，放入烤箱中，先在40℃下烘烤4小时，再升温至100℃烘烤30分钟，降温至50℃，继续烘烤8小时，烘烧过程中，不断向鸡体上涂刷花生油。烘烤毕，取出晾晒12小时，真空包装，制成成品。

特点：

（1）本品提供的腊肉鸡与传统腊肉相比较，由于选用鸡肉为原料，比普通腊肉大大降低了肉食品中的动物性脂肪和胆固醇，同时又完全保持了腊肉的传统风味。

（2）在本品的制备方法中，在调料中添加了复合磷酸盐作为保水剂，从而从内部减少鸡肉水分的损耗，保持鸡肉正常的含水量，使生产的腊肉鸡肉质鲜嫩、口感好。

（3）本品还在腊肉鸡的烘烤过程中增加了涂刷植物油的步骤，从外部大大减少了鸡肉水分的损耗，进一步保持鸡肉正常的含水量。

（4）本品提供的腊肉鸡保持了腊肉的传统风味，拓展了肉鸡加工途径，大大提高了鸡肉的商品价值，而且腊肉鸡的制备方法简单，易于加工生产。

实例324　五香腌鸡

原料：草鸡100千克。

腌料配方：蒜末2千克，生姜3千克，葱段4千克，小茴香4千克，黄酒5千克，鸡精2千克，老抽10千克，食盐5千克，水65千克，食品添加剂0.1千克。

食品添加剂配方：葡萄糖35克，次磷酸钠8克，酒石酸1克，碳酸钠1克。

制法：

（1）鸡预处理：选择卫生检疫合格的新鲜草鸡，按标准宰杀，去杂和清洗后，放入蒸屉蒸30～45分钟后，冷却至室温。

（2）腌料配制：按照腌料配比，将蒜末、生姜、葱段、小茴香、黄酒、鸡精、老抽、食盐与水混合，在50～60℃的条件下熬制10～15分钟，过滤冷却，在滤液中加入食品添加剂，制得腌汁。

（3）浸泡鸡肉：将步骤（1）中蒸熟的鸡肉浸入步骤（2）中的腌汁，浸泡1～2小时后，表面反复涂擦蜂蜜2～3次。

（4）烘干包装：将上述浸泡抹蜜的鸡肉在70℃环境下，烘至水分质量含量为40%～49%，用锡纸包好，装入杀菌过的真空蒸煮袋中，并密封压口，得到真空包装的五香鸡。

特点：采用本品的加工方法做出的腌制鸡，采用固定的投料配方，保证工厂化生产，产品口味一致，批量加工的可操作性强；本品的腌料采用纯食物的配方，配方中的用料均有严格的控制，并且在腌料中加入适量的小茴香，代替传统五香鸡中的八角，使入味更容易，香味更纯正；本品所用的食品添加剂用量少，腌制过程经过严格的真空杀菌，大大降低了亚硝酸的含量，保证食用者的身体健康；本品方法中的温度时间都进行严格的控制，保证了肉质鲜美，口感丰富，操作简单，便于储存。

实例325 香辣腌鸡

原料：白条净鸡1.5~1.9千克，辣椒140~160克，八角140~160克，陈皮60~80克，肉桂40~60克，白芷20~30克，草果15~25克，小茴香10~20克，砂仁5~15克，花椒3~7克，丁香1~4克，盐4000克，生姜100克，葱100克，白酒200克，糖250克。

制法：

（1）将白条净鸡在水中浸泡，洗净口腔及内膛，除尽血水。

（2）制卤：把辣椒、八角、陈皮、肉桂、白芷、草果、小茴香、砂仁、花椒、丁香用纱布包扎好，用浸泡鸡的水25000克（除去污物）倒入锅内加盐，煮沸后用文火烧0.5小时，撇去浮浊物和血沫后加糖，然后滤入浸泡缸中，待稍冷后在卤中加入拍扁的生姜、葱、白酒，冷却后使用。

（3）浸卤腌制先将洗泡后鸡体腔内灌满卤，然后叠放于浸泡缸内，上面覆压重物；夏季为2~3小时，春、秋季为3~5小时，冬季为5~7小时。

（4）将腌制好的鸡取出，摆放在放有塑料薄膜不锈钢盘中，速冻至中心温度-20℃即可。

（5）将合格产品装2千克烤鸡专用袋。

特点：本香辣鸡（腌制）有固定配方，不同于传统烤鸡加工，传统烤鸡大部分都是靠有多年制作经验的厨师依靠个人经验、口味来添加香辛料，固定的投料配方能保证在工厂化生产过程中产品口味的一致性、加工的可控制操作性，由本配方加工制作出的产品可保证口味一致。本配方中辅料的配比是独特的，经过反复的试验、更改所确定的，产品经过本腌制工艺其口味、口感、烤制后状态都是绝佳的。本腌制工艺在影响产品口味、状态的各环节都独到把握，采用不同的方法使产品达到最佳状态。本加工工艺浸泡环节排除了鸡体内的异味、杂质，使产品在加工前能保持原料肉质状态的一致性；浸卤环节先将体腔内灌卤，能使白条鸡在腌制过程中腌制入味的均一性，产品口味会均一、浓郁。产品的速冻一是利于产品的保存，二是利于工厂化大生产。消费者只需买只腌制好的鸡，回家直接烤制即可，无须再配卤，节约了加工时间。

实例326 腌制蒜香芝麻鸡

原料：鸡10~20只，大蒜2000~3000克，食盐800~1000克，味精800~1000克，水250克。

制法：

（1）初加工：将10~20只鸡去爪、净膛，并将颈部残留的油、气管去净，洗净、沥干待用。

（2）腌制：

①将大蒜去皮后放入粉碎机中粉碎成粗粒，待用。

②称取食盐、味精与大蒜粗粒混合，再加入清水，搅拌均匀成腌制料。

③在腌制桶底部摆放一层鸡，加入适量腌制料后，再放入一层鸡，再加一层腌制料，依此类推进行摆放，最后将鸡全部浸没于腌制料中腌制。

（3）包装：包装前去除鸡表面的残留腌料，然后采用37厘米×24厘米的塑料袋包装，以1只/包为规格单位真空包装；并贴上标签。

（4）储藏：腌制鸡存放于0～4℃的冷藏库中。

特点：本方法制成的腌制蒜香芝麻鸡，其出成率高；生产成本降低，操作简单，产品质量稳定；集中生产，无交叉污染风险；操作人员少，配方易保密；降低了劳动强度；同时，保证了新鲜度。

实例327　速食腊香禽肉

原料：优质瘦肉型华英鸭30千克。

料包配方：砂仁13～17克，桂丁10～15克，香叶10～14克，白芷8～12克，姜25～20克，陈皮8～12克，桂皮10～15克，草果10～15克，肉蔻13～18克，香蘑8～12克，丁香8～12克，小茴香13～17克，花椒10～15克，八角10～15克。

调料配方：碘盐850～950克，味精350～400克，白糖850～1000克，白酒900～950毫升，黄酒550～600毫升。

制法：选用优质瘦肉型华英鸭，宰杀后去除膛内杂物，洗净放入容器中加入料包、调料搅拌均匀，腌制48小时，取出挂在通风室风干10～15天，上蒸锅蒸制25分钟后放入熏制锅内，加入白糖和茶叶熏制上色，凉透后真空包装机包装，也可直接食用。

特点：本品有效地去除鸭子的腥味、异味，同时渗入料包和调料的香味，既保持鸭子原有的味道，又突出了风腊食品的特点，且食用方便、保存期长，此配方和制作方法也可用于其他禽肉食品加工。

实例328　腌制风干禽肉

原料：优质肉鸡100千克，辅料3千克。

辅料配方：八角5%，花椒5%，小茴香3.6%，陈皮2%，甘草1%，桂皮2%，食盐81.4%。

制法：

（1）宰杀灭菌：选用1.5～2千克重的优质肉鸡，宰杀后，脱毛、去爪、去翅、去内脏后，将肉鸡用紫外光照射灭菌30分钟。

（2）炒制辅料：将八角、花椒、小茴香、陈皮、甘草、桂皮磨成粉后，与食盐混匀后在锅内用小火炒熟。

（3）腌制：将上述炒制的辅料均匀涂搓在禽肉上，在肉厚处用小刀划上小条口，再将炒制的辅料均匀涂搓在小条口内，每100千克禽肉涂辅料3000克，在0～15℃下腌制15～30小时。

（4）冲洗：将上述腌制的禽肉用灭菌水（如冷开水、过滤灭菌水）冲洗。

（5）风干整形：将上述冲洗的禽肉在0～15℃下，用吹风机吹至用手捏禽肉发硬（不能将禽肉吹干）为止，一般吹20～30个小时即可。然后整形，即用木槌将鸡脯骨和大腿捶平，将鸡颈两边的肉和皮用刀分开，使鸡展开，以便商品鸡的体型好看。

（6）包装灭菌：将整形的禽肉用真空包装袋包装后，放入灭菌锅内在温度121℃、压力0.11MPa的条件下灭菌，即得成品。

特点：本品风干禽味道好，腌制时加盐量适中，不影响产品的风味和质量。产品利用吹风机吹干，既保证了产品的食品卫生，又保持了风干禽的独特风味，同时也适合工业化生产。

实例329　腌制肉鸡

原料：肉用仔鸡10只，啤酒1.5千克，盐0.3千克，异构抗坏血酸0.02千克，焦磷酸盐0.05千克，味精、糖、姜葱汁、乙酸乙酯少许，水（加至使腌制料总重量为5千克）。

制法：分别称取啤酒、盐、异构抗坏血酸、焦磷酸盐，少许味精、糖、姜葱汁、乙酸乙酯，加水使腌制料总重量为5千克，搅拌，使之溶解，均匀混合后备用。

选用1.2千克以下肉用仔鸡10只，经解体、去小毛，清水漂洗干净后，在90℃的热水中浸烫3～5秒，按浸烫后仔鸡质量的25%～30%的上述腌制料分别对每只仔鸡的腿、胸、翅各注射两针，再送至0～8℃的预冷室中预冷8～10小时，然后真空包装、结冻、冷藏。

特点：由于将肉禽在热水中浸烫，进一步清洗污水，使内质白度增加，同时使肌肉组织收缩，便于注射。由于将腌制液直接注射到肉禽肌肉，使腌制液的扩散速度提高，使产品得率、嫩度提高，加上用啤酒作为腌制液的一种配方，使得腌制品具有独特的风味。

实例330 滋补老鹅

原料：生鲜老鹅1.5～3千克，中药制剂0.75～1.5千克，调味制剂0.15～0.3千克，水0.6～1.2千克。

中药制剂配方：灵芝0.8克，枸杞5.5克。

调味制剂配方：小茴香2克，葱段10克，姜片8克，精盐20克，芝麻油5克，蜂蜜10克，胡椒粉7克，孜然粉6克，鸡精5克，酱油10克。

制法：

（1）杀鹅：将老鹅按常规做法宰杀后，弃其肠肚，刮掉表面的鹅油，洗净血水后浸泡在饱和的盐水中备用。

（2）制卤：向砂锅中加入中药制剂和水，控制砂锅内的温度为90～100℃，持续蒸煮1.5小时后，加入调味制剂（除芝麻油和蜂蜜外），再蒸煮0.5小时后，自然冷却至室温，过滤后得到腌料。

（3）浸泡：将步骤（1）中浸泡后的老鹅表面的盐水洗净，放入浸泡缸，倒入步骤（2）中得到的滤液，直至淹没老鹅，盖上保鲜膜并施加压力，控制浸泡缸内的温度为40～50℃，浸泡5天。

（4）储藏：将步骤（3）中浸泡后的老鹅取出，表面涂抹5份芝麻油和10份蜂蜜的混合制剂后，用锡纸包好，装入专用密封袋，常温储藏。

特点：本品在腌制料中加入了对人体有益的中药成分，在保证味道鲜美的同时，大大提高了食物本身的营养价值。灵芝可有助于增强人体免疫力，枸杞有抗衰老，滋补调养之功效。同时，由于老鹅已经过卤料充分浸泡，消费者买回家后，无须调料，可炖汤，可烧烤，操作简单。

实例331 低亚硝酸盐腌制老鹅

原料：鹅1只。

腌制液配方：水100克，食盐6～8克，白酒1～3克，柠檬酸0.5～1.5克。

香料配方：丁香0.2克，桂皮0.3克，小茴香0.2克，八角0.3克，花椒0.2克，草果0.2克，良姜0.2克。

制法：

（1）清洗：鲜活的经检疫合格的生鹅宰杀后，弃其肠肚，在5%～10%的盐水中浸泡0.5～1小时后清洗干净。

（2）腌制：将腌制液置于超声波腌制装置中，将洗净的生鹅置于其中0～4℃超声波腌制1～3小时。

（3）煮制：将煮制原料加入50～100倍水中煮沸后，加入将步骤（2）中腌制好的老鹅，继续 90～100℃下煮制 0.5～1.5 小时；冷却至室温，加入抗氧化剂 0.5～1.5 克浸泡 0.5～1 小时。

（4）淋干冷却：捞出老鹅，淋干，即得成品。

特点：本品的制法工艺简单、成本低廉，通过加入抑菌剂与采用超声波腌制方法配合，能够促进食盐更快渗入鹅肉内，大大缩短了腌制时间，提高了老鹅腌制的效率，在保证腌制效果的同时，大大降低了产亚硝酸盐菌的滋生，同时加入抗氧化剂，能够有效防止腌制老鹅变质。此外，本品提供的腌制方法还可以加入各种中药药膳，不仅能够有效防治老鹅变质产生有害物质，而且还能够大大提高腌制老鹅的营养。

实例 332　低盐腌制老鹅

原料：鹅 1 只。

腌制液配方：水 100 克，食盐 3～5 克，白酒 1～3 克，山梨醇 1～3 克。

香料配方：丁香 0.2 克，桂皮 0.3 克，八角 0.3 克，小茴香 0.2 克，花椒 0.2 克，草果 0.2 克，良姜 0.2 克。

制法：

（1）清洗：将鲜活的经检疫合格的生鹅宰杀后，弃其肠肚，清洗干净。

（2）腌制：将腌制液置于超声波腌制装置中，将洗净的生鹅置于其中，于 0～4℃超声波腌制 1～3 小时。

（3）煮制：将煮制原料加入 50～100 倍的水中煮沸后，加入将步骤（2）中腌制好的老鹅，继续于 90～100℃下煮制 0.5～1.5 小时。

（4）淋干冷却：捞出老鹅，淋干冷却，即得成品。

特点：本品的制法工艺简单、成本低廉，盐分含量低，绿色健康，通过加入添加剂从而能够有效降低水分活度，与采用超声波腌制方法配合，不仅能够促进食盐更快渗入鹅肉内，大大缩短了腌制时间，避免了盐分减少导致的细菌滋生，同时，腌制出的老鹅口感好。此外，本品的腌制方法，还可以加入各种中药药膳，不仅能够进一步抑制细菌的滋生，而且能够大大提高腌制老鹅的营养。

实例 333　腊鹅

原料：鹅块 1000 克，纯菜籽油 1000 克，鹅油 40 克，干辣椒 60 克，精制食盐 60 克，芝麻油 25 克，味精 10 克。

制法：将生鹅宰杀后，弃其肠肚，加精制食盐后置于缸中，在不高于 15℃的温度条件下腌制 6～8 天后，取出晾干切成块；然后在炒锅中放入纯菜籽油，加热至七成热，将鹅块入炒锅，煎5~10分钟，再放入鹅油和其余配料与鹅块一同翻炒呈金黄色，至腊鹅块的水分含量为8%~10%，冷却后包装。

特点：

（1）通过特别的调味料腌制鹅6~8天，再采用本身的鹅油与配料翻炒鹅块，保持合适的水分含量，使腌鹅鲜香、松嫩，鹅油香味十足。

（2）本品腊鹅营养丰富，蛋白质的含量很高，富含人体所必需的多种氨基酸、多种维生素、微量元素，对人体健康十分有利。腊鹅味甘平，有补阴益气、暖胃开津、祛风湿防衰老之功效。适宜身体虚弱、气血不足、营养不良的人食用。

（三）其他

实例334　腌牦牛肉

原料：牦牛肉100千克。

香料配方：八角0.2千克，小茴香0.3千克，山柰0.1千克，肉蔻0.15千克，草果0.08千克，丁香0.05千克，沉香0.05千克，桂皮0.12千克，陈皮0.2千克，白芷0.05千克。

减菌液配方：乙酸2%，双乙酸钠6%，抗坏血酸5%，硫代硫酸钠2%，山梨酸钾1%，水加至100%。

盐水配方：食盐15%，白砂糖20%，谷氨酸钠5%、亚硝酸钠200mg/kg、D-异抗坏血酸钠2%，双乙酸钠3%，山梨酸钾300mg/kg，水加至100%。

制法：

（1）将牦牛肉分割成0.3千克的条状，去除筋膜和油脂，清洗干净，投入嫩化机中嫩化处理，如果效果不理想，可进行二次嫩化处理。

（2）将嫩化后的牦牛肉条投入减菌液浸泡10秒后捞出沥水可使菌降低100倍，但保存时间并不长，要及时处理。

（3）将减菌处理的牦牛肉条进行盐水注射，盐水注射量为原料肉的15%，如果还剩余盐水，需进行二次注射。盐水用水为经过臭氧处理的洁净水，并加入片冰降温，保证注射后的肉中心温度在12℃以下。

（4）将注射盐水后的牦牛肉和粉状香料投入真空滚揉机中进行真空滚揉，设置参数为工作45分钟，休息10分钟，间歇滚揉16小时。该操作在0~4℃的低温库中进行。

（5）将滚揉结束后的牦牛肉出料到腌制桶中，加盖低温腌制24小时至中心为鲜艳的玫瑰红色，表面微黏手。该操作在0~4℃的低温库中进行。

（6）取出牦牛肉，挂竿，置于60℃烘箱中进行热干燥。16 小时出成品后进行真空包装。

特点：

（1）对牦牛肉纤维较为粗，口感不够好，且膻味更重的特点，本品通过嫩化处理破坏肌纤维结构，增大腌制面积，使调料更容易进入纤维内部，更易入味，可以有效提高腌制质量，减轻膻味，改善口感。在对生牦牛肉进行减菌浸泡可以大大提高原料肉的初始卫生水平，可使菌落数量降低 100 倍以上。

（2）盐水注射可以使部分水溶性腌制料迅速进入肌肉深层，提高腌制质量。其中亚硝酸钠可以发色和抑制肉毒梭状芽孢杆菌，肉毒梭状芽孢杆菌高温不易杀死，一定要超过 120℃才能够完全杀死，而采用添加了亚硝酸钠后可以有效抑制肉毒梭状芽孢杆菌，欧盟对此种菌的要求是要小于 150mg/kg，而我国要求要小于 30mg/kg。D－异抗坏血酸钠可以抗氧化和护色，双乙酸钠可以抑制霉菌等细菌，山梨酸钾可以防腐败。

（3）真空滚揉可以使腌制料迅速渗透进入肌肉深层提高腌制质量，并使得肉质细嫩，还可防止氧化。

（4）低温腌制可以抑制微生物的生长繁殖，使牦牛肉充分吸收各种调味料和营养成分，蛋白质得到有效提取，发色彻底。

（5）采用本品的生产方法可以大大缩短传统方式的干燥时间，具有良好的应用前景。

（6）采用本品的方法无须经过水煮程序，只须腌制，烘干即可食用。肉质紧实，有嚼劲，成品肉入口为一丝一丝的。

实例 335　腌牛肉

原料：牛肉 50 千克，食盐 2 千克，黄酒 1.5 千克，酱油 1.5 千克。

制法：

（1）选料：选择新鲜的牛腿肉作为原料，用刀将牛腿剖开，然后剔除掉牛腿上的骨头，用刀将牛腿肉切成小块，每块牛肉的质量为 200 克，然后将牛肉放入锅中加温煮 5 分钟，将牛肉多余的血渍去除掉，然后用漏勺将牛肉捞起来放入筛子中沥干多余的水分。

（2）腌制：将食盐、黄酒、酱油一起放入盆中，用勺子搅拌均匀，然后将牛肉放入调制好的料中浸泡腌制，让牛肉在料中浸泡 2 天，浸泡的过程中要每天翻动 2 次，然后让牛肉充分吸入调料。

（3）晾晒：将腌制好的牛肉捞起来，用铁钩挂起来挂在晒竿上晾晒 7 天。

（4）烘干：将挂牛肉的铁钩取下，然后放入烘箱中用 30℃的小火烘烤 7 小时取出即可。

（5）包装：用真空塑料袋将其包装好，每袋包装两块牛肉。

特点：本产品具有营养丰富、味道香浓、方便食用的特点。

实例336　腊驴肉

原料：新鲜驴肉20千克，食盐1千克。

注射液：白砂糖0.2千克，味精20克，复合磷酸盐0.1千克，卡拉胶0.1千克，亚硝酸盐1克，大豆分离蛋白1.1千克，淀粉0.9千克，香辛料0.4千克，红曲米0.1千克，水5千克。

制法：

（1）选料、整形、去血，选新鲜驴肉做原料，在2～5℃的环境温度下进行整形切块，再用驴肉质量3%～5%的食盐涂抹在驴肉表面，脱去肌肉中的血水，以改善色泽和风味。

（2）注射腌制、嫩化、滚揉：将注射液配方中各组分与水混合，配制成注射液。在0～5℃的环境温度下（驴肉温度≤7℃），配制驴肉质量40%的注射液对驴肉进行注射腌制，然后用嫩化机在肉的表面切开许多15毫米左右的刀痕，将肉的筋腱组织切开，使肉的蛋白质充分释放，增加肉的结着力，最后用滚揉机滚揉14～16小时，以增强肉质结构，使其嫩脆。

（3）蒸煮采用汽蒸和水煮两种方法，用高压蒸汽釜汽蒸时，控制温度在120～130℃，时间30～60分钟；用常压水煮时，水温控制在75～85℃，时间30～40分钟。

（4）冷却、包装、杀菌蒸煮结束后迅速将肉的中心温度降至20℃以下，然后将腊驴肉切成150～400克的块装入包装袋内，真空包装、杀菌，即得成品。

特点：本品将地方名吃长治腊驴肉的传统加工工艺与现代食品工程技术有机结合，形成了规模化工业生产技术，产品不含任何防腐剂，常温下可保质一年以上。在保证传统地方名吃长治腊驴肉品味的同时，实现了营养、保鲜、卫生与即食的目的。

实例337　鹿火腿

原料：鹿腿100千克，食盐6～9千克。

制法：

（1）选材保鲜，取肉质新鲜的鹿腿修割成琵琶形或竹叶形后，晾凉降温至鹿腿中心与外表层的温度一致为15℃以下，时间为12～24小时。

（2）上盐腌制，将经冷凉降温的鹿腿在0～15℃下，分6～8次上盐腌制

25～30天。

（3）浸泡洗晒，把腌腿用水浸泡12～18小时后洗净，接着进行表面脱水、整修外形，再置于阳光下晾晒至表皮收缩张紧出油即止。

（4）控温发酵，将上述鹿腿在15～30℃，相对湿度70%～80%的环境中发酵180～200天即成。

上述步骤（1）中鲜鹿腿的冷凉温度可为2～8℃，最适宜为4～6℃。

上述步骤（2）中上盐腌制6～8次的时间间隔可为1～5天。

用盐量前三次可以占80%，尤其是第二次可以占50%。

上述步骤（3）中表面进行脱水可以是采用自然风干或强制风干的方式。

依照上述腌制方法所制备获得的鹿火腿，它的瘦肉比通常在65%～75%（质量分数），含盐分以瘦肉中的氯化钠质量计通常在10%～15%。

特点：本品从选材到发酵成熟全过程通过低温冷凉保鲜降低活性物质的活力，分多次上盐腌制可减少鹿血等在排水中大量带出外泄，最大限度地保持了鹿肉的营养成分，同时又影响后续的发酵，优选地控制用盐量和发酵的温度和湿度条件，使有益菌适合生长繁殖，有害菌难于生存，成品各部分发酵充分，多种氨基酸含量高，口感好，具有独特风味。

实例338　香腊羊肉

原料：羊肉180千克，羊油5.5千克，猪油2.5千克，水3千克，调味品及中药7千克。

调味品及中药配方：食盐2克，味精0.4克，花椒1.3克，辣椒0.8克，生姜0.15克，桂皮0.13克，八角0.15克，丁香0.13克，肉桂0.15克，苏叶0.13克，云香木0.13克，青木0.13克，砂仁0.15克，桂枝0.13克，黄姜0.14克，陈皮0.15克，甘草0.1克，干松0.15克。

制法：

（1）原料处理：

①去骨：将新鲜羊肉中的骨头除去（包括硬骨与软骨，以保证真空包装袋不被骨头戳穿而完好地储存），将一只羊切成几大块以便于操作，取已去骨切成大块的羊肉180千克备用。

②炒盐及中药粉碎：将食盐在火上炒至100℃待用，将中药粉碎至粉末。

③拌药：待盐冷却至50～65℃时，将已粉碎至粉末的中药拌入盐内。

（2）腌制：将拌入中药粉末的食盐抹在已去骨的新鲜羊肉表面，放在容器内，在10～18℃下腌制12～24小时（气温高时可放置冷藏箱内腌制，其时间长短与温度成反比）。

（3）熏烤：在专用熏烤炉内用樟树锯末或杉树锯末或松树锯末加0.5%～3%的陈皮，将炉内温度保持在40～80℃（温度过高，羊肉则易烤出油）熏烤8～12小时（温度和时间成反比）。

（4）清洗：将熏烤后的羊肉表面的灰尘、药末、喷灯污迹等杂质清洗干净。

（5）熟处理：将洗净的羊肉用水煮熟（水的多少以保证水能煮熟羊肉为原则，煮羊肉的汁最后仅用一部分）或蒸熟，熟至羊皮软烂为止。

（6）改切：将已熟的羊肉改切成宜于食用的块状，一般切成羊肉片。

（7）制作：将羊油和猪油烧热至50～60℃，将少许辣椒末入锅，使油变成红色，再将已改切的羊肉倒入锅内，再将水（原汤汁的一部分）花椒、生姜片、辣椒及味精加入羊肉内拌匀入味即可。

（8）杀菌：将制作好的羊肉用敞口容器盛好（最好是用不锈钢锅）放进杀菌室，一般采用紫外线灯管杀菌90分钟，其卫生指标即达到卫生防疫站规定的标准。

（9）真空包装：将经杀菌的香腊羊肉成品称重后装入塑料包装袋，送进真空包装机抽真空，自动封口即成。

特点：

（1）本产品采用传统工艺配方和现代科学技术焙制而成，运用调味品特别是多种中药增香、调色、去臊、调味，其色、香、味、形俱佳，同时，因其已为成品加热煮沸即可食用，从而大大缩短了烹饪时间，又满足了消费者品尝美味羊肉的愿望。

（2）由于本产品采用了多种中药材，它们在增香、调色、调味的同时还具有滋补健脾、通经活络、理气除瘀等保健功能，对增强体质，延年益寿有积极的效果。

（3）本产品的药材含有解毒和防腐性能，能除去羊肉中偶尔产生的对人体有害的物质，同时由于产品除盐、水外，所有添加品均为植物，为自然成分，加之产品经杀菌处理，所以卫生，对人体无害。

（4）由于采用真空包装，在保质期内（一般为3个月）能在常温下储存，携带很方便，克服了现有新鲜羊肉易变质，而冷冻羊肉易影响口味又不便携带的缺陷。

参考文献

［1］岳晓禹，张美玲．烧烤肉制品加工技术［M］．北京：化学工业出版社，2013.

［2］犀文图书．肉的 100 种做法［M］．南京：江苏科学技术出版社，2010.

［3］贺鹏飞．卤肉［M］．北京：北京联合出版公司，2014.

［4］赵改名．酱卤肉制品加工［M］．北京：化学工业出版社，2008.

［5］于新，赵春苏，刘丽．酱腌腊肉制品加工技术［M］．北京：化学工业出版社，2012.

［6］赵改名．酱卤肉制品加工技术［M］．北京：中国农业出版社，2004.